新编畜禽饲料配方600例丛书

杨维仁 主 编

王庆云 张崇玉 副主编

新编肉鸡饲料配方

600例

（第二版）

化学工业出版社

北京

图书在版编目（CIP）数据

新编肉鸡饲料配方 600 例/杨维仁主编．—2 版．

北京：化学工业出版社，2017.1

（新编畜禽饲料配方 600 例丛书）

ISBN 978-7-122-28681-9

Ⅰ.①新… Ⅱ.①杨… Ⅲ.①肉鸡-配合饲料-

配方 Ⅳ.①S831.5

中国版本图书馆 CIP 数据核字（2016）第 304914 号

责任编辑：邵桂林　　　　　　　　装帧设计：张　辉

责任校对：宋　玮

出版发行：化学工业出版社

　　　　　（北京市东城区青年湖南街 13 号　邮政编码 100011）

印　　装：大厂聚鑫印刷有限责任公司

850mm×1168mm　1/32　印张 11　字数 289 千字

2017 年 2 月北京第 2 版第 1 次印刷

购书咨询：010-64518888（传真：010-64519686）　售后服务：010-64518899

网　　址：http://www.cip.com.cn

凡购买本书，如有缺损质量问题，本社销售中心负责调换。

定　　价：38.00 元　　　　　　　　版权所有　违者必究

编写人员名单

主　　编　杨维仁

副 主 编　王庆云　　张崇玉

编写人员　杨维仁　　王庆云　　张崇玉

　　　　　　　解玉怀　　程　群

前　言

　　肉鸡养殖业已经向规模化、集约化和产业化方向转变。在规模化和集约化养殖过程中，饲料生产和配合技术的推广、优秀的饲料配方是发挥肉鸡种质潜力的主要因素之一。本书以肉鸡营养及饲料原料、饲料新技术为基础，从实际、实用、实效出发，介绍了引进肉鸡品种、国产肉鸡品种及杂交鸡饲料配方实例600余例。

　　本次修订，主要依据动物营养学和饲料学的新进展对第一版中三分之一以上的原配方进行了调整，如针对我国动物性蛋白质饲料原料缺乏、价格高、质量差异大的特点，删除了鱼粉和肉骨粉在配方中的应用，并平衡了氨基酸和钙、磷等；针对能量饲料多样化的特点，调整了酶制剂（如木聚糖酶等有关碳水化合物酶）的应用，拓展了饲料资源；针对植酸酶生产近年来价格低、效价高的特点，减少了部分配方中磷酸氢钙的用量等。最终实现本书中的配方更加贴近肉鸡养殖的实际，便于质量控制又降低了成本。

　　本书是各种规模肉鸡饲养场的饲料配方技术人员、饲料企业技术人员、专业肉鸡养殖户的良好工具书，同时也可作为相关院校饲料、畜牧养殖、动物营养等专业师生的参考用书。

　　本书编写人员仍然为第一版编写人员，同时，在编写和审稿过程中，得到了不少专家、教授的帮助并提供材料，在此深表感谢。

　　限于笔者水平，加之时间仓促，书中内容难免有不妥之处，敬请广大读者批评指正，以便在再版过程中修正。

编者

2017 年 1 月

第一版前言

进入 2010 年以后，我国畜牧业和饲料工业的发展进入新的时期，肉鸡养殖业向规模化、集约化和产业化方向转变。饲料生产和配合技术的推广是制约肉鸡种质潜力发挥的主要因素之一。本书以肉鸡营养及饲料原料、饲料新技术为基础，结合生产第一线的优秀饲料配方为例，将肉鸡配方分阶段系列化，以符合现代饲养肉鸡业的需要。

本书在编写过程中，作者力求结合我国当前饲养肉鸡业和饲料资源特点，以饲料配方技术人员、饲料企业技术人员、专业肉鸡养殖户为对象，在介绍肉鸡的营养需要和饲料原料特点后，重点讨论营养与饲料科学的应用技术，并力求可操作性强，分阶段制定了系列化饲料配方 600 多例。本书共分 4 章。第一章，肉鸡品种、营养需要及原料营养价值，重点介绍了品种分类，肉鸡的营养需要，肉鸡常用饲料原料营养价值；第二章，肉鸡饲料配制，介绍了肉鸡配合饲料及其基本要求，饲料配方设计及其计算方法；第三章，引进肉鸡品种饲料配方，介绍了引进肉鸡的浓缩料配方，肉鸡配合饲料配方，国外参考配方；第四章，肉鸡添加剂及其他类饲料配方，介绍了添加剂预混料配方，以及其他类饲料配方。

本书编写组以山东农业大学从事动物营养与饲料科学专业人员为主，并结合饲养肉鸡业和饲料加工一线的技术人员参加。编写人员均具有高级职称或博士、硕士学位，并且有丰富的教学、科研和生产经验。编者们根据编写大纲要求，在查阅大量文献资料的基础上，结合自己的工作体会，阐明了肉鸡的营养需要特点、饲料科学和饲料配制技术。结合我国饲料资源特点，制定出引进肉鸡品种浓缩料配方 24 例、配合饲料配方 424 例、国外参考配方 21 例、国产肉鸡品种及杂交鸡饲料配方 109 例、部分生产用配方 33 例。因此，本书是饲养肉鸡业生产者和饲料加工技术人员必备参考书。

在编写和审稿过程中，得到不少专家、教授的帮助并提供材料，在此深表感谢。限于编者水平，本书在内容和文字上难免有错误和不妥之处，敬请批评指正。

编者

2010 年 2 月

目 录

第一章 肉鸡品种、营养需要及原料营养价值

第一节 肉鸡的品种分类

一、按来源和改良程度分类

根据改良程度品种分为引入品种、原始品种和培育品种。

（1）引入品种 由国外引进的品种，一般具有生长速度快、饲料报酬高的特点，常用作杂交育种和经济杂交利用亲本，如爱拔益加肉鸡（AA）、艾维茵肉鸡等。

（2）原始品种 一般都是较古老的品种，是驯化以后在长期放牧或家养条件下，未经严格的人工选择而形成的品种，具有适应能力强、体质健壮、抗病力强的特点。

有些地方品种是原始品种经过系统培育而成的，由于这些品种具有良好的经济性和适应性，因而也称为地方良种，如惠阳鸡、清远麻鸡等。

（3）培育品种 指有明确的育种目标，在遗传育种理论与技术指导下经过较系统的人工选择过程而育成的畜禽品种，如石岐杂鸡、新浦东鸡、岭南黄鸡等。

二、按体型和外貌特征分类

（1）毛色或羽色 鸡的芦花羽、红羽、白羽等也是重要的品种特征。

　（2）鸡的蛋壳颜色　有褐壳（红壳）品种和白壳品种。

三、按主要用途分类

　　分为专用品种和兼用品种。鸡可分为蛋用、肉用、兼用、药用和观赏品种。

第二节　肉鸡的营养需要

一、维持需要

　　肉鸡的营养需要可分为维持需要和生产需要两部分。维持需要是最低限度的营养需要，这种需要仅维持生命活动中基本的代谢过程，弥补周转代谢损失以及维持必要的基本活动。营养物质满足维持需要时，则生产利用率为零。鸡不能满足维持营养需要时，就会动用体内的养分，出现体重减轻的现象；如果供给的养分超过维持需要，剩余的养分就用于长肉和产蛋。在生产实际中，降低鸡的维持需要，增加生产需要，可提高生产效率和经济效益。

　　1. 维持的能量需要

　　肉鸡的维持需要由基础代谢和随意活动两部分需要组成。基础代谢是指动物在理想条件下维持自身生存所必需的最低限度的能量代谢。基础代谢的理想条件是适温环境条件，动物必须处于饥饿和完全空腹状态，必须处于绝对安静和放松状态，以及必须处于健康良好的状况。

　　2. 维持的蛋白质需要

　　在给予鸡无氮日粮的情况下，测定其基础氮代谢，即内源尿氮、代谢粪氮和体表氮损失的总和，确定维持蛋白质需要，通常用基础氮代谢（总内源氮）$\times 6.25 : BV$ 得出。BV 是日粮蛋白质用于维持的生物学价值，即机体利用氮占从肠道吸收氮的百分比，小肉鸡可用 0.65。日粮蛋白质的消化率对鸡一般为 $0.80 \sim 0.85$，平均为 0.82。所以小肉鸡的维持蛋白质需要可用下面的方法计算。

$$基础氮代谢（总内源氮）=195\sim338 毫克/（千克 \cdot W^{0.75}）$$

$$净蛋白质=195\times6.25\sim338\times6.25 毫克/（千克 \cdot W^{0.75}）$$

$$=1.22\sim2.11 克/（千克 \cdot W^{0.75}）$$

$$消化蛋白质=净蛋白质/BV=1.88\sim3.25 克/（千克 \cdot W^{0.75}）$$

$$粗蛋白质=消化蛋白质/消化率=2.29\sim3.96 克/（千克 \cdot W^{0.75}）$$

3. 维持的矿物元素和维生素需要

鸡体内矿物质元素代谢同样存在内源损失，不过多数矿物元素，特别是微量元素可以反复循环利用。维生素代谢与其他营养素不同，没有内源损失，不便于用析因法（即总的需要等于维持需要与生产需要之和）评定维持需要。用饲养试验评定，因需要量甚微，衡量标准又难选定，测定误差较大。从生产角度讲，把维生素维持需要与生产需要分开没有能量和蛋白质那样重要。目前，尚缺乏鸡对矿物质和维生素维持需要的资料。

4. 影响维持需要的因素

维持需要在实际研究和生产中是个变量，受许多因素的影响。

（1）动物品种自身的影响　鸡的品种、鸡龄、体重、性别、生产水平、健康状况、活动量、羽毛状况等均可影响维持需要。同种而不同品种的动物，维持需要也不一样，产蛋鸡的维持能量需要比肉鸡高 10%～15%。同一个体在不同生理状态下的维持需要也不同，如生长和产蛋就不一样。鸡龄及体重越小，其单位体重或代谢体重的维持能量需要越高，如初生雏鸡最低产热量为每克体重每小时 23 焦耳，而成年鸡仅为其一半。生产水平高的鸡，维持需要增加。健康状况良好鸡的维持需要低于处于疾病状态的鸡。羽毛良好的鸡，在低温时维持需要明显低于羽毛生长不良的鸡。公鸡的维持需要高于母鸡。活动量对维持需要的影响很大，常常难以准确估计。

（2）饲养和饲料的影响　鸡的日粮种类、组成对维持需要的影响很大，其中热增耗是一个重要影响因素。蛋白质含量高的饲料日粮热增耗大，仅蛋白质就可高达 20%，总日粮热增耗 25%～40% 以上。不同饲料、不同日粮配合，三大有机营养素即蛋白质、脂肪和碳水化合物的绝对含量以及相对比例不同，热增耗也不同。低温时，群饲鸡比单饲鸡维持需要少，在傍晚给鸡喂料，让其在晚上消化代谢，饲料利用率较高，用于维持的部分相应减少。生产加快或生产水平提高，使体内营养物质周转代谢加强，则维持需要增加。日粮代谢能增加，也增加维持需要。

（3）环境因素的影响　环境因素中对维持需要影响最大的是环境温度。它直接与体温、体产热相联系。鸡在气温低时维持的能量需要增加，在临界温度以下，温度每降 1℃，维持需要的代谢能相应增加 1.4%。

二、能量需要

1. 肉鸡饲养阶段

肉仔鸡生长快，7 周龄左右即可上市，饲养较好的平均体重可达 2.5 千克左右。肉仔鸡饲养一般分为三个阶段，即 0～3 周龄、3～6 周龄、6～8 周龄，都采用高能量、高蛋白质日粮，自由采食，以尽量加快它的生长速度，提高饲料效率；反之，生长减慢，饲料效率降低。美国 NRC（1994）三个饲养阶段的能量标准均为 13.39 兆焦/千克。

我国新颁布的 2004 年鸡饲养标准（NY/T 33—2004）中肉仔鸡也采用三阶段饲养，即 0～3 周龄、4～6 周龄和 7 周龄以上，日粮代谢能水平分别为 12.54 兆焦/千克（3.00 兆卡/千克）、12.96 兆焦/千克（3.10 兆卡/千克）和 13.17 兆焦/千克（3.15 兆卡/千克），比 NRC 低些。饲养中值得注意的是，肉仔鸡营养水平过高，生长太快，往往造成不良影响，特别是在饲养管理粗放、环境条件较差、通风不良的情况下，肉鸡易患猝死症和腹水症等。因此，生产中也可以根据饲料资源状况和饲料成本，适当降低营养水平，使饲料能量水平保持在 12.13～13.99 兆焦/千克。若代谢能（ME）

在 12.6 兆焦/千克之内,采用玉米、豆饼和少量鱼粉配制日粮即可;若在 12.6 兆焦/千克以上,则需要添加动、植物油脂。

2. 肉用种母鸡的能量营养需要

肉用种母鸡的能量需要包括维持需要和产蛋需要两部分。一只成年母鸡的基础代谢为 345 千焦/(千克·$W^{0.75}$),以 0.80 作为代谢能用于维持的利用率,则 ME 为 430 千焦/(千克·$W^{0.75}$)。体重为 2.5 千克的肉种鸡的 ME 维持需要则为:

$$430 \times 2.5^{0.75} \times 1.5(活动量) = 1282.4 \text{ 千焦}$$

由于家禽的活动量不同,其维持需要也不同。一般将散养鸡在基础代谢之上增加 50%。

1 枚重 50~60 克的蛋含 NE 293~377 千焦,以 1 枚中等大小的蛋含 NE 355 千焦,ME 用于产蛋的效率为 0.65 计,则 1 枚鸡蛋约含 ME 545 千焦。若产蛋率为 80%,则产蛋需要则为 $545 \times 0.8 = 436$ 千焦。肉用种鸡若还有增重,则每增重 1 克约需 ME 12 千焦。因此,体重为 2.5 千克、产蛋率为 80%、日增重 7 克的肉用种鸡的各项代谢能需要总和约为 1800 千焦/(天·只)。

肉用种母鸡的特点是易于肥胖,必须限制养分的摄入,以维持适宜的体重。每日能量消耗量随周龄、生长阶段和环境温度变化而异,产蛋高峰期 ME 通常为 1.67~1.88 兆焦/(天·只)。

我国新颁布的 2004 年鸡饲养标准(NY/T 33—2004)中肉用种鸡日粮代谢能水平,0~6 周龄为 12.12 兆焦/千克(2.90 兆卡/千克),7~18 周龄为 11.91 兆焦/千克(2.85 兆卡/千克),19 周龄至开始产蛋为 11.70 兆焦/千克(2.80 兆卡/千克),开始产蛋至产蛋高峰期(产蛋率≥65%)和产蛋高峰后(产蛋率≤65%)均为 11.70 兆焦/千克(2.80 兆卡/千克)。

3. 种公鸡的能量需要

种公鸡能量不足,会影响性机能和精液质量;能量过于充足,会造成公鸡过大、过肥,常发生脚垫及腿伤,随之受精率、孵化率下降。为了获得大量的精液和良好的精液质量,每千克日粮代谢能为 11.30～11.72 兆焦较合适。平养每日供给 ME 1674～1916 千焦/只，笼养时可供给 ME 1448～1498 千焦/只。NRC（1994）规定肉用种公鸡 20～60 周龄的代谢能需要为 1464～1674 千焦。

三、蛋白质需要

1. 肉仔鸡的蛋白质需要

NRC（1994）规定肉仔鸡饲养 0～3 周龄、3～6 周龄和 6～8 周龄三阶段的日粮蛋白质含量分别为 23.0%、20.0% 和 18.0%，这是当日粮代谢能为 13.39 兆焦/千克时。由于鸡"为能而食"，可根据日粮中能量浓度而调节采食量，从而最终使采食的能量绝对量基本一致。因此，在配制日粮时应使蛋白能量比保持不变。

我国新颁布的 2004 年鸡饲养标准（NY/T 33—2004）中肉仔鸡也采用三阶段饲养，即 0～3 周龄、4～6 周龄和 7 周龄以上，日粮蛋白质含量分别为 21.5%、20.0% 和 18.0%，0～3 周龄蛋白质含量比 NRC 低些。鸡饲养标准（NY/T 33—2004）中肉仔鸡也采用 0～2 周龄、3～6 周龄和 7 周龄以上三阶段饲养，日粮蛋白质含量分别为 22.0%、20.0% 和 17.0%，0～2 周龄、7 周龄以上蛋白质含量比 NRC 低些。肉仔鸡对蛋白质的利用率较高，平均为 60% 左右，公鸡单位体重需要蛋白质较多。肉仔鸡对蛋白质的要求是前期高于后期。

蛋白质的营养主要是氨基酸的营养。肉鸡不需要粗蛋白本身，而是需要其中的各种氨基酸和小肽，但必须供给足够的粗蛋白以保证合成非必需氨基酸的氮供应。粗蛋白建议值是基于玉米-豆粕型日粮提出的，添加合成氨基酸时可下调。肉仔鸡最重要的必需氨基酸主要是蛋氨酸和赖氨酸，也就是常用日粮的第一、第二限制性氨基酸。NRC（1994）规定肉仔鸡饲养 0～3 周龄、3～6 周龄和 6～8 周龄三阶段的蛋氨酸在日粮中需要量分别为 0.50%、0.38% 和 0.32%；蛋氨酸＋胱氨酸分别为 0.90%、0.72% 和 0.60%；赖氨酸需要量在前期、中期、后期分别为 1.10%、1.0% 和 0.85%，见

表 1-1。我国（2004）肉鸡饲养标准中粗蛋白和主要氨基酸需要量（%）见表 1-2。其他氨基酸的需要可详见肉鸡饲养标准。

表 1-1　美国肉鸡饲养标准（NRC 1994）中粗蛋白和主要氨基酸需要量　　　　单位：%

周龄	粗蛋白	蛋氨酸	蛋氨酸＋胱氨酸	赖氨酸
0～3	23	0.50	0.90	1.10
3～6	20	0.38	0.72	1.00
6～8	18	0.32	0.60	0.85

表 1-2　我国肉鸡饲养标准（2004）中粗蛋白和主要氨基酸需要量　　　　单位：%

周龄	粗蛋白	蛋氨酸	蛋氨酸＋胱氨酸	赖氨酸
0～3	21.5	0.50	0.91	1.15
4～6	20	0.40	0.76	1.00
≥7	18	0.34	0.65	0.87

2. 肉用种母鸡的蛋白质需要

肉用种母鸡如果饲喂氨基酸平衡的蛋白质，产蛋高峰期需要 23 克/（只·天）（Jeroch 等，1982；Schlofel 等，1988），一般产蛋水平时，18～20 克/（只·天）可能就满足了（Waldroup 等，1976；Pearson 等，1981；Spratt 等，1987）。NRC（1994）规定肉用种母鸡蛋白质需要量为 19.5 克/（只·天）。

我国新颁布的 2004 年鸡饲养标准（NY/T 33—2004）中肉用种鸡日粮中粗蛋白含量，0～6 周龄为 18%，7～18 周龄为 15%，19 周龄至开始产蛋为 18%，开始产蛋至产蛋高峰期（产蛋率≥65%）为 17%，产蛋高峰后（产蛋率≤65%）为 16%。

生产中应注意氨基酸的平衡，避免粗蛋白食入过量，每天摄入量 27 克/只，否则对孵化率有不良影响。实际生产中，补充氨基酸时摄入较少的粗蛋白就足够了。饲喂理想的氨基酸混合物时，每日摄入粗蛋白质 15.6～16.5 克/只就足够了。饲喂玉米-豆粕型日粮时，每日蛋白质摄入量达 16 克，再补充赖氨酸和蛋氨酸也不会提高生产性能（Waldroup 等，1976）。

特定氨基酸需要量的研究很少。Harms 等（1980）报道，肉种鸡每日蛋氨酸需要量介于 400～478 毫克。Halle 等（1984）用氮平衡试验研究表明，含硫氨基酸的日需要量为 694 毫克。Wilson 等（1984）的研究结果表明，每只种母鸡每日摄入 682 毫克含硫氨基酸、808 毫克赖氨酸、1226 毫克精氨酸、223 毫克色氨酸及 18.6 克粗蛋白就可获得满意的生产性能。NRC（1994）规定肉用种鸡每只每日蛋氨酸、含硫氨基酸、赖氨酸的需要量分别为 450 毫克、700 毫克和 765 毫克。

矮小型种母鸡的粗蛋白质需要量不超过 13.6%（Larbier 等，1979），蛋氨酸和赖氨酸日需要量分别为 360～380 毫克和 750 毫克。

3. 种公鸡的蛋白质需要

美国家禽饲养委员会建议，小群配种情况下，种公鸡日粮中粗蛋白水平为 15%。国外一些肉鸡育种公司建议蛋白质水平为 12%～15%。笼养鸡群，前苏联学者发现日粮含蛋白质 16% 时射精量最大。NRC（1994）推荐蛋白质水平，0～4 周龄为 15%，4～20 周龄为 12%，20～60 周龄为 12 克/（只·天），笼养鸡供给 10.9～14.8 克/（只·天）。NRC（1994）综述的资料认为，饲喂蛋白质 12% 的日粮时，提供精液到第 53 周龄的公鸡数比喂较高蛋白质组的多（Willson 等，1987）。我国有人建议种公鸡蛋白质水平应为 14%～15%，笼养种鸡采精次数可提高至 16%。

四、矿物质需要

1. 肉仔鸡的矿物质元素需要

不同矿物元素的研究主要是从经济角度或预防实际日粮的缺乏症出发的，所以钙、磷研究较多，而微量元素研究较少。钾、镁和铁的准确需要量仍未确定；因为实际日粮中这些元素一般供应充足。饲喂半纯合日粮时，植酸和纤维含量很低，雏鸡对铁、锰、锌的需要量比饲喂日粮的实际含量低，主要是因为实际原料中这些元素的生物利用率较差。例如，大多数实际原料中锰的利用率很低，而实际日粮中营养成分还会降低日粮中无机锰的利用率（Halpin等，1986）。无机矿物质补充料中矿物元素利用率差异也很大。例如，硫酸锌中锌的生物利用率比氧化锌中锌的利用率高得多（Wedekind等，1990）。正是由于矿物质补充料的生物利用率差异和干扰矿物元素利用率营养成分的不同，不同研究者报道的需要量有较大的差异。

NRC（1994）推荐肉仔鸡 0～3 周龄、3～6 周龄和 6～8 周龄日粮中钙的含量分别为 1.0%、0.90% 和 0.80%；非植酸磷分别为 0.45%、0.35% 和 0.30%；氯在日粮中含量前、中、后期分别为 0.20%、0.15% 和 0.12%；钠的需要量同氯。微量元素在肉仔鸡整个生长期日粮中需要量都相同，NRC（1994）规定 0～3 周龄、3～6 周龄、6～8 周龄日粮中铜的含量均是 8 毫克/千克、碘 0.35 毫克/千克、铁 80 毫克/千克、锰 60 毫克/千克、硒 0.15 毫克/千克、锌 40 毫克/千克。

我国新颁布的 2004 年鸡饲养标准（NY/T 33—2004）中肉仔鸡也采用三阶段饲养，即 0～3 周龄、4～6 周龄和 7 周龄以上，钙的含量分别为 1.0%、0.90% 和 0.80%；非植酸磷含量分别为 0.45%、0.40% 和 0.35%；氯在日粮中含量前、中、后期分别为 0.20%、0.15% 和 0.15%；钠的需要量同氯。微量元素需要量见表 1-3。

表 1-3　我国肉仔鸡微量元素需要量（NY/T 33—2004）

单位：毫克/千克

微量元素	0～3 周龄	4～6 周龄	7 周龄以上
铁	100	80	80
铜	8	8	8
锰	120	100	80
锌	100	80	80
碘	0.7	0.7	0.7
硒	0.30	0.30	0.30

2. 肉用种母鸡的矿物质需要

（1）钙 肉用种母鸡的蛋壳强度随钙的升高而增加（Mehring，1965）。平养时，每日钙供给超过 3.91 克也不会进一步提高产蛋量和孵化率（Wilson 等，1980）。确定钙最适需要量的最佳指标之一是测定蛋的特殊密度，特殊密度达 1.080 或 1.080 以上时孵化率较好（McDaniel 等，1979）。因为肉用种母鸡通常是在蛋壳明显沉积以前的早晨供给饲料，下午补充钙可提高蛋壳质量（Farmer 等，1983；Van Wambeke 等，1986）。但如果钙全在下午供给，又会使蛋壳变厚，明显降低孵化率（Brake，1988）。NRC（1994）规定肉用种母鸡每日钙需要量为 4.0 克/（只·天）。

（2）磷 每日总磷供应量从 532 毫克提高到 1244 毫克不会明显增加产蛋量、受精蛋孵化率或蛋的特殊密度［即 163～863 毫克非植酸磷/（只·天）］，喂给 718 毫克总磷（338 毫克非植酸磷）时每天的产蛋数增加（Wilson 等，1980）。NRC（1994）推荐肉用种母鸡磷需要量为 350 毫克非植酸磷/（只·天）。

（3）钠和氯 每天摄入量在 154 毫克/只以上不会进一步提高产蛋量、饲料利用率、蛋重、受精率和孵化率（Damron 等，1983），钠摄入量超过 320 毫克会降低受精率。Harms 等（1984）报道，每日摄入量 254 毫克时全期产蛋量和孵化成绩最好，但与 185 毫克组没有显著差异。NRC（1994）规定肉用种母鸡对氯需要量为 185 毫克/（只·天），钠为 150 毫克/（只·天）。

我国新颁布的 2004 年鸡饲养标准（NY/T 33—2004）中肉用种鸡矿物元素和微量元素需要量见表 1-4。

表 1-4 肉用种鸡矿物元素和微量元素需要量

营养指标	单位	0～6 周龄	7～18 周龄	19 周龄至开产	开产至产蛋高峰期（产蛋率≥65%）	产蛋高峰后（产蛋率≤65%）
钙	%	1.0	0.9	2.0	3.3	3.5
总磷	%	0.68	0.65	0.65	0.68	0.65
非植酸磷	%	0.45	0.40	0.42	0.45	0.42

续表

营养指标	单位	0～6周龄	7～18周龄	19周龄至开产	开产至产蛋高峰期（产蛋率≥65%）	产蛋高峰后（产蛋率≤65%）
氯	%	0.18	0.18	0.18	0.18	0.18
钠	%	0.18	0.18	0.18	0.18	0.18
铁	毫克/千克	60	60	80	80	80
铜	毫克/千克	6	6	8	8	8
锰	毫克/千克	80	80	100	100	100
锌	毫克/千克	60	60	80	80	80
碘	毫克/千克	0.70	0.70	1.00	1.00	1.00
硒	毫克/千克	0.30	0.30	0.30	0.30	0.30

3. 种公鸡的矿物质需要

种公鸡对钙的需要量比产蛋鸡低得多，但喂给与蛋鸡含相同钙的日粮对繁殖性能并无不良影响。Norris 等（1972）用单冠白来航公鸡进行的钙平衡试验结果表明，每天需要量为 7.98 毫克/千克体重。Kappleman 等（1982）认为，每天钙的摄入量为 0.5～7 克/只，繁殖性能没有明显差异。Bootwalla 等（1989）发现，维持繁殖性能和骨骼完整的磷需要量不高于 110 毫克/（只·天）。NRC（1994）推荐肉用种公鸡 20～60 周龄每日钙需要量为 200 毫克/只，非植酸磷为 110 毫克/只。种公鸡日粮中含钙 1.0%～1.2%，有效磷为 0.45%，其微量元素需要量可参考蛋用型后备母鸡需要量。

五、维生素需要

肉仔鸡对维生素的需要，NRC（1994）推荐的 0～3 周龄、3～6 周龄、6～8 周龄三个阶段在日粮中的含量基本相同，除胆碱和烟酸之外。我国肉仔鸡饲养标准（NY/T 33—2004）中规定推荐量维生素 A、维生素 D 比 NRC 高，其他维生素与 NRC 相近，见表 1-5。肉用种母鸡维生素需要量见表 1-6，值得注意的是肉用种母鸡各种维生素的需要量都很高。

表 1-5　肉仔鸡对维生素的需要（NY/T 33—2004）

营养指标	单位	0～3 周龄	4～6 周龄	7 周龄以上
维生素 A	国际单位/千克	8000	6000	2700
维生素 D	国际单位/千克	1000	750	400
维生素 E	国际单位/千克	20	10	10
维生素 K	毫克/千克	0.5	0.5	0.5
硫胺素	毫克/千克	2	2	2
核黄素	毫克/千克	8	5	5
泛酸	毫克/千克	10	10	10
烟酸	毫克/千克	35	30	30
吡哆醇	毫克/千克	3.5	3.0	3.0
生物素	毫克/千克	0.18	0.15	0.10
叶酸	毫克/千克	0.55	0.55	0.5
维生素 B_{12}	毫克/千克	0.01	0.01	0.007
胆碱	毫克/千克	1300	1000	750

表 1-6　肉用种鸡对维生素的需要（NY/T 33—2004）

营养指标	单位	0～6 周龄	7～18 周龄	19 周龄至开产	开产至产蛋高峰期（产蛋率≥65%）	产蛋高峰后（产蛋率≤65%）
维生素 A	国际单位/千克	8000	6000	9000	12000	12000
维生素 D	国际单位/千克	1600	1200	1800	2400	2400
维生素 E	国际单位/千克	20	10	10	30	30
维生素 K	毫克/千克	1.5	1.5	1.5	1.5	1.5
硫胺素	毫克/千克	1.8	1.5	21.5	2	2
核黄素	毫克/千克	8	6	6	9	9
泛酸	毫克/千克	12	10	10	12	12
烟酸	毫克/千克	30	20	20	35	35
吡哆醇	毫克/千克	3.5	3.5	3.5	3.5	3.5
生物素	毫克/千克	0.15	0.10	0.10	0.20	0.20
叶酸	毫克/千克	1.0	0.5	0.5	1.2	1.2
维生素 B_{12}	毫克/千克	0.01	0.006	0.008	0.012	0.012
胆碱	毫克/千克	1300	900	500	500	500

　　肉仔鸡的品种标准如 AA 肉仔鸡推荐维生素量以及世界上生产

多维素的大公司维生素的推荐量都比 NRC（1994）高出许多，有的高近 10 倍。这是因为 NRC 和 ARC（英国农业理事会）的家禽营养需要是"最低需要量"，它是在试验条件下测定的，以不发生特定的缺乏症为主要依据。它不是家禽最快生长需要量或者最佳经济效益需要量，因此，在生产实际中，往往根据具体情况酌加安全量，维生素 A、维生素 D、维生素 E 易被破坏，实际使用量通常超过 NRC 规定量的 2～3 倍，甚至更多。肉仔鸡品种标准较高，这是因为考虑了各种不利因素对维生素需要量的影响。导致需要量提高的因素见表 1-7。此外，饲料加工过程（如制粒加温）及饲料成分（如矿物质、酸等）均可影响维生素的有效性，使实际添加量发生变化。

表 1-7　各种不利因素对维生素需要量的影响

因素	受影响的维生素	需要量的增加
饲料成分	所有维生素	提高 10%～20%
环境温度	所有维生素	提高 20%～30%
舍饲笼养	B 族维生素、维生素 K	提高 40%～80%
未稳定的脂肪	维生素 A、维生素 D、维生素 E、维生素 K	提高 100%
球虫、蛔虫、线虫	维生素 A、维生素 K 及其他	提高 100% 或更多
亚麻籽饼粕	维生素 B_6	提高 50%～100%
疾病	维生素 A、维生素 E、维生素 K、维生素 C	提高 100% 或更多
应激	维生素 A、维生素 D、维生素 E、维生素 K、维生素 C、维生素 B_2、维生素 B_3、维生素 B_{12}	提高 30%～100% 或更多

六、水的需要

尽管水的需要量是不确定的，但仍应视为一种必需营养素。家禽对水的需要量与环境温度、相对湿度、日粮的成分、生长或产蛋率等因素有关。一般假定肉仔鸡饮水量是采食量的 2 倍。实际上的饮水量变化很大。

几种日粮因素会影响饮水量和水料比。提高粗蛋白水平会增加饮水量和水料比，增加日粮中食盐含量会增加饮水量；环境温度对肉仔鸡饮水量影响明显，温度比 21℃高出 1℃，耗水量增加 7％。当环境温度在 21℃时，肉仔鸡每周每只需水量分别是，第 1 周 225毫升，第 2 周 480 毫升，第 3 周 725 毫升，第 4 周 1000 毫升，第 5周 1250 毫升，第 6 周 1500 毫升，第 7 周 1750 毫升，第 8 周 2000毫升（NRC，1994）。

第三节　肉鸡常用饲料原料营养价值

一、能量饲料

能量饲料是干物质中粗纤维含量低于 18％、粗蛋白质含量低于 20％的饲料。这类饲料主要包括谷实类、糠麸类、脱水块根和块茎及其加工副产品、动植物油脂以及乳清粉等。能量饲料在动物饲粮中所占比例最大，一般为 50％～70％，主要起着对动物供能的作用。

1. 谷实类饲料

谷实类饲料是指禾本科作物的籽实，主要有玉米、小麦、稻谷、粟、高粱等。谷实类饲料富含无氮浸出物，一般都在 70％以上；粗纤维含量少，多在 5％以内，仅带颖壳的大麦、燕麦、水稻和粟可达 10％左右；粗蛋白含量一般不及 10％，但也有一些谷实如大麦、小麦等达到甚至超过 12％；谷实类饲料中蛋白质的品质较差，是因其中的赖氨酸、蛋氨酸、色氨酸等含量较少；谷实类饲料所含灰分中，钙少磷多，但总磷中多数以植酸盐形式存在，单胃动物对其的有效性不能利用；谷实类饲料中维生素 E、维生素 B_1较丰富，但维生素 C、维生素 D 贫乏；谷实类饲料的适口性好；谷实类饲料的消化率高，因而有效能值也高。正是由于上述营养特点，谷实类饲料是动物的最主要的能量饲料。一些谷实类饲料中养分含量见表 1-8、表 1-9。

表 1-8　一些谷实类饲料中养分含量　　单位：%

谷实类饲料	干物质	粗蛋白	粗脂肪	无氮浸出物	粗纤维	粗灰分	钙	总磷
玉米	86.0	8.7	3.6	70.7	1.6	1.4	0.02	0.27
小麦	87.0	13.9	1.7	67.6	1.9	1.9	0.17	0.41
稻谷	86.0	7.8	1.6	63.8	8.2	4.6	0.03	0.36
糙米	87.0	8.8	2.0	74.2	0.7	1.3	0.03	0.35
碎米	88.0	10.4	2.2	72.7	1.1	1.6	0.06	0.35
粟	86.5	9.7	2.3	65.0	6.8	2.7	0.12	0.30
高粱	86	9.0	3.4	70.4	1.4	1.8	0.13	0.36

表 1-9　一些谷实类饲料中代谢能和主要氨基酸含量

谷实类饲料	代谢能（鸡）/（兆焦/千克）	赖氨酸/%	蛋氨酸/%	胱氨酸/%	苏氨酸/%	色氨酸/%
玉米	13.56	0.24	0.18	0.20	0.30	0.08
小麦	12.72	0.30	0.25	0.24	0.33	0.15
稻谷	11.00	0.29	0.19	0.16	0.25	0.10
糙米	14.06	0.32	0.20	0.14	0.28	0.12
碎米	14.23	0.42	0.22	0.17	0.38	0.12
粟	11.88	0.15	0.22	0.17	0.35	0.17
高粱	12.30	0.18	0.17	0.12	0.26	0.08

（1）玉米　玉米又名玉蜀黍、包谷、包米等，为禾本科玉米属一年生草本植物。玉米的亩产量高，有效能量高，是用量最大的一种能量饲料，故有"饲料之王"或"能量饲料之王"的美称。

①玉米的营养特点　玉米中养分含量与营养价值参见表 1-8和表 1-9。

玉米的饲用价值较高，其能量含量居谷实类饲料之首。粗纤维含量在 2% 以下，无氮浸出物近 71%，其中主要为淀粉。玉米含脂肪 3.6%，其中不饱和脂肪酸含量较高，亚油酸含量可达 2%。玉米中的脂肪主要存在于胚芽中，约占胚芽的 34.5%。其粗脂肪主要是甘油三酯，脂肪酸主要为不饱和脂肪酸，如亚油酸占 59%、油酸占 27%、亚麻酸占 0.8%、花生四烯酸占 0.2%、硬脂酸占 2% 以上。玉米为高能量饲料，代谢能（鸡）为 13.56 兆焦/千克。粗灰分较少，仅 1% 稍多。其中钙少磷多，但磷有 70% 以植酸盐形式存在，对鸡的有效性低。玉米中高淀粉和高脂肪含量是构成高能值的主要因素。

玉米的蛋白质含量均低于其他谷实饲料，平均8.7%左右，且其蛋白质品质较差，赖氨酸、蛋氨酸及色氨酸含量均较低，分别为0.24%、0.18%和0.08%，适合与鱼粉、豆饼（粕）搭配使用。国外近些年来已成功地培育出了高蛋白和高赖氨酸玉米，较大程度上改善了玉米的蛋白质品质，但由于产量等方面的原因未能得到广泛推广。

玉米籽粒颜色有黄白之分，黄玉米中含有胡萝卜素、叶黄素和玉米黄素，而白玉米中则缺乏色素。叶黄素有助于改善家禽皮肤与蛋黄的颜色。玉米中B族维生素含量较少，但维生素E含量较多，为20～30毫克/千克。

玉米籽实水分含量变异较大，入仓的玉米水分不能超14%。玉米水分含量高则极易发生霉变，且易感染黄曲霉菌，后者产生的黄曲霉毒素是强致癌性毒素，极易引起动物中毒。

② 玉米的质量标准　我国《饲料用玉米》（GB/T 17890—1999）国家标准（表1-10）规定，以粗蛋白、容重、不完善粒总量、水分、杂质、色泽、气味为质量控制指标，分为三级。其中，粗蛋白以干物质为基础；容重指每升的克数；不完善粒包括虫蚀粒、病斑粒、破损粒、生芽粒、生霉粒、热损伤粒；杂质指能通过直径3.0毫米圆孔筛的物质、无饲用价值的玉米及其他物质。

表1-10　我国饲料用玉米质量标准（GB/T 17890—1999）

指标等级	容重/（克/升）	粗蛋白（干基）/%	不完善粒/%		水分/%	杂质/%	色泽、气味
			总量	其中生霉粒			
1	≥710	≥10.0	≤5.0				
2	≥685	≥9.0	≤6.5	≤2.0	≤14.0	≤1.0	正常
3	≥660	≥8.0	≤8.0				

③ 玉米的饲用价值　玉米对鸡的饲用价值很高，并且黄玉米由于富含色素，对鸡的皮肤、脚、喙以及蛋黄的着色有良好的效

果。着色良好的鸡产品深受消费者欢迎，因而其商品价值高。然而，也应避免在鸡饲料中过量使用玉米，否则肉鸡腹腔内过量蓄积脂肪而使屠体品质下降。玉米粉碎过细会影响采食量，以粗碎为宜，粒度大小应一致。

（2）小麦

① 小麦的营养特点　小麦中养分含量与营养价值参见表1-8和表1-9。

小麦的有效能水平较玉米略低，代谢能（鸡）为12.72兆焦/千克。其原因在于小麦的粗脂肪含量仅及玉米的一半左右（1.7%），且小麦含有可溶性非淀粉多糖（NSP）抗营养因子。但小麦与玉米相比，其粗蛋白含量较高，约为玉米的150%，粗蛋白含量居谷实类之首位，一般达14%左右，小麦籽实中含有较高比例的胚乳（81.5%：79.6%），而玉米含有较高比例的胚（11.7%：3.36%），胚乳的主要成分是淀粉与蛋白质。小麦蛋白质的氨基酸构成比玉米好，赖氨酸、蛋氨酸及色氨酸含量分别为0.30%、0.25%和0.15%，均比玉米高，这也是小麦优于玉米的一方面。

小麦中矿物质含量一般都高于其他谷实，磷、钾等含量较多，但半数以上的磷为无效态的植酸磷。

小麦中非淀粉多糖（NSP）含量较多，可达小麦干重的6%以上。非淀粉多糖（NSP）包括可溶性和不溶性两种，其中可溶性非淀粉多糖（NSP）占2%左右。小麦非淀粉多糖主要是阿拉伯木聚糖，这种多糖不能被动物消化酶消化，而且有黏性，在一定程度上影响小麦的消化率。要提高小麦在鸡日粮中的效果，必须添加阿拉伯木聚糖酶。

小麦次粉是以小麦为原料磨制各种面粉后获得的副产品之一，比小麦麸营养价值高。由于加工工艺不同，制粉程度不同，出麸率不同，所以次粉成分差异很大。因此，用小麦次粉作饲料原料时，要对其成分与营养价值进行实测。

② 饲料用小麦与饲料用次粉的质量标准　我国农业行业标准

《饲料用小麦》（NY/T 117—1989）与《饲料用次粉》（NY/T 211—1992）规定，两者均以粗蛋白质、粗纤维、粗灰分为质量控制指标，各项指标均以 87% 干物质计算，按含量分为 3 级，详见表 1-11 和表 1-12。

表 1-11　　饲料用小麦的质量标准（NY/T 117—1989）

质量标准＼等级	一级	二级	三级
粗蛋白/%	≥14.0	≥12.0	≥10.0
粗纤维/%	<2.0	<3.0	<3.5
粗灰分/%	<2.0	<2.0	<3.0

表 1-12　　饲料用次粉的质量标准（NY/T 211—1992）

质量标准＼等级	一级	二级	三级
粗蛋白/%	≥14.0	≥12.0	≥10.0
粗纤维/%	<3.5	<5.5	<7.5
粗灰分/%	<2.0	<3.0	<4.0

③ 小麦的饲用价值　小麦对鸡的饲用价值约为玉米的 90%。若用小麦和玉米作鸡的能量饲料时，可使用相应的阿拉伯木聚糖酶，并在饲粮中使两者的比例为 1∶2，同时肉鸡日粮中小麦用量最好小于 25%。小麦作鸡的饲料时，不宜粉碎过细。

（3）稻谷、糙米、碎米

① 稻谷、糙米与碎米的营养特点　稻谷、糙米、碎米中养分含量与营养价值参见表 1-8 和表 1-9。

稻谷中所含无氮浸出物在 60% 以上，粗纤维达 8% 以上，粗纤维主要集中于稻壳中，且半数以上为木质素等。因此，稻壳是稻谷饲用价值的限制成分。稻谷中粗蛋白含量约为 7%～8%，粗蛋白中必需氨基酸如赖氨酸、蛋氨酸、色氨酸等较少。稻谷因含稻壳，有效能值比玉米低得多。

糙米中无氮浸出物多，主要是淀粉。糙米中蛋白质含量（8%～

9%）及其氨基酸组成与玉米相似。糙米中脂质含量约2%，其中不饱和性脂肪酸比例较高。糙米中灰分含量（约1.3%）较少，且其中钙少磷多，磷多以植酸磷形式存在。

　　碎米中养分含量差异很大，如其中粗蛋白质含量变动范围为5%～11%，无氮浸出物含量范围为61%～82%，而粗纤维含量最低仅0.2%、最高可达2.7%以上。因此，用碎米作饲料时，要对其养分进行实测。

　　②饲用稻谷与饲用碎米的质量标准　我国农业行业标准《饲料用稻谷》（NY/T 116—1989）、《饲料用碎米》（NY/T 212—1992）均以粗蛋白、粗纤维、粗灰分为质量控制指标，按含量分为三级，详见表1-13和表1-14。

表1-13　饲料用稻谷的质量标准（NY/T 116—1989）

等级 质量标准	一级	二级	三级
粗蛋白/%	≥8.0	≥6.0	≥5.0
粗纤维/%	<9.0	<10.0	<12.0
粗灰分/%	<5.0	<6.0	<8.0

表1-14　饲料用碎米的质量标准（NY/T 212—1992）

等级 质量标准	一级	二级	三级
粗蛋白/%	≥7.0	≥6.0	≥5.0
粗纤维/%	<1.0	<12.0	<3.0
粗灰分/%	<1.5	<2.5	<3.5

　　③稻谷、糙米、碎米、陈米的饲用价值　稻谷被坚硬外壳包被，稻壳量约占稻谷重的20%～25%。稻壳含40%以上的粗纤维，且半数为木质素，鸡对稻壳的消化率为负值。因此，在生产上一般不提倡直接用稻谷喂鸡等单胃动物。不宜用稻谷作鸡的饲料。用糙米、碎米、陈米作为鸡的能量饲料时，其饲养效果与玉米相当，只是对鸡皮肤、蛋黄等无着色效果。

（4）高粱

① 高粱的营养特点　高粱中养分含量与营养价值参见表 1-8 和表 1-9。

高粱是一种主要的能量饲料，高粱籽实中无氮浸出物含量较高，家禽代谢能值与玉米相近，脂肪含量稍低于玉米，脂肪中必需氨基酸也低于玉米，但饱和性脂肪酸的比例高于玉米。有效能值较高，代谢能（鸡）为 12.30 兆焦/千克。蛋白质含量约在 9%，含赖氨酸、蛋氨酸和色氨酸较少，分别为 0.18%、0.17% 和 0.08%，含赖氨酸比玉米低。含钙较低，总磷含量较高，所含磷 70% 为植酸磷。含胡萝卜素少，B 族维生素含量与玉米相似。

高粱籽粒中含有单宁，单宁主要存在于种皮中，具有苦涩味，适口性较差，当饲粮中高粱比例较大时会影响动物食欲，降低采食量。此外，单宁还会影响能量、蛋白质及一些矿物质的利用率。我国的高粱品种单宁含量平均为 0.29%，一般籽粒颜色越深，单宁含量越高。通常将单宁含量低于 0.4% 的称为低单宁高粱，高于 1% 的称为高单宁高粱。具体应用时应测定所用高粱的单宁含量。

② 饲料用高粱的质量标准　我国农业行业标准《饲料用高粱》规定以粗蛋白、粗纤维、粗灰分为质量控制指标，按含量分为三级，各项指标均以 86% 干物质为基础计算，详见表 1-15。

表 1-15　饲料用高粱质量标准（NY/T 115—1989）

质量标准 \ 等级	一级	二级	三级
粗蛋白/%	≥9.0	≥7.0	≥6.0
粗纤维/%	<2.0	<2.0	<3.0
粗灰分/%	<2.0	<2.0	<3.0

③ 高粱的饲用价值　用高粱作鸡的饲料时，应注意其中单宁含量。在肉鸡饲粮中添加 10%（深色高粱）～20%（浅色高粱）时，家禽日粮中含单宁较高的高粱在日粮中的比例不宜超过 15%，低单宁高粱则可高一些。这种饲料饲养效果良好，但对鸡皮肤和蛋

黄无着色作用。

（5）粟　粟为禾本科狗尾草属一年生草本植物，脱壳前称为"谷子"，脱壳后称为"小米"。粟既是粮食作物，又为饲料作物，粟中养分含量见表1-8和表1-9，其饲用价值较高。粟对鸡饲用价值高，为玉米的95%～100%。并且，粟中含较多的叶黄素和胡萝卜素，对鸡的皮肤、蛋黄有着色效果，因此也是观赏鸟类的良好饲料。用粟作禽类饲料时，不必粉碎，可直接饲用。饲料用粟（谷子）的质量标准见表1-16。

表 1-16　饲料用粟（谷子）的质量标准（NY/T 213—1992）

质量指标	含　　量
粗蛋白/%	≥8.0
粗纤维/%	<8.5
粗灰分/%	<3.5

2. 糠麸类饲料

糠麸是谷实经加工后形成的一些副产品，包括米糠、小麦麸、大麦麸、玉米糠、高粱糠、谷糠等。糠麸主要由果种皮、外胚乳、糊粉层、胚芽、纤维残渣等组成。糠麸成分不仅受原粮种类影响，而且还受原粮加工方法和精度影响。与原粮相比，糠麸中粗蛋白、粗纤维、B族维生素、矿物质等含量较高，但无氮浸出物含量低，故属于一类有效能较低的饲料。另外，糠麸结构疏松、体积大、容重小、吸水膨胀性强，其中多数对动物有一定的轻泻作用。

（1）小麦麸　小麦麸俗称麸皮，是以小麦籽实为原料加工面粉后的副产品。小麦麸的成分变异较大，主要受小麦品种、制粉工艺、面粉加工精度等因素影响。我国对小麦麸的分类方法较多。按面粉加工精度，可将小麦麸分为精粉麸和标粉麸；按小麦品种，可将小麦麸分为红粉麸和白粉麸；按制粉工艺产出麸的形态、成分等，可将其分为大麸皮、小麸皮、次粉和粉头等。据有关资料统计，我国每年用作饲料的小麦麸约为1000万吨。

① 小麦麸的营养特点　小麦麸中养分含量与营养价值参见

表 1-17。

表 1-17　小麦麸和米糠中养分含量　　　　单位：%

名称	干物质	粗蛋白	粗脂肪	无氮浸出物	粗纤维	粗灰分	钙	总磷
小麦麸	87.0	15.7	3.9	56.0	6.5	4.9	0.11	0.92
米糠	87.0	12.8	16.5	44.5	5.7	7.5	0.07	1.43
米糠饼	88.0	14.7	9.0	48.2	7.4	8.7	0.14	1.69
米糠粕	87.0	15.1	2.0	53.6	7.5	8.8	0.15	1.82

　　小麦籽实中淀粉约占 84%，完全集中于胚乳中，而粗纤维则集中存在于果皮、种皮与糊粉层构成的种膜部分，粉内纤维素很少。在加工面粉时，需将纤维素含量较高的种膜部分除去，而胚乳中的淀粉亦不能全部进入到面粉中，故麦麸主要由果皮、种皮、糊粉层、胚和少量的胚乳构成，是带有粉状物质的种皮屑片。

　　小麦麸的营养价值受小麦加工过程中出粉率的影响，小麦出粉率高，则麸皮中的粗纤维含量高、淀粉含量低。麸皮中含有丰富的 B 族维生素，但缺乏维生素 B_{12}。磷含量较高。小麦麸中无氮浸出物（60% 左右）较少，但粗纤维含量很高，达 6.5%，甚至更高。正是这个原因，小麦麸中有效能较低，代谢能（鸡）6.82 兆焦/千克，常可用来调节日粮的能量浓度。由于小麦麸结构疏松，小麦麸容积大。小麦麸每升容重为 225 克左右，且含有轻泻性盐类，可以刺激胃肠道的蠕动。

　　小麦麸粗蛋白含量高于原粮，一般为 12%～17%，氨基酸组成较佳，但蛋氨酸含量少。与原粮相比，灰分较多，所含灰分中钙少（0.1%～0.2%）磷多（0.9%～1.4%），钙磷比例（约 1：8）极不平衡，但其中磷多为（约 75%）植酸磷。另外，小麦麸中铁、锰、锌较多。由于麦粒中 B 族维生素多集中在糊粉层与胚中，故小麦麸中 B 族维生素含量很高，如含核黄素 3.5 毫克/千克、硫胺素 8.9 毫克/千克。

　　次粉是除麸皮以外，另一种小麦籽实的加工副产品。饲料用次粉是指磨制精粉后除去小麦麸、胚及合格面粉以外的部分。其组成成分是大部分糊粉层、内外胚乳层、部分胚芽、少量的胚乳和种皮。与麸皮相比，次粉的粗纤维含量较低，约 3.5%；无氮浸出物含量较高，猪和鸡食用后消化能与代谢能值有较大提高，粗蛋白水平则稍低或相近。

② 饲料用小麦麸的质量标准 我国农业行业标准《饲料用小麦麸》（NY/T 119—1989）以粗蛋白、粗纤维、粗灰分为质量控制指标，各项指标均以 87% 干物质计算，按含量分为三级，详见表 1-18。

表 1-18 饲料用小麦麸的质量标准（NY/T 119—1989）

质量标准 \ 等级	一级	二级	三级
粗蛋白/%	≥15.0	≥13.0	≥11.0
粗纤维/%	<9.0	<10.0	<11.0
粗灰分/%	<6.0	<6.0	<6.0

③ 小麦麸的饲用价值 小麦麸有效能值较低，因此在肉鸡饲粮中用量一般为 5% 以内，在种鸡和产蛋鸡饲粮中用量为 5%～10%。若需控制后备种鸡体重，可在其饲粮中加 15%～20% 小麦麸，应用小麦麸时最好加植酸酶。

（2）米糠 米糠是糙米加工成白米的副产品。水稻加工大米的副产品，称为稻糠。稻糠包括砻糠、米糠和统糠。砻糠是稻谷的外壳或其粉碎品，稻壳中仅含 3% 的粗蛋白，但粗纤维含量在 40% 以上，且粗纤维中半数以上为木质素。鸡对砻糠的消化率为负值，因此砻糠不能作鸡的饲料。统糠是砻糠和米糠的混合物。例如，通常所说的三七统糠，意为其中含三份米糠、七份砻糠。二八统糠，意为其中含两份米糠、八份砻糠。统糠营养价值视其中米糠比例不同而异，米糠所占比例越高，统糠的营养价值越高。米糠中有效能较多，属能量饲料。

米糠是糙米精制时产生的果皮、种皮、外胚乳和糊粉层等的混合物。果皮和种皮的全部、外胚乳和糊粉层的部分，合称为米糠。米糠的品质与成分，因糙米精制程度而不同，精制的程度越高，米糠的饲用价值愈大。

由于米糠所含脂肪多，易氧化酸败，不能久存，所以常对其脱脂，生产成米糠饼（经机榨制得）或米糠粕（经浸提制得）。

① 米糠的营养特点　米糠、米糠饼、米糠粕中养分含量见表 1-17。

米糠中蛋白质含量较高，约为 13%，氨基酸的含量与一般谷物相似或稍高于谷物，但其赖氨酸含量高，为 0.74%。脂肪含量约达 17%，脂肪酸组成中多为不饱和脂肪酸，米糠中有效能较高，如代谢能（鸡）为 11.21 兆焦/千克。有效能值高的原因显然与米糠中粗脂肪含量高有关，脱脂后的米糠能值下降。粗纤维含量较多，为 5.7%，质地疏松，容重较轻。但米糠中无氮浸出物含量不高，一般在 50% 以下。所含矿物质中钙（0.07%）少磷（1.43%）多，钙、磷比例极不平衡（1:20），但 80% 以上的磷为植酸磷。B 族维生素和维生素 E 丰富，维生素 B_1、维生素 B_5、泛酸含量分别为 19.6 毫克/千克、303.0 毫克/千克、25.8 毫克/千克。

但是米糠中也含有较多种类的抗营养因子。植酸含量高，为 9.5%～14.5%；含胰蛋白酶抑制因子；含阿拉伯木聚糖、果胶、β-葡聚糖等非淀粉多糖；含有生长抑制因子。

② 饲料用米糠、米糠饼、米糠粕的质量标准　我国农业行业标准《饲料用米糠》（NY/T 122—1989）、《饲料用米糠饼》（NY/T 123—1989）、《饲料用米糠粕》（NY/T 124—1989）规定以粗蛋白、粗纤维、粗灰分含量为质量控制指标，按其含量分为三级，详见表 1-19～表 1-21。

表 1-19　饲料用米糠质量标准（NY/T 122—1989）

质量标准＼等级	一级	二级	三级
粗蛋白/%	≥13.0	≥12.0	≥11.0
粗纤维/%	<6.0	<7.0	<8.0
粗灰分/%	<8.0	<9.0	<10.0

表 1-20　饲料用米糠饼质量标准（NY/T 123—1989）

质量标准 ＼ 等级	一级	二级	三级
粗蛋白/％	≥14.0	≥13.0	≥12.0
粗纤维/％	＜8.0	＜10.0	＜12.0
粗灰分/％	＜9.0	＜10.0	＜12.0

表 1-21　饲料用米糠粕质量标准（NY/T 124—1989）

质量标准 ＼ 等级	一级	二级	三级
粗蛋白/％	≥15.0	≥14.00	≥13.0
粗纤维/％	＜8.0	＜10.0	＜12.0
粗灰分/％	＜9.0	＜10.0	＜12.0

③ 米糠的饲用价值　米糠中含胰蛋白酶抑制因子、生长抑制因子，但它们均不耐热，加热可破坏这些抗营养因子，故米糠宜熟喂或制成脱脂米糠后再饲喂。米糠中脂肪多，其中的不饱和脂肪酸易氧化酸败，不仅影响米糠的适口性，降低其营养价值，而且还产生有害物质。因此，全脂米糠不能久存，要使用新鲜的米糠，酸败变质的米糠不能饲用。脱脂米糠（米糠饼、米糠粕）储存期可适当延长，但仍不能久存，因其中还含有相当量的脂肪，所以对脱脂米糠也应及时使用。米糠虽属能量饲料，但粗纤维含量较多，因此原则上在畜禽饲粮中要控量使用。具体用量应控制在成年鸡饲粮中占10％以下，在雏鸡饲粮中以占 5％为宜。应用米糠时最好加植酸酶。

（3）甘薯干

① 甘薯的营养特点　甘薯中养分含量参见表 1-22。新鲜甘薯中水分多，达 75％左右，甜而爽口，因而适口性好。脱水甘薯块中主要是无氮浸出物，含量达 75％以上，甚至更高。甘薯中粗蛋白含量低，以干物质计，仅约 4.0％，且蛋白质品质较差。脱水甘薯中虽然无氮浸出物含量高，但有效能值明显低于玉米等谷实，如代谢能（鸡）为 9.79 兆焦/千克。

表 1-22　薯类中养分含量　　　　　　单位：%

类别	干物质	粗蛋白	粗脂肪	无氮浸出物	粗纤维	粗灰分
甘薯干	87.0	4.0	0.8	76.4	2.8	3.0
马铃薯块茎	28.4	4.6	0.5	11.5	5.9	5.9
马铃薯秧	20.5	2.3	0.1	15.9	0.9	1.3
干马铃薯渣	86.5	3.9	1.0	71.4	8.7	1.5
木薯干	87.0	2.5	0.7	79.4	2.5	1.9

② 饲料用甘薯干的质量标准　我国国家标准《饲料用甘薯干》（GB 10370—89）以粗纤维、粗灰分为质量控制指标，以 87% 干物质为基础计算，规定粗纤维含量不得低于 4%，粗灰分含量不得低于 5%。

③ 甘薯的饲用价值　新鲜甘薯是优良的多汁饲料，不论是生或熟，其适口性均佳。甘薯含有胰蛋白酶抑制因子。甘薯粉易膨胀，动物食之易产生饱腹感，故应控制其在饲粮中的用量，在鸡饲粮中占 10% 即可。

（4）油脂　畜禽由于生产性能的不断提高，对日粮养分浓度尤其是日粮能量浓度的要求愈来愈高。要配制高能量饲粮，用常规的饲料难以配制出来，油脂在肉鸡日粮中的应用非常普遍。

① 饲粮中添加油脂的目的和作用

a. 油脂的能值高，其总能和有效能远比一般的能量饲料高。例如，大豆油代谢能为玉米代谢能的 2.87 倍。因此，油脂是配制高能量饲粮的首选原料。

b. 油脂是供给动物必需脂肪酸的基本原料。植物油、鱼油等富含动物所需的必需脂肪酸，它们常是动物必需脂肪酸的最好来源。

c. 油脂可作为动物消化道内的溶剂，促进脂溶性维生素的吸收。在血液中，有助于脂溶性维生素的运输。

d. 油脂可延长饲料在消化道内的停留时间，从而能提高饲料养分的消化率和吸收率。

e. 油脂的热增耗值比碳水化合物、蛋白质的热增耗值都低。因而，一方面脂肪的利用率比蛋白质和碳水化合物高；另一方面在高温季节给动物饲喂油脂，还能减轻动物的热负担。

f. 添加油脂，能增强饲粮风味，改善饲粮外观。在饲料加工过程中，若加有油脂，则产生的粉尘少，使得饲料养分损失少，加工车间空气污染程度也低。另外，饲料中加有油脂，能降低加工机械的磨损程度，因而可延长机器寿命。

② 油脂的分类　油脂种类较多，按来源可将其分为以下 4 类。

a. 动物油脂。是指用家畜、家禽和鱼体组织（含内脏）提取的一类油脂。其成分以甘油三酯为主，另含少量的不皂化物和不溶物等。动物油脂中脂肪酸主要为饱和脂肪酸，但鱼油有高含量的不饱和脂肪酸。

b. 植物油脂。这类油脂是从植物种子中提取而得，主要成分为甘油三酯，另含少量的植物固醇与蜡质成分。大豆油、菜籽油、棕榈油等是这类油脂的代表。植物油脂中的脂肪酸主要为不饱和脂肪酸。

c. 饲料级水解油脂。这类油脂是指制取食用油或生产肥皂过程中所得的副产品，其主要成分为脂肪酸。

d. 粉末状油脂。对油脂进行特殊处理，使其成为粉末状。这类油脂便于包装、运输、储存和应用。

③ 饲料用油脂的质量标准　我国台湾规定指标为，总脂肪≥90％，总脂肪酸≥90％，游离脂肪酸≤0.5％，水分≤0.5％，杂质≤2.5％。日本规定指标为，酸价≤30，皂化价≥190，碘价≥70，过氧化物≤5 毫克/千克，羧基价≤30 毫克/千克。

在生产中，对饲料用油脂的质量一般规定如下。

a. 动物油脂中脂肪含量在 91％～95％为合格产品；90％为最低标准；85％为皂脚（油渣）的最低标准；低于 85％为劣质产品。

b. 动物油脂中游离脂肪酸在 10％以下者，为中、优质产品；20％～50％者为劣质产品。

c. 油脂中含水量在 1.5％以下者，为合格产品；大于 1.5％者，为劣质产品。

d. 油脂中不溶性杂质在 0.5％以下者，为优质产品；大于

0.5％者，为劣质产品。

④ 油脂对鸡的饲用价值　在产蛋鸡饲粮中添加 2％～5％油脂，尤其是加富含不饱和性脂肪酸油脂，可增加蛋重，在炎热夏季，效果尤为明显。肉鸡日粮中添加油脂 1％～3％，可提高肉仔鸡对干物质和粗蛋白的表观消化率，可持续地提高日增重和饲料转化率，并减少采食量。

二、蛋白质饲料

蛋白质饲料是指干物质中粗纤维含量小于 18％、粗蛋白含量大于或等于 20％的饲料。蛋白质饲料可分为植物性蛋白质饲料、动物性蛋白质饲料、单细胞蛋白质饲料和非蛋白氮饲料。

1. 植物性蛋白质饲料

植物性蛋白质饲料包括豆类籽实、饼粕类、工业加工副产品（糟渣类）等。这类蛋白质饲料是使用量最多、最常用的蛋白质饲料。该类饲料具有以下共同特点。

① 蛋白质含量高，且蛋白质质量较好　一般植物性蛋白质饲料粗蛋白含量为 20％～50％，因种类不同差异较大。它主要由球蛋白和清蛋白组成，其必需氨基酸含量和平衡性明显优于谷蛋白和醇溶蛋白，因此品质高于谷物类蛋白。蛋白质利用率是谷类的 1～3 倍。但植物性蛋白质的消化率一般仅有 80％左右，原因在于大量蛋白质与细胞壁多糖结合，有明显抗蛋白酶水解的作用；存在蛋白酶抑制剂，阻止蛋白酶消化蛋白质；含胱氨酸丰富的清蛋白，可能产生一种核心残基，对抗蛋白酶的消化。此类饲料经适当加工调制，可提高其蛋白质利用率。

② 粗脂肪含量变化大　油料籽实脂肪含量在 15％～30％以上，非油料籽实只有 1％左右。饼粕类脂肪含量因加工工艺不同差异较大，高的可达 10％，低的仅 1％左右。

③ 粗纤维含量一般不高　基本上与谷类籽实近似，饼粕类稍高些。

④ 矿物质中钙少磷多　磷主要是植酸磷。

⑤ 维生素含量与谷实相似 B族维生素较丰富，而维生素 A、维生素 D 较缺乏。

⑥ 大多数含有一些抗营养因子 影响饲喂效果。

（1）豆类籽实 豆类籽实包括大豆、豌豆、蚕豆等，现在一般以食用为主，全脂大豆经加热或膨化用在高热能饲料和颗粒料中。以下重点介绍大豆。

① 营养特性 大豆蛋白质含量为 32%～40%，平均为 36%。生大豆中蛋白质多属水溶性蛋白质（约 90%），加热后即溶于水。氨基酸组成良好，植物蛋白中普遍缺乏的赖氨酸含量较高，如黄豆和黑豆分别为 2.30% 和 2.18%，但含硫氨基酸含量不足。大豆脂肪含量高，为 17%～20%，其中不饱和脂肪酸较多，亚油酸和亚麻酸可占 55%。脂肪的代谢能约比牛油高出 29%，油脂中存在磷脂质，占 1.8%～3.2%。大豆中碳水化合物含量不高。无氮浸出物仅 26% 左右，其中蔗糖占无氮浸出物总量的 27%，水苏糖、阿拉伯木聚糖、半乳糖分别占 16%、18%、22%；淀粉在大豆中含量甚微，为 0.4%～0.9%；纤维素占 18%。阿拉伯木聚糖、半乳聚糖及半乳糖酸结合而成黏性的半纤维素，存在于大豆细胞膜中，有碍消化。矿物质中钾、磷、钠较多，但 60% 的磷为不能利用的植酸磷。铁含量较高。维生素与谷实类相似，含量略高于谷实类，B族维生素多而维生素 A、维生素 D 少。大豆营养成分见表 1-23。

表 1-23 大豆的饲料成分及营养价值表（中国鸡饲养标准 NY/T 33—2004）

名　称	含量/%	名　称	含量/%
干物质	87.0	非植酸磷	0.30
粗蛋白	35.5	代谢能(鸡)/(兆焦/千克)	13.56
粗脂肪	17.3	赖氨酸	2.20
粗纤维	4.3	蛋氨酸	0.56
无氮浸出物	25.7	胱氨酸	0.70
粗灰分	4.2	苏氨酸	1.41
钙	0.27	色氨酸	0.45
磷	0.48		

生大豆中存在多种抗营养因子，其中加热可被破坏的包括胰蛋白酶抑制因子、血细胞凝集素、抗维生素因子、植酸十二钠、脲酶等。加热无法被破坏的包括皂苷、雌激素、胃肠胀气因子等。此外大豆还含有大豆抗原蛋白。

② 大豆的加工 生大豆含有众多的抗营养因子，直接饲喂会造成动物下痢和生长抑制，饲喂价值较低，因此，饲喂中一般不直接使用生大豆。大豆加工的最常用办法为加热，生大豆经加热处理后的产品则称为全脂大豆。通过加热，可使生大豆中不耐热的抗营养因子如胰蛋白酶抑制因子、血细胞凝集素等变性失活，从而提高蛋白质的利用率，提高大豆的饲喂价值。

大豆的主要加工方法，一是焙炒，系早期使用的方法，是将精选的生大豆用锅炒再磨粉（或去皮）的制法；二是干式挤压法，大豆粗碎后，在不加水及蒸汽情况下，直接进入挤压机螺旋轴内，经内摩擦生热产生高温高压，然后由小孔喷出，冷却后即得产品，由于未湿润，故所需动力比湿式挤压法高，但因减少了调制及干燥过程，故操作容易，投资成本低；三是湿式挤压法，先将大豆粉碎，调质机内注入蒸汽以提高水分及温度，再经过挤压机螺旋轴，摩擦产生高温高压，然后由小孔喷出，冷却后即得产品。其他方法还有爆裂法、微波处理等。

③ 加工大豆的品质判定 大豆加工的方法不同，饲用价值也不同。干热法产品具有烤豆香味，风味较好，但易出现加热不匀、过熟，影响饲用价值；挤压法产品脂肪消化率高，代谢能较高。湿法膨化处理能破坏全脂大豆的抗原活性。

大豆在加热过程中，蛋白质中氨基酸会与还原糖之间发生美拉德反应，又叫褐色反应或棕色反应。该反应会导致大多数氨基酸，尤其是赖氨酸利用率下降，降低大豆的营养价值。因此，大豆的适宜加工非常重要。

全脂大豆与生大豆相比，具有水分较低、其他营养含量相对提高、抗营养因子大大降低、使用安全等优点。因此，在畜禽饲粮中得到较多的应用。与大豆粕、豆油相比，全脂大豆的使用价值可用下式计算。

$$A = (P_1/P_2 \times Y) + (W \times M_1/M_2)Z \tag{1-1}$$

式中　A——全脂大豆的价值；

　　　P_1——全脂大豆的粗蛋白含量；

　　　P_2——一般大豆粕的粗蛋白含量；

　　　Y——一般大豆粕每千克的价格；

　　　W——全脂大豆中大豆油的含量；

　　　M_1——大豆油的代谢能；

　　　M_2——饲料中添加油的代谢能；

　　　Z——饲料中添加油每千克价格。

全脂大豆的价格低于 A 时即有使用价值，等于或略高于 A 时，在无添加油脂设备的厂家也可酌情使用。

④ 原料标准　我国农业行业标准《饲料用大豆》中规定大豆中异色粒不许超过 5.0%，水分含量不得超过 13.0%，熟化全脂大豆脲酶活性不得超过 0.4。以粗蛋白、粗纤维、粗灰分为质量控制指标，按含量可分为三级，各项质量指标含量均以 87% 干物质为基础计算，三项质量指标必须全部符合相应等级的规定，低于三级者为等外品。饲料用大豆质量标准见表 1-24。

表 1-24　饲料用大豆质量标准（NY/T 135—1989）

质量标准＼等级	一级	二级	三级
粗蛋白/%	≥36.0	≥35.0	≥34.0
粗纤维/%	<5.0	<5.5	<6.5
粗灰分/%	<5.0	<5.0	<5.0

⑤ 大豆的饲用价值　生大豆饲喂畜禽可导致腹泻和生产性能的下降，加热处理方法得到的全脂大豆对各种畜禽均有良好的饲喂效果。在肉鸡饲粮中，因加工全脂大豆比重低，用于肉鸡粉状料宜在 10% 以下，否则会影响采食量，造成增重降低，而颗粒料则无此虑。以颗粒料饲喂时，添加全脂大豆与豆粕＋豆油相比可更多地

提高肉鸡的代谢能和肉鸡对饲料脂肪的消化率。饲喂全脂大豆的肉鸡胴体和脂肪组织中亚油酸和 ε-3 脂肪酸含量较高。加工全脂大豆在蛋鸡饲粮中能完全取代豆粕，可提高蛋重，并明显改变蛋黄中脂肪酸组成，显著提高亚麻酸和亚油酸含量，降低饱和脂肪酸含量，从而提高鸡蛋的营养价值。

（2）大豆饼粕类　　大豆饼粕是以大豆为原料取油后的副产物。由于制油工艺不同，通常将压榨法取油后的产品称为大豆饼，而将浸出法取油后的产品称为大豆粕。在我国，过去大豆饼粕作为大豆加工的副产品，随着饲料工业的发展，大多数情况下是为了得到大豆饼粕而制油，目前大豆饼粕实际上是主要产品，主要用作饲料原料。

大豆饼粕的加工方法有 4 种：液压压榨、旋压压榨、溶剂浸出法和预压后浸出法。压榨法的取油工艺主要分为两个过程，第一过程为油料的清选、破碎、软化、轧胚，油料温度保持在 $60\sim80℃$；第二过程为料胚蒸炒（$100\sim125℃$）后再加机械压力，使油与饼分离。用浸提法取油的工艺为，利用有机溶剂在 $55\sim65℃$ 下浸泡料胚，提取油脂后将湿粕烘干（$105\sim120℃$），最后制成油脂和粕。用浸提法比压榨法可多取油 $4\%\sim5\%$，且残脂少易保存，效果优于压榨法，因此，目前大豆饼粕产品主要为大豆粕。

大豆饼粕是目前使用最广泛、用量最多的植物性蛋白质原料，世界各国普遍使用，一般其他饼粕类的使用与否以及使用量都以与大豆饼粕的比价来决定。

① 营养特性　　大豆饼粕粗蛋白含量高，一般在 $40\%\sim50\%$ 之间，必需氨基酸含量高，组成合理。赖氨酸含量在饼粕类中最高，为 $2.4\%\sim2.8\%$，赖氨酸与精氨酸比约为 $100:130$，比例较为恰当。若配合一定量的玉米和少量的鱼粉，很适合家禽氨基酸营养需求；异亮氨酸含量是饼粕饲料中最高的，约 2.39%，是异亮氨酸与缬氨酸比例最好的一种。大豆饼粕色氨酸、苏氨酸含量也很高，与谷实类饲料配合可起到互补作用。蛋氨酸含量不足，为 0.6% 左右，在玉米-大豆饼粕为主的日粮中，一般要额外添加蛋氨酸才能

满足畜禽营养需求。大豆饼粕粗纤维含量较低，主要来自大豆皮。无氮浸出物主要是蔗糖、棉籽糖、水苏糖和多糖类，淀粉含量低。大豆饼粕中胡萝卜素、核黄素和硫胺素含量少，烟酸和泛酸含量较多，胆碱含量丰富，维生素E在脂肪残量高和储存不久的饼粕中含量较高。矿物质中钙少磷多，磷多为植酸磷（约61%），硒含量低。此外，大豆饼粕色泽佳、风味好，加工适当的大豆饼粕仅含微量抗营养因子，不易变质，使用时无用量限制。

　　大豆粕和大豆饼相比，具有较低的脂肪含量，而蛋白质含量较高，且质量较稳定。大豆在加工过程中先经去皮而加工获得的粕称去皮大豆粕，近年来此产品有所增加，其与大豆粕相比，粗纤维含量低，一般在3.3%以下，蛋白质含量为48%～50%，营养价值较高。大豆饼与大豆粕成分及营养价值见表1-25和表1-26。

表1-25　大豆饼成分及营养价值（中国鸡饲养标准 NY/T 33—2004）

名　称	含量/%	名　称	含量/%
干物质	89.0	非植酸磷	0.25
粗蛋白	41.8	代谢能(鸡)/(兆焦/千克)	10.54
粗脂肪	5.8	赖氨酸	2.43
粗纤维	4.8	蛋氨酸	0.60
无氮浸出物	30.7	胱氨酸	0.62
粗灰分	5.9	苏氨酸	1.44
钙	0.31	色氨酸	0.64
磷	0.50		

表1-26　大豆粕成分及营养价值（中国鸡饲养标准 NY/T 33—2004）

名　称	含量/%	名　称	含量/%
干物质	89.0	非植酸磷	0.18
粗蛋白	44.0	代谢能(鸡)/(兆焦/千克)	9.83
粗脂肪	1.9	赖氨酸	2.66
粗纤维	5.2	蛋氨酸	0.62
无氮浸出物	31.8	胱氨酸	0.68
粗灰分	6.1	苏氨酸	1.92
钙	0.33	色氨酸	0.64
磷	0.62		

② 原料标准 饲料用大豆饼粕国家标准规定的感官性状为，呈黄褐色饼状或小片状（大豆饼），呈浅黄褐色或淡黄色不规则的碎片状（大豆粕）；色泽一致，无发酵、霉变、结块、虫蛀及异味、异嗅；水分含量不得超过13.0%；不得掺入饲料用大豆饼粕以外的物质。标准中除粗蛋白、粗纤维、粗灰分为质量控制指标（大豆饼增加粗脂肪一项）外，规定脲酶活性不得超过0.4。饲料用大豆饼和大豆粕国家标准见表1-27和表1-28。

表 1-27 饲料用大豆饼质量标准（NY/T 130—1989）

质量标准 \ 等级	一级	二级	三级
粗蛋白/%	≥41.0	≥39.0	≥37.0
粗脂肪/%	<8.0	<8.0	<8.0
粗纤维/%	<5.0	<6.0	<7.0
粗灰分/%	<6.0	<7.0	<8.0

表 1-28 饲料用大豆粕质量标准（NY/T 131—1989）

质量标准 \ 等级	一级	二级	三级
粗蛋白/%	≥44.0	≥42.0	≥40.0
粗纤维/%	<5.0	<6.0	<7.0
粗灰分/%	<6.0	<7.0	<8.0

③ 质量评定指标和方法 大豆饼粕是大豆加工后的产品，不可避免地存在着大豆中含有的多种抗营养因子。大豆饼粕的质量及饲用价值主要受加热处理程度的影响，大豆饼粕生产过程中的适度加热可使大豆饼粕中抗营养因子破坏，还可使蛋白质展开，氨基酸残基暴露，易于被动物体内的蛋白酶水解吸收。但是温度过高、时间过长会使赖氨酸等碱性氨基酸的ε-氨基与还原糖发生美拉德反应，减少游离氨基酸的含量，从而降低蛋白质的营养价值；反之如果加热不足，由于大豆饼粕中的胰蛋白酶抑制因子等抗营养因子的活性破坏不够充分，同样也影响豆粕蛋白质的利用效率。大量研究认为，大豆胰蛋白酶抑制因子活性失活75%～85%时，大豆饼粕蛋白质的营养效价最高。目前认为在生产大豆饼粕过程中，较好

的方法，一是 100℃ 的流动蒸汽处理 60 分钟；二是高压蒸汽 0.035 兆帕时处理 45 分钟或 0.07 兆帕时处理 30 分钟或 0.1 兆帕时处理 20 分钟或 0.14 兆帕时处理 10 分钟（一个大气压等于 0.1 兆帕）。

评定大豆饼粕质量的指标主要是抗胰蛋白酶活性、脲酶活性、水溶性氮指数、维生素 B_1 含量、蛋白质溶解度等。许多研究结果表明，当大豆饼粕中的脲酶活性在 0.03～0.4 范围内时，饲喂效果最佳，而对家禽来说，在 0.02～0.2 时最佳。大豆饼粕最适宜的水溶性氮指数值标准不一，一般在 15%～30% 之间。日本大豆标准的水溶性氮指数小于 25%。

对大豆饼粕加热程度适宜的评定，也可用饼粕的颜色来判定，正常加热时为黄褐色，加热不足或未加热，颜色较浅或呈灰白色，加热过度呈暗褐色。

④ 饲用价值　大豆饼粕适当加热后添加蛋氨酸，即为养鸡最好的蛋白质来源，适用任何阶段的家禽，幼雏效果更好，其他饼粕原料不及大豆饼粕。此外，大豆饼粕含有未知营养因子，可代替鱼粉应用于家禽饲料。加热不足的大豆饼粕能引起家禽胰脏肿大，发育受阻。添加蛋氨酸也无法改善，对雏鸡影响尤甚，这种影响随着动物的年龄增长而下降。

（3）菜籽饼粕　菜籽饼粕是一种良好的蛋白质饲料，但因含有毒物质，使其应用受到限制，实际用于饲料的仅占 2/3，其余用作肥料，极大地浪费了蛋白质饲料资源。菜籽粕的合理利用，是解决我国蛋白质饲料资源不足的重要途径之一。

① 营养特性　菜籽饼粕均含有较高的粗蛋白，为 34%～38%。氨基酸组成平衡，含赖氨酸 1.3%～1.5%，和棉籽饼粕差不多，比豆粕要少很多。含硫氨基酸较多，与豆粕相比胱氨酸略多。精氨酸含量低，精氨酸与赖氨酸的比例适宜，是一种良好的氨基酸平衡饲料。粗纤维含量较高，占 12%～13%，有效能值较低。碳水化合物为不宜消化的淀粉，且含有 8% 的戊聚糖，雏鸡不能利用。菜

籽外壳几乎无利用价值，是影响菜籽粕代谢能的根本原因。矿物质中钙、磷含量均高，但大部分为植酸磷，富含铁、锰、锌、硒，尤其是硒含量远高于豆饼。维生素中胆碱、叶酸、烟酸、核黄素、硫胺素含量均比豆饼高，但胆碱与芥子碱呈结合状态，不易被肠道吸收。

　　菜籽饼粕含有硫葡萄糖苷、异硫氰酸酯、芥子碱、植酸、单宁等抗营养因子，且粗纤维高，是影响其适口性的主要原因。

　　"双低"菜籽饼粕与普通菜籽饼粕相比，粗蛋白、粗纤维、粗灰分、钙、磷等常规成分含量差异不大，"双低"菜籽饼粕有效能略高；赖氨酸含量和消化率显著高于普通菜籽饼粕，蛋氨酸、精氨酸略高。

　　菜籽饼与菜籽粕成分及营养价值见表 1-29 和表 1-30。

表 1-29　菜籽饼成分及营养价值（中国鸡饲养标准 NY/T 33—2004）

名　称	含量/%	名　称	含量/%
干物质	88.0	非植酸磷	0.33
粗蛋白	35.7	代谢能(鸡)/(兆焦/千克)	8.16
粗脂肪	7.4	赖氨酸	1.33
粗纤维	11.4	蛋氨酸	0.60
无氮浸出物	26.3	胱氨酸	0.82
粗灰分	7.2	苏氨酸	1.40
钙	0.59	色氨酸	0.42
磷	0.96		

表 1-30　菜籽粕成分及营养价值（中国鸡饲养标准 NY/T 33—2004）

名　称	含量/%	名　称	含量/%
干物质	88.0	非植酸磷	0.35
粗蛋白	38.6	代谢能(鸡)/(兆焦/千克)	7.41
粗脂肪	1.4	赖氨酸	1.30
粗纤维	11.8	蛋氨酸	0.63
无氮浸出物	28.9	胱氨酸	0.87
粗灰分	7.3	苏氨酸	1.49
钙	0.65	色氨酸	0.43
磷	1.02		

② 原料标准　饲料用菜籽饼粕标准规定感官性状为褐色、小瓦片状、片状或饼状（菜籽饼），为黄色或浅褐色、碎片或粗粉状（菜籽粕）；具有菜籽油的香味；无发酵、霉变、结块及异臭；水分含量不得超过 12.0%。具体质量指标见表 1-31 和表 1-32。

表 1-31　饲料用菜籽饼质量标准（NY/T 125—1989）

质量标准 \ 等级	一级	二级	三级
粗蛋白/%	≥37.0	≥34.0	≥30.0
粗脂肪/%	<10.0	<10.0	<10.0
粗纤维/%	<14.0	<14.0	<14.0
粗灰分/%	<12.0	<12.0	<12.0

表 1-32　饲料用菜籽粕质量标准（NY/T 126—1989）

质量标准 \ 等级	一级	二级	三级
粗蛋白/%	≥40.0	≥37.0	≥33.0
粗纤维/%	<14.0	<14.0	<14.0
粗灰分/%	<8.0	<8.0	<8.0

③ 饲用价值　菜籽饼粕因含有多种抗营养因子，饲喂价值明显低于大豆粕，并可引起甲状腺肿大，采食量下降，生产性能下降。近年来，国内外培育的"双低"（低芥酸和低硫葡萄糖苷）品种已在我国部分地区推广，并获得较好效果。

在鸡配合饲料中，菜籽饼粕应限量使用。一般幼雏应避免使用。品质优良的菜籽饼粕，肉鸡后期可用 10%～15%，但为防止肉鸡风味变劣，用量宜低于 10%。蛋鸡、种鸡可用 8%，超过12% 即引起蛋重和孵化率下降。褐壳蛋鸡采食多时，鸡蛋有鱼腥味，应谨慎使用。

我国饲料卫生标准 GB 13078—2001 规定鸡饲粮中异硫氰酸酯含量在 500 毫克/千克以下，噁唑烷硫酮在肉鸡和生长鸡饲粮中含量在 1000 毫克/千克以下，产蛋鸡配合饲料中 500 毫克/千克以下。

（4）棉籽饼粕　棉籽饼粕是棉籽经脱壳取油后的副产品，因脱壳程度不同，通常又将去壳的叫作棉仁饼粕。我国年产棉籽饼粕约300 多万吨，主产区在新疆、河南、山东等地。棉籽经螺旋压榨法和预压浸提法，得到棉籽饼和棉籽粕。

① 营养特性　粗纤维含量主要取决于制油过程中棉籽脱壳程度。国产棉籽饼粕粗纤维含量较高，达 13％以上，有效能值低于大豆饼粕。脱壳较完全的棉仁饼粕粗纤维含量约 12％，代谢能水平较高。

棉籽饼粕粗蛋白含量较高，达 34％以上，棉仁饼粕粗蛋白为41％～44％。氨基酸中赖氨酸较低，1.4％左右，仅相当于大豆饼粕的 50％～60％，蛋氨酸亦低，精氨酸含量较高，赖氨酸与精氨酸之比在 100：270 以上。矿物质中钙少磷多，其中 70％左右为植酸磷，含硒少。维生素 B_1 含量较多，维生素 A、维生素 D_2 少。

棉籽饼粕中的抗营养因子主要为游离棉酚、环丙烯脂肪酸、单宁和植酸等。

棉籽饼粕成分及营养价值见表 1-33 和表 1-34。

表 1-33　棉籽饼成分及营养价值（中国鸡饲养标准 NY/T 33—2004）

名　称	含量/％	名　称	含量/％
干物质	88.0	非植酸磷	0.28
粗蛋白	36.3	代谢能（鸡）/（兆焦/千克）	9.04
粗脂肪	7.4	赖氨酸	1.40
粗纤维	12.5	蛋氨酸	0.41
无氮浸出物	26.1	胱氨酸	0.70
粗灰分	5.7	苏氨酸	1.14
钙	0.21	色氨酸	0.39
磷	0.83		

表 1-34　棉籽粕成分及营养价值（中国鸡饲养标准 NY/T 33—2004）

名　称	含量/％	名　称	含量/％
干物质	88.0	粗灰分	6.6
粗蛋白	43.5	钙	0.28
粗脂肪	0.5	磷	1.04
粗纤维	10.5	非植酸磷	0.36
无氮浸出物	28.9	代谢能（鸡）/（兆焦/千克）	8.49

续表

名　称	含量/%	名　称	含量/%
赖氨酸	1.97	苏氨酸	1.25
蛋氨酸	0.58	色氨酸	0.51
胱氨酸	0.68		

② 原料标准　棉籽饼的感官性状为小片状或饼状，色泽呈新鲜一致的黄褐色；无发酵、霉变、虫蛀及异味、异嗅；水分含量不得超过 12.0%；不得掺入饲料用棉籽饼以外的物质。其具体质量标准见表 1-35。

表 1-35　饲料用棉籽饼质量标准（NY/T 129—1989）

等级 质量标准	一级	二级	三级
粗蛋白/%	≥40.0	≥36.0	≥32.0
粗纤维/%	<10.0	<12.0	<14.0
粗灰分/%	<6.0	<7.0	<8.0

③ 饲用价值　棉籽饼粕对鸡的饲用价值主要取决于游离棉酚和粗纤维的含量。含壳多的棉籽饼粕，粗纤维含量高，热能低，应避免在肉鸡中使用。用量以游离棉酚含量而定，通常游离棉酚含量在 0.05% 以下的棉籽饼粕，在肉鸡饲粮中可用到 10%～20%，产蛋鸡饲粮中可用到 5%～15%，未经脱毒处理的饼粕，饲粮中用量不得超过 5%。

我国饲料卫生标准 GB 13078—2001 规定蛋鸡饲粮中游离棉酚含量在 20 毫克/千克以下，肉鸡和生长鸡饲粮中游离棉酚含量在 100 毫克/千克以下。

（5）花生饼粕　花生饼粕是花生脱壳后，经机械压榨或溶剂浸提油后的副产品。我国年加工花生饼粕约 150 万吨，主产区为山东省，产量约近全国的 1/4，其次为河南、河北、江苏、广东、四川等地，是当地畜禽的重要蛋白质来源。

花生取油的工艺可分浸提法、机械压榨法、预压浸提法和土法夯榨法。用机械压榨法和土法夯榨法榨油后的副产品为花生饼，用浸提法和预压浸提法榨油后的副产品为花生粕。

① 营养特性　花生饼蛋白质含量约 44%，花生粕蛋白含量约 47%，最高可达 54%，蛋白质含量高，但 63% 为不溶于水的球蛋白，可溶于水的白蛋白仅占 7%。氨基酸组成不平衡，赖氨酸、蛋氨酸含量偏低，分别为 1.4% 和 0.40% 左右。精氨酸含量在所有植物性饲料中最高，赖氨酸与精氨酸之比在 100∶380 以上，饲喂家畜时适于和精氨酸含量低的菜籽饼粕、血粉等配合使用。在无鱼粉的玉米-豆粕型饲粮中，产蛋鸡的第一、二、三位限制性氨基酸依次是蛋氨酸、亮氨酸（肉仔鸡为赖氨酸）、精氨酸。蛋氨酸、赖氨酸有合成品可直接添加补充，精氨酸无合成品可用花生饼粕补其不足。花生饼粕的有效能值在饼粕类饲料中最高，约 12.26 兆焦/千克，无氮浸出物中大多为淀粉、糖分和戊聚糖。残余脂肪熔点低，脂肪酸以油酸为主，不饱和脂肪酸占 53%～78%。钙磷含量低，磷多为植酸磷，铁含量略高，其他矿物元素较少。胡萝卜素、维生素 D_2、维生素 C 含量低，B 族维生素较丰富，尤其烟酸含量高，约 174 毫克/千克，核黄素含量低，胆碱约 1500～2000 毫克/千克。

花生饼粕极易感染黄曲霉，产生黄曲霉毒素，引起动物黄曲霉毒素中毒。我国饲料卫生标准（GB 13078—2001）中规定，其黄曲霉毒素 B_1 含量不得大于 0.05 毫克/千克。花生饼粕中含有少量胰蛋白酶抑制因子。

花生仁饼及花生仁粕成分及营养价值见表 1-36 和表 1-37。

表 1-36　花生仁饼成分及营养价值（中国鸡饲养标准 NY/T 33—2004）

名　称	含量/%	名　称	含量/%
干物质	88.0	非植酸磷	0.31
粗蛋白	44.7	代谢能(鸡)/(兆焦/千克)	11.63
粗脂肪	7.2	赖氨酸	1.32
粗纤维	5.9	蛋氨酸	0.39
无氮浸出物	25.9	胱氨酸	0.38
粗灰分	5.1	苏氨酸	1.05
钙	0.25	色氨酸	0.42
磷	0.53		

表 1-37 花生仁粕成分及营养价值（中国鸡饲养标准 NY/T 33—2004）

名　称	含量/%	名　称	含量/%
干物质	88.0	非植酸磷	0.33
粗蛋白	47.8	代谢能(鸡)/(兆焦/千克)	10.88
粗脂肪	1.4	赖氨酸	1.40
粗纤维	6.2	蛋氨酸	0.41
无氮浸出物	27.2	胱氨酸	0.40
粗灰分	5.4	苏氨酸	1.11
钙	0.27	色氨酸	0.45
磷	0.56		

② 原料标准　饲料用花生饼粕国家标准规定，感官要求花生饼为小瓦块状或圆扁块状，花生粕为黄褐色或浅褐色不规则碎屑状，色泽新鲜一致；无发霉、变质、结块及异味、异嗅；水分含量不得超过12.0%。饲料用花生饼粕国家标准见表1-38和表1-39。

表 1-38 饲料用花生饼质量标准（NY/T 132—1989）

质量标准 ＼ 等级	一级	二级	三级
粗蛋白/%	≥48.0	≥40.0	≥36.0
粗纤维/%	<7.0	<9.0	<11.0
粗灰分/%	<6.0	<7.0	<8.0

表 1-39 饲料用花生粕质量标准（NY/T 133—1989）

质量标准 ＼ 等级	一级	二级	三级
粗蛋白/%	≥51.0	≥42.0	≥37.0
粗纤维/%	<7.0	<9.0	<11.0
粗灰分/%	<6.0	<7.0	<8.0

③ 饲用价值　为避免黄曲霉毒素中毒，幼雏应避免使用。花生饼粕应用于成鸡，因其适口性好，可提高鸡的食欲，育成期可用到6%，产蛋鸡可用到9%，若补充赖氨酸、蛋氨酸或与鱼粉、豆饼、血粉配合使用，效果更好。在鸡饲粮中添加蛋氨酸、硒、胡萝

卜素、维生素或提高饲粮蛋白质水平，都可以降低黄曲霉毒素的毒性。

（6）玉米蛋白粉　　玉米蛋白粉是玉米淀粉厂的主要副产物之一，为玉米除去淀粉、胚芽、外皮后剩下的产品，我国年产玉米蛋白粉约 16.4 万吨。

① 营养特性　　粗蛋白含量为 35%～60%，氨基酸组成不平衡，蛋氨酸、精氨酸含量高，60% 的玉米蛋白粉蛋氨酸含量 1.4%，接近鱼粉含量；赖氨酸和色氨酸严重不足，60% 的玉米蛋白粉赖氨酸含量 0.97%，赖氨酸与精氨酸比达 100∶（200～250），与理想比值相差甚远。粗纤维含量低，易消化，代谢能与玉米近似或高于玉米，为高能饲料。矿物质含量少，铁较多，钙、磷较低。维生素中胡萝卜素含量较高，B 族维生素少；富含色素，主要是叶黄素和玉米黄质，前者是玉米含量的 15～20 倍，是较好的着色剂。

② 饲用价值　　玉米蛋白粉用于鸡饲料可节省蛋氨酸，着色效果明显。因玉米蛋白粉太细，配合饲料中用量不宜过大，否则影响采食量，以 5% 以下为宜，颗粒化后可用 10% 左右。

在使用玉米蛋白粉的过程中，应注意霉菌含量，尤其黄曲霉毒素含量。

2. 动物性蛋白质饲料

动物性蛋白质饲料类主要是指水产、畜禽等加工的副产品。该类饲料的主要营养特点是蛋白质含量高（40%～85%），氨基酸组成比较平衡，并含有促进动物生长的动物性蛋白因子；碳水化合物含量低，不含粗纤维；粗灰分含量高，钙、磷含量丰富，比例适宜；维生素含量丰富（特别是维生素 B_2 和维生素 B_{12}）；脂肪含量较高，但脂肪易氧化酸败，不宜长时间储藏。

（1）鱼粉

① 鱼粉的营养特性　　鱼粉的主要营养特点是蛋白质含量高，一般脱脂全鱼粉的粗蛋白含量高达 60% 以上，最高可达 68%。氨

基酸组成齐全而且平衡，尤其是主要氨基酸与猪、鸡体组织氨基酸组成基本一致。典型优质鱼粉或进口鱼粉的氨基酸含量是赖氨酸5%、蛋氨酸1.7%、色氨酸0.8%、苏氨酸2.9%。钙、磷含量高，分别为6%和3%左右，比例适宜。微量元素中碘、硒含量高。富含维生素B_{12}、脂溶性维生素A、维生素D_3、维生素E和未知生长因子。所以，鱼粉不仅是一种优质蛋白源，而且是一种不易被其他蛋白质饲料完全取代的饲料。但其营养成分因原料质量不同，差异较大。

通常真空干燥法或蒸汽干燥法制成的鱼粉，蛋白质利用率比用烘烤法制成的鱼粉约高10%。鱼粉中一般含有6%～12%的脂类，其中不饱和脂肪酸含量较高，极易被氧化产生异味。进口鱼粉因生产国的工艺及原料而异。质量较好的是秘鲁鱼粉及白鱼鱼粉，粗蛋白含量可达60%以上。含硫氨基酸约比国产鱼粉高1倍，赖氨酸也明显高于国产鱼粉。国产鱼粉由于原料品种、加工工艺不规范，产品质量参差不齐。

② 鱼粉的质量标准

a. 鱼粉的品质鉴别　　ⓐ外观、色泽与气味。不同种类的鱼粉色泽具有差异性，正常鲱鱼粉应呈淡黄或淡褐色；沙丁鱼粉应呈红褐色；鳕鱼等白体鱼粉应呈淡黄色或灰白色，均具鱼腥味。蒸煮不透、压榨不完全、含脂较高的鱼粉颜色都较深；如有酸、臭及焦灼腐败味，则品质欠佳。ⓑ分析检测。鱼粉检测最主要的指标是氨基酸分析，典型优质鱼粉或进口鱼粉的氨基酸含量是赖氨酸5%、蛋氨酸1.7%、色氨酸0.8%、苏氨酸2.9%、谷氨酸10%、胱氨酸0.6%等，氨基酸总量60%以上。如果不作氨基酸分析，可作粗蛋白和真蛋白分析，含量一般应在60%左右，但这两个指标不能区别鱼粉是否掺有其他动物性蛋白。正常鱼粉胃蛋白酶消化率应在88%以上。粗脂肪含量一般不应超过12%，大于12%可能是加工不良或原料不新鲜，这样的鱼粉储藏时易发生酸败，出现异味，并影响其他营养物质的消化利用。鱼粉中水分含量一般应在10%左右，过高不宜储藏，过低有可能是加热过度，会导致氨基酸利用率降低。

一般进口鱼粉含盐约 2％，国产鱼粉含盐应小于 5％。但有些国产鱼粉含盐量很高，极易造成畜禽食盐中毒，故检测鱼粉含盐量非常重要。全鱼粉粗灰分含量多在 20％以下，超过 26％为非全鱼鱼粉。

b. 鱼粉的标准　饲料用鱼粉质量的国家标准，现仍执行原农牧渔业部发布的《鱼粉》标准。卫生标准则按中华人民共和国标准《饲料卫生标准》（强制性标准）执行。进口鱼粉的质量参照进口的规格和要求。

我国鱼粉专业标准适用于以鱼、虾、蟹类等水产动物或鱼品加工过程中所得的鱼头、尾、内脏等为原料，进行干燥、脱脂、粉碎或先经蒸煮再压榨、干燥、粉碎而制成的作为饲料用的鱼粉。其质量与分级标准见表 1-40 和表 1-41。

表 1-40　饲料用鱼粉的质量标准（SC/T 3501—1996）

项目	特等品	一级品	二级品	三级品
色泽	黄棕色、黄褐色等鱼粉正常颜色			
组织	蓬松、纤维状组织明显，无结块、无霉变	较蓬松、纤维状组织较明显，无结块、无霉变	松软粉状物，无结块、无霉变	
气味	有鱼香味，无焦灼味和油脂酸败味		具有鱼粉正常气味，无异臭及焦灼味	
粉碎粒度	至少 98％能通过筛网宽度为 2.80 毫米的标准筛网			
粗蛋白/％	≥60	≥55	≥50	≥45
粗脂肪/％	≤10	≤10	≤12	≤12
水分/％	≤10	≤10	≤10	≤12
盐分/％	≤2	≤3	≤3	≤4
灰分/％	≤15	≤20	≤25	≤25
砂分/％	≤2	≤3	≤3	≤4

表 1-41　饲料用鱼粉的卫生标准（《饲料卫生标准——

鱼粉卫生标准》GB 13078—2001）

卫生指标	允许量
砷(以 As 计)/(毫克/千克)	≤10
铅(以 Pb 计)/(毫克/千克)	≤10
汞(以 Hg 计)/(毫克/千克)	≤0.5

c. 鱼粉的饲用价值　肉鸡饲粮中鱼粉添加量应小于 10%。因鱼粉中不饱和脂肪酸含量较高并具有鱼腥味，故在畜禽饲粮中使用量不可过多，否则会导致畜产品异味。在家禽饲粮中使用鱼粉过多可导致禽肉、蛋产生鱼腥味，因此当鱼粉中脂肪含量约 10% 时，在鸡饲粮中用量应控制在 10% 以下。鱼油含量要求小于 1%。

鱼粉应储藏在干燥、低温、通风、避光的地方，防止发生变质。鲱鱼、西鲱鱼及鲤科鱼类，体内含有破坏硫胺素的酶，特别是鱼粉不新鲜时，会释放出硫胺素酶，大量摄入会引起硫胺素缺乏症。因此，在使用劣质鱼粉时应考虑提高硫胺素的添加量。当加工温度过高、时间过长或运输、储藏过程中发生自燃，都会使鱼粉产生过多的肌胃糜烂素，这是鱼粉中的组胺与赖氨酸反应生成的一种化合物，用沙丁鱼制得的鱼粉（红鱼粉）最易生成这种化合物。正常的鱼粉中含量不超过 0.3 毫克/千克，如果鱼粉中这种物质含量过高，喂鸡常因胃酸分泌过度而使鸡嗉囊肿大、肌胃糜烂、溃疡、穿孔，最后呕血死亡。此病又称为"黑色呕吐病"，生产中对该类鱼粉应慎用或不用。

配方计算时应考虑鱼粉的含盐量，以防食盐中毒。

(2) 肉骨粉与肉粉　肉骨粉是以动物屠宰后不宜食用的下脚料以及肉类罐头厂、肉品加工厂等的残余碎肉、内脏杂骨等为原料，经高温消毒、干燥粉碎制成的粉状饲料。肉粉是以纯肉屑或碎肉制成的饲料。骨粉是动物的骨经脱脂脱胶后制成的饲料。

① 肉骨粉的营养特性　原料畜种来源和肉、骨的比例不同，肉骨粉的质量差异较大，粗蛋白 20%～50%、赖氨酸 1%～3%、

含硫氨基酸3%～6%、色氨酸缺乏或低于0.5%，粗灰分26%～40%、钙7%～10%、磷3.8%～5.0%，是动物良好的钙磷供给源，脂肪8%～18%；维生素B_{12}、烟酸、胆碱含量丰富，维生素A、维生素D_3含量较少。

② 肉骨粉的饲料质量标准　我国标准将骨粉及肉骨粉作为一个标准颁布。其中对肉骨粉的质量标准指标及理化指标分为三级，见表1-42。

表 1-42　肉骨粉质量标准（中华人民共和国
国家标准肉骨粉 GB 8936—88）

质量标准 \ 等级		一级	二级	三级
感官指标	色泽	褐色或灰褐色	灰褐色或浅棕色	灰色或浅棕色
	状态	粉状		
	气味	具固有气味	无异味	无异味
理化指标 /%	粗蛋白	≥26	≥23	≥20
	水分	≤9	≤10	≤12
	粗脂肪	≤8	≤10	≤12
	钙	≥14	≥12	≥10
	磷	≥8	≥5	≥3

③ 肉骨粉和肉粉的饲用价值　肉骨粉和肉粉虽作为一类蛋白质饲料原料，可与谷类饲料搭配补充蛋白质的不足。但由于肉骨粉主要由肉、骨、腱、韧带、内脏等组成，还包括毛、蹄、角、皮及血等废弃物，所以品质差异很大。若以腐败的原料制成产品，品质更差，甚至可导致中毒。加工过程中热处理过度的产品适口性和消化率均下降。储存不当时，所含脂肪易氧化酸败，影响适口性和动物产品品质。总体饲养效果不及鱼粉。

肉骨粉的原料很易感染沙门菌，在加工处理畜禽副产品过程中，要进行严格的消毒。

（3）血粉　血粉是以畜、禽血液为原料，经脱水加工而成的粉状动物性蛋白质补充饲料。动物血液一般占活体重的 4％～9％，血液中的固形物约达 20％。动物血粉的资源非常丰富，开发利用这一资源十分重要。

① 血粉的加工工艺　利用全血生产血粉的方法主要有喷雾干燥法、蒸煮法。

a. 喷雾干燥法　该法是比较先进的血粉加工方法。先将血液中的蛋白纤维成分除掉，再经高压泵将血浆喷入雾化室，雾化的微粒进入干燥塔上部，与热空气进行热交换后使之脱水干燥成粉，落至塔底排出。一般进塔热气温度为 150℃，出塔热气温度为 60℃，血浆进塔温度为 25℃，血粉出塔温度为 50℃。在脱水过程中，还可采用流动干燥、低温负压干燥、蒸汽干燥等更先进的脱水工艺。

b. 蒸煮法　动物鲜血中加入 0.5％～1.5％的生石灰，然后通入蒸汽，边加热边搅拌，结块后用压榨法脱水，使水分含量降到 50％以下晒干或 60℃热风烘干，粉碎。不加生石灰的血粉极易发霉或虫蛀，不宜久储，但加生石灰过多，蛋白质利用率会下降。

② 血粉的营养特性　血粉粗蛋白含量一般在 80％以上，赖氨酸含量居天然饲料之首，达 6％～9％。色氨酸、亮氨酸、缬氨酸含量也高于其他动物性蛋白，但缺乏异亮氨酸、蛋氨酸，特别是异亮氨酸很少，是血粉中第一限制性氨基酸。总的氨基酸组成非常不平衡。血粉中蛋白质、氨基酸利用率与加工方法、干燥温度、干燥时间有很大关系，通常持续高温会使氨基酸的利用率降低，低温喷雾法生产的血粉优于蒸煮法生产的血粉。血粉中含钙、磷少，含铁多，约 2800 毫克/千克。

③ 血粉的饲料质量标准　我国商业行业标准《饲料用血粉》SB/T 10212—1994 的技术要求中规定的感官指标与理化指标见表 1-43 和表 1-44。理化指标以粗蛋白、粗纤维、粗灰分为质量控制指标，各项质量指标均以 90％干物质为基础，适用范围是用兽医检验合格的畜禽新鲜血为原料加工制成的。供饲料和工业用的血粉，分蒸煮血粉与喷雾血粉两类。

表 1-43　**血粉感官指标**（《饲料用血粉》SB/T 10212—1994）

项　　目	指　　标
性状	干燥粉粒状物
气味	具有本制品固有气味；无腐败变质气味
色泽	暗红色或褐色
粉碎粒度	能通过 2～3 毫米孔筛
杂质	不含砂石等杂质

表 1-44　**血粉理化指标**（《饲料用血粉》SB/T 10212—1994）

质量标准　　　　等级	一级	二级
粗蛋白/%	≥80	≥70
粗纤维/%	<1	<1
水分/%	≤10	≤10
灰分/%	≤4	≤6

④ 血粉的饲用价值　血粉适口性差，氨基酸组成不平衡，并具黏性，过量添加易引起腹泻，因此饲粮中血粉的添加量不宜过高。一般仔鸡饲料中用量应小于 2%。

不同种类动物的血源及新鲜度是影响血粉品质的一个重要因素。使用血粉要考虑新鲜度，防止微生物污染。由于血粉自身的氨基酸利用率不高，氨基酸组成也不理想，因此，应科学利用血粉的营养特性，在设计饲料配方时尽可能与异亮氨酸含量高和缬氨酸较低的饲料配伍。

（4）水解羽毛粉　饲用羽毛粉是将家禽羽毛经过蒸煮、酶水解、粉碎或膨化成粉状，作为一种动物性蛋白质补充饲料。一般每只成年鸡可得风干羽毛 80～150 克，是全重的 4%～5%。所以羽毛粉是一种潜力很大的蛋白质饲料资源。

羽毛是家禽皮肤的衍生物。羽毛蛋白质中 85%～90% 为角蛋白，属于硬蛋白类，结构中肽与肽之间由双硫键和硫氢键相连，具有很大的稳定性，不经加工处理很难被动物利用。通常水解羽毛粉蛋白可破坏双硫键，使不溶性角蛋白变为可溶性蛋白，有利于动物消化利用。

① 水解羽毛粉的加工工艺 高压水解法又称蒸煮法，该法是加工羽毛粉的常用方法，一般水解的条件控制在温度 $115\sim200℃$，压力 $207\sim690$ 千帕（$2\sim7$ 个大气压），时间 $0.5\sim1$ 小时，能使羽毛的二硫键发生裂解，在加工过程中若加入 2% 盐酸可促使分解加速，但水解后需将水解物用清水洗至中性。另外，水解羽毛加工过程中的温度、压力、时间等均影响其氨基酸利用率。

② 羽毛粉的营养特性 羽毛粉中含粗蛋白 $80\%\sim85\%$，含硫氨基酸中胱氨酸的含量为 2.93%，居所有天然饲料之首。据分析缬氨酸、亮氨酸、异亮氨酸的含量分别约为 7.23%、6.78%、4.21%，高于其他动物性蛋白质。但赖氨酸、蛋氨酸和色氨酸的含量相对缺乏。由于胱氨酸在代谢中可代替 50% 蛋氨酸，所以配方中添加适量水解羽毛粉可补充蛋氨酸不足，同时水解羽毛粉还具有平衡其他氨基酸的功能，应充分合理利用这一资源。

③ 羽毛粉饲料质量标准 目前我国还没有制定饲料用羽毛粉的国家标准。北京市地方标准《饲料用羽毛粉》DB/1100 B 4610—89 的质量指标规定，以粗蛋白、粗灰分、胃蛋白酶消化率为质量控制指标，各项指标均以 90% 干物质含量计算（表 1-45）。

表 1-45 饲料用羽毛粉质量标准（《饲料用羽毛粉》DB/1100 B 4610—89）

质量指标	含量/%
粗蛋白	≥80.0
粗灰分	<4.0
胃蛋白酶消化率	≥90.0

④ 水解羽毛粉饲用价值

a. 羽毛粉水解蛋白的合理利用 在生产中水解羽毛粉常因蛋白质生物学价值低，适口性差，氨基酸组成不平衡，而被限量利用。水解羽毛粉的氨基酸的含量情况是：赖氨酸、蛋氨酸、色氨酸、组氨酸含量较低，但胱氨酸、精氨酸、亮氨酸、异亮氨酸、苯丙氨酸、苏氨酸、缬氨酸、甘氨酸、酪氨酸均高。研究表明，羽毛粉和血粉合理配伍，除蛋氨酸外其余必需氨基酸均可获得营养互补，若补加蛋氨酸可达到良好的饲喂效果。

b. 水解羽毛粉在饲料中的适宜用量　水解羽毛粉因氨基酸组成不平衡，适口性差，一般在动物饲料中的添加量不应过高，控制在 4% 以下比较合适。研究表明，肉鸡日粮中水解羽毛粉的添加量以 4% 以下为宜。

（5）单细胞蛋白质饲料　单细胞蛋白质是单细胞或具有简单构造的多细胞生物的菌体蛋白的统称。目前可供作饲料用的单细胞蛋白质微生物主要有酵母、真菌、藻类及非病原性细菌 4 大类。

① 营养特性　单细胞蛋白质饲料由于原料及生产工艺不同，其营养成分组成差异较大，一般风干制品中含粗蛋白质在 50% 以上。因为这类蛋白质是由多个独立生存的单细胞构成，所以富含多种酶系。必需氨基酸组成和利用率与优质豆饼相似。微量元素中富含铁、锌、硒。

② 生产特性　单细胞蛋白质生产周期短。如酵母菌在良好条件下每接种 100 千克，一天即可获得 2500 千克酵母，其生长繁殖速度约为大豆的 1300 倍，为动物的 2000 倍。所以，这类饲料生长速度快，世代周转迅速。

生产单细胞蛋白质饲料产品的原料多为烃类及其衍生物、天然气、石油产品、有机垃圾、纸浆、糖蜜、稿秆粉等，原料来源广，可充分利用工农业的废物，净化污水，减少环境污染；另一方面，可以工业化生产，不与农业争地，也不受气候条件限制。

在单细胞蛋白饲料中饲料酵母利用得最多。酵母中常用的有酵母属、球拟酵母属、假丝酵母属、红酵母属、圆酵母属等。饲料酵母按培养基不同常分为石油酵母、工业废液（渣）酵母（包括啤酒酵母、酒精废液酵母、味精废液酵母、纸浆废液酵母）。酵母细胞膜不易被消化酶破坏，为提高饲用价值，国外生产饲用酵母有时先用自溶酶将膜破坏再制成饲用酵母粉。

工业废液酵母是指以发酵、造纸、食品等工业废液（如酒精、啤酒、纸浆废液和糖蜜等）为碳源和一定比例的氮（硫酸铵、尿素）作营养源，接种酵母菌液，经发酵、离心提取和干燥、粉碎而获得的一种菌体蛋白饲料。

饲用酵母因原料及工艺不同，其营养组成变化也较大，一般风干制品中约含粗蛋白 $45\% \sim 60\%$，如酒精液酵母 45%、味精菌体酵母 62%、纸浆废液酵母 46%、啤酒酵母 52%。这类 SCP 中，赖氨酸 $5\% \sim 7\%$、蛋氨酸＋胱氨酸 $2\% \sim 3\%$，所含必需氨基酸和鱼粉含量相近，但适口性差。有效能值一般与玉米近似，生物学效价虽不如鱼粉，但与优质豆饼相当。在矿物质元素中，富含锌和硒，尤其含铁量很高。

③ 饲料酵母的质量标准　市售饲料酵母有数种规格。我国国家标准中规定的饲料酵母专指以淀粉、糖蜜以及味精、酒精等高浓度有机废液等碳水化合物为主要原料，经液态通风培养酵母菌，并从其发酵醪中分离酵母菌体（不添加其他物质）经干燥后制得的活菌产品，属单细胞蛋白质饲料之一。并指明主要酵母菌有产朊假丝酵母菌、热带假丝酵母菌、圆拟酵母菌、球拟酵母菌、酿酒酵母菌，见表 1-46。

表 1-46　饲料酵母质量标准（《饲料酵母》QB/T 1940—1994）

项　目	级别		
	优等品	一等品	合格品
感官要求			
色泽	淡黄色	淡黄至褐色	
气味	具有酵母的特殊气味，无异臭味		
粒度	应通过 SSW 0.400/0.250 毫米的试验筛		
杂质	无异物		
理化要求			
水分/%	≤8.0	≤9.0	
灰分/%	≤8.0	≤9.0	≤10.0

项　目	级别		
	优等品	一等品	合格品
碘价（以碘液检查）	不得呈蓝色		
细胞数/（亿个/克）	≥270	≥180	≥150
粗蛋白/%	≥45	≥40	
粗纤维/%	≤1.0		≤1.5
卫生要求			
砷（以 As 计）/（毫克/千克）	≤10		
重金属（以 Pb 计）/（毫克/千克）	≤10		
沙门菌	不得检出		

三、矿物质饲料

矿物质饲料是补充动物矿物质需要的饲料。它包括人工合成的、天然单一的和多种混合的矿物质饲料，以及配合有载体或赋形剂的痕量、微量、常量元素补充料。矿物质元素在各种动植物饲料中都有一定含量，虽多少有差别，但由于动物采食饲料的多样性，可在某种程度上满足对矿物质的需要。但在舍饲条件下或饲养高产动物时，动物对它们的需要量增多，这时就必须在动物饲粮中另行添加所需的矿物质。

1. 钙补充饲料

天然植物性饲料中的含钙量与各种动物的需要量相比均感不足，特别是产蛋家禽、肉鸡更为明显。因此，动物饲粮中应注意补充钙。常用的含钙矿物质饲料有石灰石粉、贝壳粉、蛋壳粉、石膏及碳酸钙类等。

（1）石灰石粉　石灰石粉又称石粉，为天然的碳酸钙，一般含纯钙35%以上，可达38%，是补充钙的最廉价、最方便的矿物质原料。按干物质计，石灰石粉的成分与含量为，灰分96.9%、钙35.89%、氯0.03%、铁0.35%、锰0.027%、镁2.06%。

天然的石灰石中，只要铅、汞、砷、氟的含量不超过安全系数，都可用作饲料。石粉的用量依据畜禽种类及生长阶段而定，一般肉鸡配合饲料中石粉使用量为 $1\%\sim2\%$，蛋鸡和种鸡可达到 $7\%\sim7.5\%$。单喂石粉过量，会降低饲粮有机养分的消化率，还对青年鸡的肾脏有害，使泌尿系统尿酸盐过多沉积而发生炎症，甚至形成结石。蛋鸡过多接受石粉，蛋壳上会附着一层薄薄的细粒，影响蛋的品质合格率。

石粉作为钙的来源，其粒度以中等为好，一般禽为 $26\sim28$ 目。对蛋鸡来讲，较粗的粒度有助于保持血液中钙的浓度，满足形成蛋壳的需要，从而增加蛋壳强度，减少蛋的破损率，但粗粒会影响饲料的混合均匀度。

将石灰石煅烧成氧化钙，加水调制成石灰乳，再经二氧化碳作用生成碳酸钙，称为沉淀碳酸钙。我国国家标准适用于沉淀法制得的饲料级轻质碳酸钙，见表 1-47。

表 1-47　饲料级轻质碳酸钙质量标准 （HG 2940—2000）

指标名称	指标/%	指标名称	指标/%
碳酸钙(以干物质计)	≥98.0	钡盐(以 Ba 计)	≤0.030
碳酸钙(以 Ca 计)	≥39.2	重金属(以 Pb 计)	≤0.003
盐酸不溶物	≤0.2	砷(As)	≤0.0002
水分	≤1.0		

（2）贝壳粉　贝壳粉是天然贝类外壳（蚌壳、牡蛎壳、蛤蜊壳、螺蛳壳等）经加工粉碎而成的粉状或粒状产品，多呈灰白色、灰色、灰褐色。主要成分也为碳酸钙，含钙量应不低于 33%。品质好的贝壳粉杂质少，含钙高，呈白色粉状或片状，用于产蛋鸡或种鸡的饲料中，会提高蛋壳的强度，破蛋软蛋少，尤其片状贝壳粉效果更佳。不同畜禽对贝壳粉的粒度要求，产蛋鸡以 70% 通过 10 毫米筛为宜，肉鸡以 60% 通过 60 毫米筛为宜。

贝壳粉内常掺杂砂石和泥土等杂质，使用时应注意检查。另外若贝肉没除尽，加之储存不当，堆积日久易出现发霉、腐臭等情况，选购及应用时要特别注意。

（3）蛋壳粉 禽蛋加工厂或孵化厂废弃的蛋壳，经干燥灭菌、粉碎后即得到蛋壳粉。无论蛋品加工后的蛋壳或孵化出雏后的蛋壳，都残留有壳膜和一些蛋白，因此除了含有 34% 左右钙外，还含有 7% 的蛋白质及 0.09% 的磷。蛋壳粉是理想的钙源饲料，利用率高，用于蛋鸡、种鸡饲料中，与贝壳粉同样具有增加蛋壳硬度的效果。应注意蛋壳干燥的温度应超过 82℃，以消除传染病原。

（4）石膏 石膏为硫酸钙，通常是二水硫酸钙（$CaSO_4 \cdot 2H_2O$），灰色或白色的结晶粉末。有天然石膏粉碎后的产品，也有化学工业产品。若是来自磷酸工业的副产品，则因其含有较多的氟、砷、铝等而品质较差，使用时应加以处理。石膏含钙量为 20%～23%，含硫 16%～18%，既可提供钙，又是硫的良好来源，生物利用率高。石膏有预防鸡啄羽、啄肛的作用。一般在饲料中的用量为 1%～2%。

此外，大理石、白云石、白垩石、方解石、熟石灰、石灰水等均可作为补钙饲料。

钙源饲料很便宜，但用量不宜过多，否则会影响钙磷平衡，使钙和磷的消化、吸收及代谢都受到影响。微量元素预混料常常使用石粉或贝壳粉作为稀释剂或载体，用量较大时，配料时应注意把其含钙量计算在内。

2. 磷补充饲料

饲料中补充含磷的矿物质有磷酸钙类、磷酸钠类、骨粉等。在利用这一类原料时，除了注意不同磷源有着不同的利用率外，还要考虑原料中有害物质如氟、铝、砷等是否超标。

（1）磷酸钙类 磷酸钙类包括磷酸二氢钙、磷酸氢钙和磷酸三钙等。

① 磷酸二氢钙 又称磷酸一钙或过磷酸钙，纯品为白色结晶粉末，多为一水盐 [$Ca(H_2PO_4)_2 \cdot H_2O$]。市售品是以湿式法磷酸液（脱氟精制处理后再使用）或干式法磷酸液作用于磷酸二钙或

磷酸三钙所制成的。因此，常含有少量未反应的碳酸钙及游离磷酸，吸湿性强，且呈酸性。饲料级磷酸二氢钙含磷22％以上，含钙15％～18％。磷酸二氢钙利用率比磷酸氢钙或磷酸三钙好，最适合用于水产动物饲料。由于本品磷高钙低，在配制饲粮时易于调整钙磷平衡。在使用磷酸二氢钙时应注意含氟量，含氟量应小于0.18％，见表1-48。

表 1-48　饲料级磷酸二氢钙质量标准（HG 2861—1997）

项　目	指　标	项　目	指　标
钙(Ca)含量/%	15.0～18.0	重金属(以 Pb 计)含量/%	≤0.003
总磷(P)含量/%	≥22.0	pH 值	≥3
水溶性磷(P)含量/%	≥20.0	水分/%	3.0
氟(F)含量/%	≤0.18	细度(通过 500 微米筛)/%	≥95.0
砷(As)含量/%	≤0.004		

② 磷酸氢钙（$CaHPO_4 \cdot 2H_2O$）　又称磷酸二钙，为白色或灰白色的粉末或粒状产品，钙、磷利用率较高。饲料级磷酸氢钙含磷16.5％以上，含钙21％以上。磷酸氢钙一般是在干式法磷酸液或精制湿式法磷酸液中加入石灰乳或磷酸钙而制成的。市售品中除含有无水磷酸二钙外，还含少量的磷酸一钙及未反应的磷酸钙。饲料级磷酸氢钙应注意含氟小于0.18％，见质量标准（表1-49）。

表 1-49　饲料级磷酸氢钙质量标准（HG 2636—2000）

项　目	指　标	项　目	指　标
磷(P)含量/%	≥16.5	砷(As)含量/%	≤0.003
钙(Ca)含量/%	≥21.0	铅(Pb)含量/%	≤0.003
氟(F)含量/%	≤0.18	细度(粉末状通过 500 微米试验筛)/%	≥95

③ 磷酸三钙　又称磷酸钙，纯品为白色无臭粉末。饲料用磷酸三钙常由磷酸废液制造，为灰色或褐色，并有臭味，分为一水盐 $[Ca_3(PO_4)_2 \cdot H_2O]$ 和无水盐 $[Ca_3(PO_4)_2]$ 两种，以后者居多。经脱氟处理后，称作脱氟磷酸钙，为灰白色或茶褐色粉末，含钙29％以上，含磷15％～18％以上，含氟0.12％以下。

（2）骨粉　骨粉是以家畜骨骼为原料加工而成的，由于加工方法的不同，成分含量及名称各不相同，是补充家畜钙、磷需要的良好来源。骨粉一般为黄褐色或灰白色的粉末，有肉骨蒸煮过的味道。骨粉的含氟量较低，只要杀菌消毒彻底，便可安全使用。但由于成分差异大，来源不稳定，含有有机质和水分，而且常有异臭，在国外饲料工业上的用量逐渐减少。

按加工方法骨粉可分为蒸制骨粉、脱胶骨粉和焙烧骨粉等，其成分含量见表1-50。

表1-50　各种骨粉的一般成分（占干物质的百分含量）　　　　单位：%

类别	粗蛋白	粗纤维	粗灰分	粗脂肪	无氮浸出物	钙	磷
蒸制骨粉	10.0	2.0	78.0	3.0	7.0	32.0	15.0
脱胶骨粉	6.0	0	92.0	1.0	1.0	32.0	15.0
焙烧骨粉	0	0	98.0	1.0	1.0	34.0	16.0

① 蒸制骨粉　是将原料骨在高压（2.03千帕）蒸汽条件下加热，除去大部分蛋白质及脂肪，使骨骼变脆，加以压榨、干燥粉碎而制成。一般含钙24%，含磷10%左右，含粗蛋白质10%。

② 脱胶骨粉　也称特级蒸制骨粉，制法与蒸制骨粉基本相同。用40.5千帕压力蒸制处理或利用抽出骨胶的骨骼经蒸制处理而得到，由于骨髓和脂肪几乎全部除去，故无异臭，色泽洁白，可长期储存。

③ 焙烧骨粉　是将骨骼堆放在焚烧炉或金属容器中经烧制而成，这是利用可疑废弃骨骼的可靠方法，充分烧透既可灭菌又易粉碎，含磷17%，含钙35%。

骨粉是我国配合饲料中常用的磷源饲料，优质骨粉含磷量可以达到12%以上，钙磷比例为2：1左右，符合动物机体的需要，同时还富含多种微量元素。一般在鸡饲料中添加量为1%～3%。值得注意的是，用简易方法生产的骨粉，即不经脱脂、脱胶和热压灭菌而直接粉碎制成的生骨粉，因含有较多的脂肪和蛋白质，易腐败变质。尤其是品质低劣，有异臭，呈灰泥色的骨粉，常携带大量病菌，用于饲料易引发疾病传播。有的兽骨收购场地，为避免蝇蛆繁殖，喷洒敌敌畏等药剂，而使骨粉带毒，这种骨粉绝对不能用作饲料。

3. 钠补充饲料

（1）氯化钠　又称为食盐，精制食盐含氯化钠99%以上，粗盐含氯化钠为95%。纯净的食盐含氯60.3%，含钠39.7%，此外尚有少量的钙、镁、硫等杂质。食用盐为白色细粒，工业用盐为粗粒结晶。

饲料中特别是植物性饲料大都含钠和氯的量较少，相反含钾丰富。对以植物性饲料为主的畜禽，应补饲食盐。食盐除了具有维持体液渗透压和酸碱平衡的作用外，还可刺激唾液分泌，提高饲料适口性，增强动物食欲，具有调味剂的作用。

饲粮中食盐配合过多或混合不匀易引起食盐中毒。雏鸡饲料中若配合0.7%以上的食盐，则会出现生长受阻，甚至有死亡现象发生。产蛋鸡饲料中含盐超过1%时，可引起饮水增多，粪便变稀，产蛋率下降。食盐的供给量要根据家禽的种类、体重、生产能力、季节以及饲粮组成等来考虑。一般食盐在家禽风干饲粮中的用量，以0.35%～0.5%为宜。

现在我国食用盐基本是加碘食盐，在这些地区的家禽同样也缺碘，故给饲食盐时也应采用碘化食盐。如无出售，可以自配，在食盐中加入碘化钾，用量要使其中碘的含量达到0.007%。配合时，要注意使碘分布均匀，如配合不均，可引起碘中毒。另外碘易挥发，应注意密封保存。

（2）碳酸氢钠　又名小苏打，为无色结晶粉末，无味，略具潮解性，其水溶液因水解而呈微碱性，受热易分解放出二氧化碳。碳酸氢钠含钠27%以上，生物利用率高，是优质的钠源性矿物质饲料之一。

碳酸氢钠不仅可以补充钠，更重要的是其具有缓冲作用，能够调节饲粮电解质平衡和胃肠道 pH 值。夏季，在肉鸡和蛋鸡饲粮中添加碳酸氢钠可减缓热应激，防止生产性能的下降。添加量一般为0.5％。并要注意添加碳酸氢钠后应减少食盐用量。

（3）硫酸钠　又名芒硝，为白色粉末，含钠 32％以上、含硫22％以上，生物利用率高，既可补钠又可补硫，特别是补钠时不会增加氯含量，是优良的钠、硫源之一。在家禽饲粮中添加，还有利于羽毛的生长发育，防止啄羽癖。

4. 天然矿物质饲料

天然矿物质有的被用作饲料，其中使用较多的有沸石、麦饭石、稀土、膨润土、海泡石、凹凸棒和泥炭等，这些天然矿物质饲料多属非金属矿物。

（1）沸石　是沸石族矿物的总称，已知的天然沸石有 40 余种，其中最有使用价值的是斜发沸石和丝光沸石。

沸石是含碱金属和碱土金属的含水铝硅酸盐类。沸石大都呈三维硅氧四面体及三维铝氧四面晶体格架结构，晶体内部具有许多孔径均匀一致的孔道和内表面积很大的孔穴（500～1000 平方米/克），孔道和孔穴两者的体积占沸石总体积的 50％以上。

在消化道内，天然沸石除可选择性地吸附 NH_3、CO_2 等物质外，还能吸附某些细菌毒素，对机体有良好的保健作用。

沸石孔穴和通道中的阳离子还有较强的选择性离子交换性能，可将对动物有害的重金属离子和氰化物除掉，使有益的金属离子被释放出来。这对动物充分摄取矿物质营养提供了条件。在动物肠道中沸石的离子交换性能是缓慢进行的，有益矿物质离子的释放更有利于动物吸收。由于沸石还可延长食物通过消化道的时间，因而可提高饲料的利用率，使机体的健康状况得以改善，减少疾病，更有利于动物生长。

沸石在畜牧生产中常用作某些微量元素添加剂的载体和稀释剂，用作畜禽无毒无污染的净化剂和改良池塘水质，还是良好的饲料防结块剂。

（2）麦饭石　因其外观似麦饭团而得名，是一种经过蚀变、风化或半风化，具有斑状或似斑状结构的中酸性岩浆岩矿物质。麦饭石的主要化学成分是二氧化硅和三氧化二铝，二者约占麦饭石的80%。

麦饭石具有强的选择吸附性，它有多孔性海绵状结构，溶于水时会产生大量的带有负电荷的酸根离子，可减少动物体内某些病原菌和有害重金属元素等对动物机体的侵害。麦饭石具有溶出性，能够溶出许多微量元素，供动物使用。不同地区的麦饭石其矿物质元素含量差异不大，均含有 K、Na、Ca、Mg、Cu、Zn、Fe、Se 等对动物有益的常量、微量元素，且这些元素的溶出性好，有利于体内物质代谢。

麦饭石在畜牧生产中常用作饲料添加剂，以降低饲料成本。也用作微量元素及其他添加剂的载体和稀释剂。麦饭石可降低饲料中棉籽饼毒素。在水产养殖上，麦饭石可用来改良鱼塘水质，使水的化学耗氧量和生物耗氧量下降，溶解氧提高，提高鱼虾的成活率和生长速度。

（3）膨润土　是由酸性火山凝灰岩变化而成的，俗称白黏土，又名班脱岩，是蒙脱石类黏土岩组成的一种含水的层状结构铝硅酸盐矿物。膨润土的主要化学成分为 SiO_2、Al_2O_3、H_2O，以及少量的 Fe_2O_3、FeO、MgO、CaO、Na_2O 和 TiO_2 等。

膨润土含有动物生长发育所必需的多种常量和微量元素。并且，这些元素是以可交换的离子和可溶性盐的形式存在，易被畜禽吸收利用。

膨润土具有良好的吸水性、膨胀性功能，可延缓饲料通过消化道的速度，增强饲料在消化道内的消化吸收作用，提高饲料的利用率。同时作为生产颗粒饲料的黏结剂，可提高产品的成品率。膨润土用作动物饲料添加剂主要是利用其吸附性、膨胀性、分散性和润滑性，可使添加剂混合均匀，能提高饲料的适口性和改进饲料的松散性，并能延缓饲料通过动物消化道的时间，对消化道内的重金属、有害气体、细菌等有强烈的吸附作用和离子交换性，可提高动物的抗病能力，从而起到对动物的保健作用。由于膨润土是碱性物质，在动物的消化道内能够中和酸而起到缓冲作用，增强动物的食欲。

四、饲料添加剂

饲料添加剂与能量饲料、蛋白质饲料和矿物质饲料共同组成配合饲料，它在配合饲料中添加量很少，但作为配合饲料的重要微量活性成分，起着完善配合饲料的营养、提高饲料利用率、促进生长发育、预防疾病、减少饲料养分损失及改善畜产品品质等重要作用。饲料添加剂作为配合饲料的科技核心，随着饲料工业的高速发展与科学技术的进步，添加剂的研究、开发与应用越来越受到重视。当代饲料添加剂研究所涉及的学科领域日益广泛，科技含量高的饲料添加剂品种不断出现，有些已开始在饲料工业与集约化养殖业中得到应用。

第二章　肉鸡饲料配制

第一节　肉鸡配合饲料及其基本要求

一、配合饲料的概念及种类

1. 配合饲料的概念

配合饲料是指用多种不同的原料根据家禽的营养需要和原料的营养价值，按照一定的饲料配方，经过工业生产的成分平衡齐全、混合均匀的营养较全和安全的商品性饲料。不同种类的配合饲料能满足不同种类、不同生产目的、不同生产水平和不同发育阶段的家禽的营养需要，能最大限度地发挥家禽的生产能力，提高饲料利用率，降低饲养成本，获得较好的经济效益。

2. 配合饲料的种类

（1）按饲料中的营养成分分类　可将饲料分成如下几种类型。

① 完全（配合）饲料　亦即"全价配合饲料"。理论上讲，配合饲料应是根据家禽的品种、生长阶段和生产水平对各种营养成分的需要量和不同动物消化生理的特点，把多种饲料原料和添加成分按照规定的加工工艺制成均匀一致、营养完全的饲料产品。配合饲料是饲料加工厂的最终产品，可直接饲喂家禽。实际生产中，由于科学技术水平等方面的限制，不少配合饲料并没有达到营养上的"全价"，如有些仅考虑了能量、蛋白质、钙、磷和食盐等几种主要营养指标，则属于初级配合饲料；有些除考虑上述几项指标外，还尽可能使饲料中各种维生素、微量元素、必需氨基酸的含量和各种

营养素满足家禽营养需要，使饲喂效果更好。

② 浓缩饲料　从完全饲料的配方中去掉玉米、高粱等能量饲料后生产出的配合饲料。浓缩饲料是我国的一种习惯叫法，又称平衡用配合饲料、蛋白质补充料或蛋白质平衡料，其中包括蛋白质饲料、常量矿物质、维生素和微量元素等。美国称之为平衡用配合饲料；前苏联及一些欧洲国家则叫蛋白质-维生素补充饲料；泰国叫料精。浓缩饲料属饲料工业中的中间产品，一般占配合饲料的 20%～30%。由于使用浓缩饲料既方便，又能保证最终配成的配合饲料的质量，还可以减少大量的能量饲料往返运输的损耗，因此很受欢迎。

③ 精料补充料　是针对反刍家畜补充粗饲料营养供给不足部分而言的，其基本成分与配合饲料相同，主要由能量饲料、蛋白质饲料以及部分矿物质和维生素等组成，是专门供反刍动物直接饲用，而不需要与能量、蛋白质饲料或矿物质饲料等混合的一种配合饲料，这是它与浓缩料的最大区别。在家禽养殖业中，这种饲料主要用来补充草食家禽如鹅等所饲的青粗饲料中的能量、蛋白质等的不足。

④ 添加剂预混合饲料　又称添加剂预混料、饲料添加剂预混料。指在生成配合饲料之前，将需要的一种或多种微量添加成分（如维生素、微量元素或药物等），按一定技术手段，均匀、准确地混合在一起，配制成一种中间性产品，作为生产全价配合饲料的一种原料。在全价配合饲料中其用量在 10% 以下，不经稀释不得直接饲喂给畜禽。

添加剂预混料在配合饲料中占的比例很小，从 0.10%～10% 不等，其作用却十分大，是构成配合饲料的精华，是配合饲料的"心脏"。添加剂不能直接用来饲喂家禽，必须与其他饲料按比例混合后方可使用。为了保证其均匀分散到配合饲料中，使用时应采用多级稀释的方式逐步加入到配合饲料中去。根据常量矿物质（钙、磷和食盐）在添加剂预混料中的添加与否，将其进一步划分为以下两种。

a. 基础预混合饲料　即包括全部常量矿物质饲料的预混合饲料，它的用量约占配合饲料的 5%～10%。

b. 预混合饲料　指不包括主要常量矿物质如钙、磷等饲料的预混合饲料，其主要成分为各种维生素、微量元素及其他微量添加剂与载体或稀释剂。这种预混合饲料约占配合饲料的 0.5%～5%，是现在市场上销售较多的预混料。

（2）按饲料的料形分　可将鸡的饲料分成如下几个类型。

① 粉状饲料　粉状饲料是目前大多数家禽饲料的料型，生产设备简单，耗电少，加工成本低，但生产粉尘大，损耗大，容易分级，易造成家禽挑食，浪费饲料。这种饲料养分含量全面、均匀、品质稳定，饲喂方便，易于消化吸收，适于喂产蛋鸡。

② 颗粒饲料　颗粒饲料是粉状饲料用颗粒机压制而成的。其优点是养分均匀，避免家禽择食，在储运期间不会分级，同时增加了饲料的密度和通透性。在制粒过程中物料经蒸汽和加压、热以及干燥处理，有一定的熟化和杀菌作用，有利于消化、储藏和减少霉变发生。但颗粒饲料加工复杂，耗电量大，成本较高，而且加工过程中还会有营养损失。颗粒饲料饲喂方便，适口性强，能刺激食欲，并能防止挑拣，适于喂肉鸡，颗粒大小根据肉鸡种类和日龄不同而异。

③ 破碎料　破碎料是将颗粒料再进行破碎而成，为颗粒饲料的一种特殊形式，是将生产好的颗粒饲料经过对辊式破碎机破碎成 2～4 毫米大小的碎粒。碎粒料是雏鸡料常用的形式。

④ 膨化饲料　是把混合好的配合饲料加水、加温变成糊状，同时在 10～20 秒内加热至 120～180℃，通过高压挤压干燥，使饲料膨胀成饼干状，再切成适当大小后饲喂鱼类等动物。在猪、禽饲料生产中，主要是对全脂大豆进行膨化，并将其作为配合饲料的一种原料。通过膨化，可破坏大豆中的抗营养因子，并提高其中某些营养物质的可消化性；将膨化处理后的全脂大豆加到猪、禽全价饲

料中，可起到直接加油脂的作用。

⑤ 液体饲料　主要有糖蜜、油脂、矿物质油、某些抗氧化剂、某些维生素、液体蛋氨酸等。在鸡（特别是肉用仔鸡）料中经常添加油脂，以提高饲料的能量浓度。氯化胆碱亦为液态，常常是先将其吸附在小麦麸上，再加到配合饲料中。

（3）按饲料原料组成的特点分类　由于各地饲料原料有差异，我国现行蛋鸡和肉鸡饲料有玉米-大豆粕-鱼粉型、玉米-大豆粕型以及玉米-大豆粕-杂粮型等。玉米-大豆粕-鱼粉型饲料是喂鸡比较理想的饲料类型。杂粮是指大豆粕以外的各种榨油工业副产品，如菜籽饼粕、棉籽饼粕等。杂粮的代谢能、粗蛋白质含量及氨基酸组成不及大豆粕，其消化利用率低，且含有各种抗营养因子，但合理利用各种杂粮，进行相应地添加，也可配制出较好的饲料，获得较为满意的饲喂效果。可在饲料中用几种杂粮，限制每种杂粮的用量，使之发挥营养互补，并避免各种杂粮中抗营养因子的有害作用。在我国某些地区，玉米种植面积小，而其他谷类作物，如小麦、高粱、燕麦、稻谷等的种植面积大或产量高，也可用这些谷类饲料作为鸡饲料中的一部分或全部能量饲料，但须考虑各种饲料的不利方面，确定适宜的用量，或补加其他相应的饲料组分。

此外，据不同的禽龄和生产水平还可进一步细分，如鸡用饲料分肉鸡饲料、蛋鸡饲料和种鸡饲料。

二、全价配合饲料配制技术

全价配合饲料由各种饲料原料和饲料添加剂按合理比例及用量组合而成，体现的是全面的营养和科学的配制方法。科学的配方是保证动物生产性能及产品品质的前提之一，全价配合饲料配方设计主要采用计算机优化饲料配方软件，采用的优化模型多为线性规划、目标规划法，随着编程技术的改进，模糊规划和概率配方技术将逐步在生产实际中得到推广应用。

全价配合饲料中比例最大的为能量饲料，占总量的50%～

75％，其次是蛋白质饲料，占总量的 20％～30％，然后是矿物质营养物质，除蛋禽外，一般小于等于 5％，其他如氨基酸、维生素类和非营养性添加物质（保健药、着色剂、防霉剂等）一般小于等于 0.5％。

全价配合饲料配方设计包括主原料用量比例规划和添加剂预混料两方面。主原料的营养成分、价格经常波动，用量比例也应进行相应调整，借助计算机优化饲料配方软件可以快速做出决策。而饲料添加剂中除氨基酸外其他添加剂原料用量相对固定，不需要采用计算机优化，只要按规定用量安排到配方中即可。

设计动物的全价配合饲料配方时，除应遵循一般的配方原则外，还应注意以下三点。

① 应根据动物的生产性能来确定饲料配方，而不是先有了饲料配方再来期待动物的生产性能。只有这样才能充分发挥动物的生产潜力，提高饲料的利用率。

② 尽可能利用当地的饲料原料来配制饲粮。玉米-豆粕-鱼粉-添加剂饲料配制模式并不能完全解决我国的养殖问题，只是在少数规模化的养殖场有一定的作用。而对于广大的农村，则应该采用常规饲料原料＋非常规饲料原料＋适当加工＋科学配制＋针对性的添加剂，通过逐步实验，再推广。这样，动物的生产性能可能略低，但由于成本较低，在经济效益，尤其是生态效益上可发挥优势。

③ 注意生物安全准则。绿色、安全高效、降低环境污染、维护生态等方面是国内外大势所趋，全价料配方设计不仅仅只考虑经济效益和动物生产性能，还要上升到生物安全的角度全面考虑配方产品的长期利益，综合评价经济效益、生态效益、动物生产性能、饲料利用率、对人和生物的安全性、是否可持续发展、对社会的影响等各个方面。要坚决杜绝为追求短期经济效益，而损害环境、损害人类健康、损害畜牧业长远发展的饲料配方投入生产。全价料配方设计过程可参照试差法、线性规划法、目标规划法等步骤进行。

同时为了提高配方的可实行性，结合生产工艺实际要求，部分饲料用量需要首先控制，如油脂等液体饲料的使用量、添加剂预混料的用量比例、投料位等，最后形成的生产配方还应有利于实际操作。

三、鸡的饲养标准

1. 中国鸡饲养标准

在现行国家颁布的鸡饲养标准中，肉鸡包括专门化培育的肉鸡品系和黄羽肉鸡品系，专门化培育的肉鸡品系即大肉食鸡品种，包括现在饲养的爱拔益加（AA 肉鸡）和艾维茵品系，黄羽肉鸡的营养需要适用于地方品种和地方品种的杂交种（鸡的饲养标准 2004版）。除国家标准外，大的养殖企业和饲料公司也根据不同的鸡地方品种设计出自己的饲养标准（企业标准）。

表 2-1　营养需要之一

营养指标	0～3 周龄	4～6 周龄	≥7 周龄
代谢能(ME)/(兆卡/千克)	3	3.1	3.15
粗蛋白(CP)/%	21.5	20	18
赖氨酸(Lys)/%	1.15	1	0.87
蛋氨酸(Met)/%	0.5	0.4	0.34
钙(Ca)/%	1	0.9	0.8
磷(P)/%	0.68	0.65	0.6
有效磷	0.45	0.4	0.35

表 2-2　营养需要之二

营养指标	0～3 周龄	4～6 周龄	≥7 周龄
代谢能(ME)/(兆卡/千克)	3.05	3.1	3.15
粗蛋白(CP)/%	22	20	17
赖氨酸(Lys)/%	1.2	1	0.82
蛋氨酸(Met)/%	0.52	0.4	0.32
钙(Ca)/%	1.05	0.95	0.8
磷(P)/%	0.68	0.65	0.6
有效磷	0.5	0.4	0.35

表 2-1 和表 2-2 两个营养需要表是专门化培育肉鸡品系的饲养标准的部分指标，主要适用于国内饲养的 AA 鸡、艾维因等品种，它们生长速度快，要求营养浓度高，但不完全适用于某些地方品种的肉鸡。在当前缺乏地方肉鸡饲养标准的情况下，营养需要可以参考肉鸡标准适当调整。

2. 中国黄羽肉鸡饲养标准（表 2-3）

表 2-3　中国黄羽肉鸡饲养标准

营 养 指 标	公 0～4 周龄 母 0～3 周龄	公 5～8 周龄 母 4～5 周龄	公＞8 周龄 母＞5 周龄
代谢能（ME）/（兆卡/千克）	2.9	3	3.1
粗蛋白（CP）/%	21	19	16
（CP/ME）/（克/兆卡）	72.41	63.3	51.61
赖氨酸（Lys）/%	1.05	0.98	0.85
蛋氨酸（Met）/%	0.46	0.4	0.34
钙（Ca）/%	1	0.9	0.8
磷（P）/%	0.68	0.65	0.6

3. 正大公司推荐地方肉鸡标准（表 2-4～表 2-8）

表 2-4　正大公司推荐地方肉鸡标准（一）

饲料名称	粗蛋白 （不低于） /%	粗纤维 （不高于） /%	粗灰分 （不高于） /%	钙/%	总磷 （不低于） /%	食盐 /%	蛋氨酸 （不低于） /%	使用 阶段
肉小鸡料	21.0	5.0	7.0	0.80～1.30	0.60	0.30～0.80	0.45	1～14 日龄
肉中鸡料	19.0	5.0	7.0	0.70～1.20	0.55	0.30～0.80	0.38	15～28 日龄
肉大鸡料	17.0	5.0	7.0	0.70～1.20	0.55	0.30～0.80	0.34	29～出售前 7 天
肉大鸡料	17.0	5.0	7.0	0.70～1.20	0.55	0.30～0.80	0.34	出售前 7 天

本系列适用于快速生长的一般性肉鸡，也适用于没有黄度要求、快速生长的黄羽肉鸡。

表 2-5　正大公司推荐地方肉鸡标准（二）

饲料名称	粗蛋白（不低于）/%	粗纤维（不高于）/%	粗灰分（不高于）/%	钙/%	总磷（不低于）/%	食盐/%	蛋氨酸（不低于）/%	使用阶段
黄羽肉小鸡料	20.0	5.0	7.5	0.80～1.30	0.60	0.30～0.80	0.45	1～28 日龄
黄羽肉中鸡料	18.0	5.0	7.5	0.70～1.20	0.55	0.30～0.80	0.43	29～42 日龄
黄羽肉大鸡料	16.0	5.0	7.5	0.70～1.20	0.55	0.30～0.80	0.40	43～49 日龄
黄羽肉大鸡料	16.0	5.0	7.5	0.70～1.20	0.55	0.30～0.80	0.38	出售前 7 天

本系列适用于快速生长的黄羽肉鸡。

表 2-6　正大公司推荐地方肉鸡标准（三）

饲料名称	粗蛋白（不低于）/%	粗纤维（不高于）/%	粗灰分（不高于）/%	钙/%	总磷（不低于）/%	食盐/%	蛋氨酸（不低于）/%	使用阶段
肉小鸡料	19.0	5.0	7.5	0.80～1.30	0.60	0.30～0.80	0.43	1～28 日龄
肉中鸡料	18.0	5.0	7.5	0.70～1.20	0.55	0.30～0.80	0.40	29～56 日龄
肉大鸡料	16.0	5.0	7.5	0.70～1.20	0.55	0.30～0.80	0.35	57 日龄～出售前 7 天
肉大鸡料	15.0	5.0	7.5	0.70～1.20	0.55	0.30～0.80	0.30	出售前 7 天

本系列适用于中速生长的黄羽肉鸡。

表 2-7　正大公司推荐地方肉鸡标准（四）

饲料名称	粗蛋白（不低于）/%	粗纤维（不高于）/%	粗灰分（不高于）/%	钙/%	总磷（不低于）/%	食盐/%	蛋氨酸（不低于）/%	使用阶段
肉小鸡料	19.0	5.0	7.5	0.80～1.30	0.60	0.30～0.80	0.4	1～28 日龄
肉中鸡料	18.0	5.0	7.5	0.70～1.20	0.55	0.30～0.80	0.33	29～70 日龄
肉大鸡料	16.0	5.0	7.5	0.70～1.20	0.55	0.30～0.80	0.3	71 日龄出售前 7 天
肉大鸡料	14.0	5.0	7.5	0.70～1.20	0.55	0.30～0.80	0.29	出售前 7 天

本系列适用于慢速生长的肉鸡，生长期为 90～120 天。

表 2-8　正大公司推荐地方肉鸡标准（五）

饲料名称	粗蛋白（不低于）/%	粗纤维（不高于）/%	粗灰分（不高于）/%	钙/%	总磷（不低于）/%	食盐/%	蛋氨酸（不低于）/%	使用阶段
普通肉小鸡料	19.0	5.0	7.5	0.80～1.30	0.60	0.30～0.80	0.43	1～28 日龄
普通肉中鸡料	18.0	5.0	7.5	0.70～1.20	0.55	0.30～0.80	0.40	29～56 日龄
普通肉大鸡料	16.0	5.0	7.5	0.70～1.20	0.55	0.30～0.80	0.35	57～出售前 7 天
普通肉大鸡料	15.0	5.0	7.5	0.70～1.20	0.55	0.30～0.80	0.30	出售前 7 天

本系列适用于中速生长的土种肉鸡，生长期为 90～100 天。

4. 鸡的饲料工业产品标准

饲养标准是配制鸡饲料的营养学基础，在实际生产中，由于地区、气候、鸡种、原料、加工工艺条件和设备的差异，在饲养标准的基础上制定了饲料工业标准。饲料工业标准从饲料营养成分、饲料卫生指标以及商品饲料管理等不同方面都提出了具体要求，饲料生产者在配制饲料时，应同时考虑到上述各项要求。饲料工业标准是饲料生产、销售和质量监督检查的依据。

现将鸡的饲料工业标准中配合饲料产品标准、饲料卫生标准及饲料标签标准摘录如下，供使用时参考。

(1) 鸡配合饲料产品标准（GB/T 5916—93）

① 感官指标　色泽一致，无发酵霉变、结块及异味异臭。

② 水分　北方不高于14.0%，南方不高于12.5%。如平均气温在10℃以下或出厂到饲喂期不超过10天，或配合饲料添加有规定的防腐剂（标签中注明），允许增加0.5%的水分。

③ 加工质量指标　鸡配合饲料的加工质量指标见表2-9。

表2-9　鸡饲料的加工质量标准

项　目	粉碎粒度	混合均匀度
肉用仔鸡前期配合饲料，产蛋后备鸡（前期）配合饲料	99%通过2.80毫米编织筛，但不得有整粒谷物，1.40毫米编织筛筛上物≤15%	配合饲料混合均匀，变异系数不大于10%
肉用仔鸡中后期配合饲料，产蛋后备鸡（中、后期）配合饲料	99%通过3.35毫米编织筛，但不得有整粒谷物，1.70毫米编织筛筛上物≤15%	配合饲料混合均匀，变异系数不大于10%
产蛋鸡配合饲料	全部通过4.00毫米编织筛，但不得有整粒谷物，2.00毫米编织筛筛上物≤15%	配合饲料混合均匀，变异系数不大于10%

④ 营养成分标准　鸡配合饲料营养成分指标见表2-10。

表 2-10　鸡配合饲料营养成分标准　　　　　单位：%

产品名称		粗脂肪	粗蛋白	粗纤维	粗灰分	钙	磷	食盐
产蛋后备鸡配合饲料	蛋鸡育雏期配合饲料	2.5	18.0	6.0	8.0	0.6～1.2	0.55	0.30～0.80
	蛋鸡育成前期配合饲料	2.5	15.0	8.0	9.0	0.6～1.2	0.50	0.30～0.80
	蛋鸡育成后期配合饲料	2.5	14.0	8.0	10.0	0.6～1.4	0.45	0.30～0.80
产蛋鸡配合饲料	蛋鸡产蛋前期配合饲料	2.5	16.0	7.0	15.0	2.0～3.0	0.50	0.30～0.80
	蛋鸡产蛋高峰期配合饲料	2.5	16.0	7.0	15.0	3.0～4.0	0.50	0.30～0.80
	蛋鸡产蛋后期配合饲料	2.5	14.0	7.0	15.0	3.0～4.4	0.45	0.30～0.80
肉用仔鸡配合饲料	肉用仔鸡前期配合饲料	2.5	20.0	7.0	8.0	0.8～1.2	0.60	0.30～0.80
	肉用仔鸡中期配合饲料	3.0	18.0	7.0	8.0	0.7～1.2	0.55	0.30～0.80
	肉用仔鸡后期配合饲料	3.0	16.0	7.0	8.0	0.6～1.2	0.50	0.30～0.80

（2）鸡配合饲料卫生标准　任何一种饲料，无论是商品饲料还是自制自用饲料，都必须执行国家强制性标准即《饲料卫生标准》（GB 13078—2001）。鸡配合饲料卫生标准规定了饲料中有害物质及微生物允许量（表 2-11）。

表 2-11　鸡配合饲料中有害物质及微生物允许量（摘自 GB 13078—2001）

项目	使用范围	允许量
砷(以砷计)/(毫克/千克)	鸡配合饲料	≤2
铅(以铅计)/(毫克/千克)	鸡配合饲料	≤5
汞(以汞计)/(毫克/千克)	鸡配合饲料	≤0.1
镉(以镉计)/(毫克/千克)	鸡配合饲料	≤0.5
氟(以氟计)/(毫克/千克)	肉用仔鸡、生长鸡配合饲料	≤250
	产蛋鸡配合饲料	≤350
氰化物(以氰计)/(毫克/千克)	鸡配合饲料	≤50
亚硝酸盐(以亚硝酸钠计)/(毫克/千克)	鸡配合饲料	≤15
黄曲霉毒素 B_1/(毫克/千克)	肉用仔鸡前期、生长鸡配合饲料	≤0.01
	肉用仔鸡后期、产蛋鸡配合饲料	≤0.02
游离棉酚/(毫克/千克)	肉用仔鸡、生长鸡配合饲料	≤100
	产蛋鸡配合饲料	≤20

续表

项　　目	使用范围	允许量
异硫氰酸酯（以丙烯基异硫氰酸酯计）/（毫克/千克）	鸡配合饲料	≤500
噁唑烷硫酮/（毫克/千克）	肉用仔鸡、生长鸡配合饲料	≤1000
	产蛋鸡配合饲料	≤500
六六六/（毫克/千克）	肉用仔鸡、生长鸡配合饲料	≤0.3
	产蛋鸡配合饲料	≤0.3
滴滴涕/（毫克/千克）	鸡配合饲料	≤0.2
沙门菌	鸡配合饲料	不得检出

　　注：所有允许量均以干物质含量为 88% 的饲料为基础计算。

　　5. 饲养标准的合理应用

　　饲养标准是配制饲料的科学依据，动物饲养的准则。它可使动物饲养者做到心中有数，不盲目饲养。因此，在应用饲养标准时，对饲养标准要正确理解，灵活应用。由于不同国家、地区、季节的畜禽生产性能、饲养规格及质量、环境温度和经营管理方式等存在差异，并且，这些差异经常变化，在应用饲养标准时，应按实际的生产水平、饲养条件，对饲养标准中的营养定额酌情进行适当调整。

　　6. 饲养标准的作用

　　（1）提高动物生产效率　饲料标准的科学性和先进性，不仅是保证动物适宜、快速生长和高产的技术基础，还是确保动物平衡摄入营养物质，避免因摄入营养物质不平衡而增加代谢负担，甚至罹病，为动物生长和生产提供良好体内外环境的重要条件。

　　饲养实践证明，在饲养标准指导下饲养动物，能显著提高生长速度和生产性能。与用传统经验饲养的动物相比，生产效率和动物产品产量提高 1 倍以上。在现代化的动物生产中，肉鸡的饲养周期已可以缩短到 42～49 天以内。产蛋鸡的产蛋能力已基本接近产蛋的遗传生理极限。

　　（2）提高饲料资源利用率　利用饲养标准指导饲养动物，不但合理满足了动物的营养需要，而且能节约饲料，减少浪费。用传统家庭饲养方法饲养 10 只鸡所耗用的能量饲料，仅用少量的饼（粕）生产成配合饲料后可饲养 20 只左右而不需要额外增加能量饲料，可极大地提高饲料资源的利用效率。

（3）推动动物生产发展　　饲养标准指导动物生产高度灵活，使动物饲养者在复杂多变的动物生产环境中，始终能做到把握好生产的主动权，同时通过适宜控制动物生产性能，合理利用饲料，达到提高生产效益的目的，也增加生产者适应生产形势变化的能力，激励饲养者发展动物生产的积极性。一些经济和科学技术比较发达的国家和地区，动物饲养量减少，产品量反而增加，明显体现了充分利用饲料标准指导和发展动物生产的作用。

（4）提高养殖水平　　饲养标准除了指导饲养者向动物合理供给营养，也具有帮助饲养者计划和组织饲料供给，科学决策发展规模，提高科学饲养的能力。

四、饲料原料选择

随着饲料行业竞争的日趋激烈，饲料行业技术水平不断提高。为降低饲料成本，提高产品质量，增加养殖效益，家禽饲料原料选择应注意以下几点。

1. 玉米的选择

玉米的标准水含量为 14％，做配合饲料时以 14.5％计算，选用玉米时尽量选择干玉米，如选用湿玉米时，应以玉米的干物质含量计算玉米的添加量，但不能选用过湿玉米，否则通过多添加玉米来补充其不足部分，造成配合饲料总量的增加，如加大每日日粮的投给量，但因鸡的采食量有限，也会造成营养摄入不足，影响鸡的生产性能；霉变玉米不能作为鸡饲料。因霉变玉米中含有黄曲霉等毒素，极易造成鸡的曲霉菌病，尤其是雏鸡；鸡饲料尽量选用成熟的玉米，没有成熟的玉米能量、蛋白质等含量较成熟玉米低得多；如选用这样的玉米做配合饲料，会使饲料的能量、蛋白质都低，这样就谈不上饲料的全价性，也会影响鸡的生产性能。

2. 小麦的选用

小麦主要供人类食用，较少直接用作饲料。由于畜牧业的发展和玉米供应经常出现短缺，近几年用小麦作饲料的量有所增加。从总体营养价值看，小麦与玉米相似，但禽类对小麦的利用率较低。小麦的能值为玉米的90%，蛋白质含量为13%，个别新品种蛋白质含量达22%，其氨基酸组成优于其他谷实类饲料。用小麦作配合饲料原料时，不宜大量饲喂且最好添加小麦专用酶，用量过大会引起消化障碍。

3. 麦麸的选用

麦麸在蛋鸡饲料中，要占一定比例，选用时也应慎重，霉变的麦麸不能使用。目前麦麸中有掺入稻糠的。如掺入比例较小，尚可使用，如掺入比例超过总量的1/3，则不能使用，稻糠中粗纤维含量较高，鸡对粗纤维几乎不能消化。

4. 豆饼（粕）的选用

选用豆饼时，以全熟豆饼为好。过生，特别是豆粕中会有一些有害物质，如抗胰蛋白酶、脲酶、血细胞凝集素、皂角苷等；过熟，特别是农村小榨油厂，机榨前都有一个炒制过程，如加热过度以至炒煳，就会使赖氨酸遭到破坏，从而降低豆饼的营养价值。选用豆饼时以不霉变为好，豆饼中含脂肪较多，如保存湿度较大，极易发霉、变质，失去使用价值。如采用无鱼粉配方，豆饼的用量在肉鸡饲料中不超过35%；在蛋鸡饲料中不超过28%，如中期过量使用，增加机体某些器官的负担，易引起鸡痛风等疫病，如过少，饲料蛋白又达不到营养标准。

5. 鱼粉的选用

不论进口鱼粉或是国产鱼粉，在选用时都应了解其食盐的含量，在计算饲料食盐添加量时，应包括鱼粉中的含盐量；蛋白质含量，国产鱼粉应大于45%，进口鱼粉应大于60%，选用时应根据蛋白质的准确含量，确定鱼粉的添加量，低蛋白的鱼粉尽量不用；

有条件的地方，应检验鱼粉杂菌的含量，如果大肠杆菌、沙门菌等含量过高，尽量不用。鸡的日粮中，鱼粉的用量以不超过 12% 为好，过高，鱼粉中的组氨酸产生有毒物质，可促发肌胃糜烂，另有资料报道，鱼粉的颗粒越细，肌胃糜烂越严重，所以在选用时，应注意鱼粉的用量及粒度。从科学角度讲，鱼粉不是家禽必需的营养素，在配料时不应过度依赖鱼粉。鱼粉价格昂贵，质量差异大，含盐量高，易引入沙门菌或产生肌胃糜烂素等不良毒素。相比之下，植物性蛋白质饲料则拥有价格便宜、质量稳定、采购方便等诸多优势。随着维生素和微量元素预混料的生产增多，添加各种补充物如必需氨基酸、维生素和微量元素等的植物蛋白质日粮完全可以取代鱼粉日粮，这将是未来家禽业的配方趋势。

6. 骨、贝粉的选用

鸡饲料中，添加骨、贝粉的较多，也有添加碳酸钙、磷酸钙、蛋壳粉等的，无论选用哪种物质都应注意其钙、磷及有效磷的含量。如选用骨粉时，蒸制骨粉好于其他骨粉；选用贝粉时，厚壳贝粉要优于薄壳贝粉。

7. 生物制剂的利用

(1) 酶制剂 鸡饲料中添加的酶主要属消化性酶类，可提高营养物质的消化率，应用中取得良好效果。生产实践中使用的酶制剂，如植酸酶可有效提高饲料中有机磷的利用率，减少对环境的污染。

(2) 益生素 益生素是近年出现的新型饲用活菌制剂，具有增加胃肠道有益菌数量，调节动物胃肠道微生态平衡，从而起到保健和促生长作用。常用的益生菌有乳酸菌、双歧杆菌、酵母菌、芽孢杆菌、枯草杆菌、链球菌等 40 多种，用于家禽饲料中可提高生产性能、降低发病率和死亡率。

(3) 寡聚糖 又称寡糖，添加到饲料中具有调整肠道菌群平衡和提高免疫力等保健功能。在肠道中可竞争性地与病原菌结合，使病原菌无法结合到动物肠壁上，还能清洗已附着在消化道上的致病菌，使病原菌通过肠道排出体外。寡聚糖是动物肠道内有益菌的生长物，它能被有益菌发酵，使有益菌大量增生，从而抑制有害菌的生长，提高动物抗病能力。某些寡聚糖具有提高药物和抗原免疫应答的能力，可充当免疫刺激因子，从而增加动物体液及细胞免疫能力。用于家禽饲料将是很有益的。

五、饲料配合原则

各种饲料的营养价值虽然有高有低，但没有一种饲料的养分含量能完全符合动物的需要。对动物来说，单一饲料中各种养分的含量，总是有的过高，有的过低。只有把几种饲料合理搭配，才能获得与动物需要基本相似的（配合）饲料。这就需要有一个好的饲料配方。有了好的动物品种和饲料原料，如果没有好的饲料配方，还是养不好动物；或者虽然能把动物养好，生产能力也较高，但饲料成本很高，没有效益或收效甚微。饲料配方的好坏，对产品多少、效益高低有很大的影响，是养殖业中不可忽视的重要环节。一个好的饲料配方，应符合以下几点基本要求。

1. 选用"标准"的适合性

"标准"都是有条件的"标准"，是具体的"标准"。所选用的"标准"是否适合被应用的对象，必须认真分析"标准"对应用对象的适合程度，重点把握"标准"所要求的条件与应用对象的差异，尽可能选择最适合应用对象的"标准"。

选用任何一个"标准"，首先应考虑"标准"所要求的动物与应用对象是否一致或比较接近，若品种之间差异太大则"标准"难以适应应用对象。例如，NRC 鸡的营养需要不适用于我国地方土杂鸡种。除了动物遗传特性以外，绝大多数情况下均可以通过合理设定保险系数使"标准"规定的营养定额适合应用对象的实际情况。

2. 营养全面、充足、平衡，能充分发挥动物的生产潜力

目前已知动物需要的营养物质有 50 多种，其中绝大部分需由

饲料供给,少部分可在动物体内合成,但合成这类物质的原料还需由饲料供给。饲料配方中应含有动物所需的全部营养物质或其原料、前体,就是营养要全面。饲料配方中每一种养分的(可利用)量,应能满足动物高效生产的需要。饲料配方的养分不但要全面,而且要充足。养分不足固然不好,某些养分过多也不是好事,有时会引起中毒,有时还会妨碍其他养分的吸收利用,所以饲料配方中各种养分之间还应保持一定的比例。例如,能量和蛋白质、钙和磷、各种氨基酸、维生素、微量元素之间,都应有适当的比例。以氨基酸为例,由于动物体的蛋白质是由 20 种左右的氨基酸按一定比例组合而成,所以配合饲料中的各种氨基酸也应接近于这种比例,才能被有效地利用。

3. 适口性好,无毒害,符合动物的生理特点

动物实际摄入的养分,不仅取决于配合饲料的养分浓度,而且取决于采食量。养分全面、充足、平衡的配合饲料如果适口性很差,动物吃得很少,仍会造成营养不良。适口性较差的饲料,如菜籽饼、棉籽饼、血粉等不宜多用,或者要加一些增味剂改善配合饲料的适口性。在确定饲料原料的用量时,还应注意不会造成毒害。不少饲料原料中含有一定量的抗营养因子。例如,菜籽饼粕中含可以造成甲状腺肿大和其他代谢障碍的物质;棉籽饼粕中含有能引起代谢障碍的棉酚和使鸡蛋变质的环丙烯类似物;大豆饼粕中含有能引发仔猪腹泻的过敏原;鱼粉中常含有使肉仔鸡肌胃糜烂的肌肉糜烂素;高粱中含有较多能影响养分消化的单宁酸;大麦、小麦等含有妨碍养分消化吸收的非淀粉多糖等。这些抗营养因子在配合饲料中含量多时就会造成不良后果,设计配方时必须注意。至于霉坏变质的饲料当然危害更大,但这已不属于配方设计的范畴,而是厂(场)方保证原料质量的问题。由于生理特点不同,动物对饲料会有一些特殊的要求。以饲料中粗纤维的含量为例,鸡由于消化道短,对粗纤维消化能力差,饲料中粗纤维含量一般不宜超过 5%,否则会使养分利用率降低。

4. "标准"与经济效益的统一性

饲料成本约占养殖业总成本的 70％以上。饲料成本的高低对养殖业的效益影响很大。饲料厂能否生产出质量好而价格又较低的饲料，是产品有无竞争力的主要因素。设计饲料配方时不但要考虑生产效果，还必须考虑经济效益。要设计出成本相对较低的饲料配方应注意以下几点。

① 根据市场和饲养管理水平确定适当的营养水平。

② 多种饲料原料搭配使用并选择价格相对较低的饲料原料。

③ 按最低成本和最高效益综合设计饲料配方。

第二节　饲料配方设计及其计算方法

饲料配方是饲料生产的核心技术，它是指参照一定的饲养标准，充分利用各种饲料原料，制作出满足畜禽需要的产品。设计配方时，必须了解不同生理状态的动物对营养物质的需要量，了解所用原料的特性，才能进行科学合理的搭配。

一、配方设计的基本步骤

饲料配方设计有多种方法，但其设计步骤基本类似，一般按以下几个步骤进行。

1. 确定目标，做好产品定位

根据目标设定配方。市场定位要准确，过高或过低都不能适应市场，会缺乏竞争力。要从实际出发，做好科学定位，先要做好市场调查，了解、分析当地畜牧生产的特征，根据投放地区的饲养品种、饲养条件和规模确定配方基本目标。另外也要考虑，尽量能使动物达到最大生产性能或达到某种特定品质，尽量减少对环境的影响等因素。随设定目标的不同，配方设计也必须作相应的调整。

2. 确定动物的营养需要量

饲料配方的设计，首先要明确不同畜禽的饲养标准。国内外的一些饲养标准可以作为营养需要量的基本参考。饲养标准是畜牧生产中实践经验与科学成果的总结，规定了不同种类健康畜禽在正常的饲养条件下，每日每只应给予的各种营养物质的需要量。由于多数畜禽都是群饲，通常一般以每千克饲粮中各种营养物质的含量来表示。饲养标准是一定时期理论和实践的总结，具有科学性；同时由于其概括性、平均性及变化性，不能简单普遍地应用于每个品种，所以又有其局限性。而养殖场的情况千差万别，动物的生产性能各异，加上环境条件的不同，因此在选择饲养标准时不应完全照搬，而是在参考标准的同时，灵活应用，根据当地养殖的实际情况，进行必要的调整。动物采食量是决定营养供给量的重要因素，虽然对采食量的预测及控制难度较大，但季节的变化及饲料中能量水平、粗纤维含量、饲料适口性等是影响采食量的主要因素，供给量的确定一般不能忽略这些方面的影响。不同季节应考虑配制营养浓度不同的日粮。由于蛋白质、碳水化合物、脂肪的热增耗不同，以蛋白质为最高，而脂肪较低，因而在夏季时应适当调整饲料配方，提高能量水平而降低蛋白质水平。同时要提高氨基酸、维生素等微量成分含量，增大单位体积饲料营养浓度，从而减轻由于天气炎热，采食量减少，摄入养分不足对动物生产性能带来的不利影响。

3. 合理选用饲料原料

原料选择是配方设计中的关键环节。一个配方如果没有稳定可靠的原料作保障，一定会影响它的产品质量。如何做到科学合理地利用原料，主要应该考虑以下几个方面。

（1）原料的实际营养水平　原料的产地和来源不同，其成分会有很大差异，不同厂家、不同批次、不同季节都有变化。原料的加工处理方式、运输储存条件也会对原料的营养特性造成影响。为保证原料质量，最好能够选择性地批量采购，做到定期检测，尽量每批抽检，尤其对一些常规成分。再根据原料的实际含量及时对配方做出调整，同时要与生产车间做好协调，改后的配方与改前配方在原料以及小料使用上衔接好，从而以不断变化的配方保证稳定不变的质量。

（2）原料的适口性　适口性是影响采食量的重要因素，即使营养价值再高但适口性差也起不到应有的作用，因为畜禽进食量减少了也会对其生产性能造成影响。所以在配方设计中一定不能忽视原料的适口性。

（3）原料中所含抗营养因子及其使用限量　很多饲料原料中含有抗营养因子及有毒、有害物质，如菜籽饼粕中的硫葡萄糖苷、棉籽饼粕中的棉酚、花生饼粕在高温条件下产生的黄曲霉毒素等，这些物质不仅影响适口性也影响饲料的消化率，严重时会引起中毒反应，所以在制作配方时要严格限制含这些物质的原料用量。

（4）非常规原料的使用　非常规饲料原料的运用，在激烈的市场竞争中不失为降低成本的一个办法。但应用时要考虑到其副作用及使用量，要严格遵守国家有关规定，同时可以采取添加非营养性添加剂如酶制剂等以消除其不利的影响。

（5）原料的来源及价格因素　设计配方时不仅要考虑原料的价格使成本降低，同时也要考虑原料的供应是否及时，原料的采购是否容易，如果配方中使用了某种原料而经常出现断货情况，那产品的质量就很难保障。

4. 形成配方

将以上三步所获取的信息综合处理，形成配方配制饲粮，可以手工计算，也可以使用专门的计算机优化配方软件。

5. 配方质量评定

饲料配制出来以后，想弄清配制的饲粮质量情况必须取样进行化学分析，并将分析结果和预期值进行对比。如果所得结果在误差允许的范围内，说明达到饲料配制的目的。反之，则说明存在问题，问题可能是在加工过程、取样、混合或配方时，也可能是在实验室。为此，送往实验室的样品应保存好，供以后参考。

配方产品的实际饲养效果是评价配制质量的最好尺度，条件较好的企业均以实际饲养效果和生产的畜产品品质作为配方质量的最终评价尺度。随着社会的进步，配方产品安全性、最终的环境和生态效应也将作为衡量配方质量的尺度之一。

二、传统计算方法

1. 试差法

试差法也叫凑数法，是专业知识、算数运算及计算经验相结合的一种配方计算方法。可以同时计算多个营养指标，不受饲料原料种数限制。但要配平一个营养指标满足已确定的营养需要，一般要反复试算多次才可能达到目的。在对配方设计要求不太严格的条件下，此法仍是一种简便易行的计算方法。其特点是，首先根据经验拟出各种饲料原料的大致比例，然后用各自的比例去乘该种原料所含的各种营养成分的百分比，再将各种原料的同种营养成分相加，即得该配方的每种营养成分总量。将所得结果与饲养标准比较，如有任一营养成分不足或超过，可通过增减相应的原料进行调整和重新计算，直到达到或相当接近饲养标准为止。此法简单易行，不需要特殊的计算工具，用笔、计算器都可进行，因而使用较为广泛。缺点是计算量大，盲目性大，不能筛选出最佳的配方，成本可能较高。

（1）计算步骤

第一步，查出饲喂对象的饲养标准。

第二步，选出可能使用的饲料原料，并确定已选饲料的各种指标含量，明确重点计算指标。

第三步，根据能量和蛋白质的需求量草拟配方，确定所选原料在配方中的比例。

第四步，配方草拟好之后进行计算，计算结果和饲养标准比较，如果差距较大，应进行反复调整，直到计算结果和饲养标准接近。调整原则是先能量后蛋白质，先磷后钙。

第五步，按照需要补充矿物质饲料和氨基酸以及微量元素和维生素等添加剂。

第六步，判断营养指标总和是否满足要求，若不满足要求，则要对配比进行调整，并重复第四到第五步的计算，直到满足要求为止，从而列出配方和主要营养指标。

（2）配方计算实例　例如，用玉米、次粉、豆粕、棉籽粕、花生粕、玉米蛋白粉（50%）、豆油、石粉、碳酸氢钙、食盐、维生素预混料和微量元素预混料，配合 0～3 周龄肉仔鸡日粮。

第一步，确定饲养标准。从肉仔鸡饲养标准中查得 0～3 周龄肉仔鸡日粮营养水平为代谢能 12.54 兆焦/千克、粗蛋白 21.5%、钙 1.0%、总磷 0.68%、赖氨酸 1.15%、蛋氨酸 0.50%、胱氨酸 0.41%。

第二步，根据饲料成分表查出或化验分析所用各种原料的养分含量（表 2-12）。

表 2-12　原料的养分含量

原　　料	代谢能/（兆焦/千克）	粗蛋白/%	钙/%	磷/%	赖氨酸/%	蛋氨酸/%	胱氨酸/%
玉米	13.47	7.8	0.02	0.27	0.23	0.15	0.15
次粉	12.51	13.6	0.08	0.48	0.52	0.16	0.33
棉粕	7.41	38.6	0.65	0.48	1.30	0.63	0.87
豆粕	10.00	43.0	0.33	0.62	2.68	0.59	0.65
花生粕	10.88	47.8	0.27	0.56	1.40	0.41	0.40
玉米蛋白粉(50%)	14.27	50.0	0.06	0.42	0.92	1.14	0.76
动物油	38.11						
石粉			36.00				
磷酸氢钙			22.00	16.00			

第三步，按能量和蛋白质的需求量初拟配方。

根据实践经验，初步拟定饲料中各种原料的比例。雏鸡饲粮中各类饲料的比例一般是，能量饲料 60%～70%、蛋白质饲料 25%～35%、矿物质饲料等 4.5%～5%（其中维生素和微量元素预混料

一般各为 0.5%），据此先拟定蛋白质饲料用量（按占饲粮的
29.5%估计），棉籽蛋白适口性差并含有毒物质，饲粮中用量有一
定限制，可设定为 1.5%，假定将豆粕设为 10%，而花生粕设为
10%，则玉米蛋白粉为 8%（29.5%－1.5%－10%－10%＝8%）。
矿物质饲料等拟定为 4.5%。能量饲料中次粉暂定为 7%，动物油
设为 1%，玉米则为 58%（100%－4.5%－7%－1%－29.5%＝
58%）。计算初拟配方结果见表 2-13。

表 2-13　草拟配方

原　　料	饲粮组成/% （①）	代谢能 ME/（兆焦/千克）		粗蛋白 CP/%	
		饲料原料中 （②）	饲粮中 （①×②）	饲料原料中 （③）	饲粮中 （①×③）
玉米	58	13.47	7.813	7.80	4.52
次粉	7	12.51	0.876	13.60	0.95
棉粕	1.5	7.41	0.111	38.60	0.58
豆粕	10	10	1.000	44.00	4.40
花生粕	10	10.88	1.088	47.80	4.78
玉米蛋白粉	8	16.23	1.298	63.50	5.08
动物油	1	38.11	0.381		
合计	95.5		12.567		20.32

第四步，调整配方，使能量和粗蛋白符合饲养标准规定量。

采用方法是降低配方中某一饲料的比例，同时增加另一饲料的
比例，二者的增减数相同，即用一定比例的某一种饲料代替另一种
饲料。计算时可先求出每代替 1%时，饲粮能量和蛋白质改变的程
度，然后结合第三步中求出的标准差值，计算出应该代替的百
分数。

上述配方经计算可知，饲料中代谢能浓度比标准高 0.027 兆焦/
千克，粗蛋白低 0.18%。用能量低而粗蛋白含量高的次粉代替玉
米，每代替 1%可使能量降低 0.0096 兆焦/千克，即（13.47－
12.51）×1%＝0.0096，粗蛋白升高 0.058%，即（13.60－7.8）×

$1\% = 0.058$。可见，以 3% 的次粉代替 3% 的玉米则饲粮能量和粗蛋白均与标准接近（分别为 12.54 兆焦/千克和 21.5%），而且蛋能比与标准相符合。则配方中玉米改为 55%，次粉改为 10%。

第五步，计算矿物质饲料和氨基酸用量，最后还要计算添加食盐的用量。

维生素、微量元素预混料以 1% 计算，则矿物质含量空间尚有 3.5%。原料中已满足矿物质元素量见表 2-14。

表 2-14　常用原料钙磷含量

原料种类	原料比例	原料含量/%		饲料中含量/%	
		钙	磷	钙	磷
玉米	55	0.02	0.27	0.011	0.1485
次粉	10	0.08	0.48	0.008	0.048
棉粕	1.5	0.65	0.48	0.00975	0.0072
豆粕	10	0.33	0.62	0.033	0.062
花生粕	10	0.27	0.56	0.027	0.056
玉米蛋白粉(50%)	8	0.06	0.42	0.0048	0.0336
动物油	1			0	0
合计				0.09355	0.3553

钙、磷需要量不足部分由磷酸氢钙和石粉来满足。总磷需要量为 0.65%，已满足 0.3553%，尚需 $0.65\% - 0.3553\% = 0.2947\%$，需磷酸氢钙 $0.2947\%/0.16\% = 1.84$，同时磷酸氢钙提供钙值为 $1.84 \times 0.22\% = 0.4048\%$，还有 $3.5 - 1.84 = 1.66$ 空间，以 $1.66 \times 0.36\% = 0.5976\%$，因此钙需要量为 $0.4048\% + 0.5976\% = 1.0024\%$。

赖氨酸和蛋氨酸计算后缺多少补多少，配方中赖氨酸和蛋氨酸分别是 0.68% 和 0.3%，因此赖氨酸再添加 0.47%，蛋氨酸再添加 0.2%。最后加食盐 0.4%。

因此，按上述方法计算的配方见表 2-15。

表 2-15　参考配方

原　料	含量/%	原　料	含量/%
玉米	54	磷酸氢钙	1.84
次粉	10	石粉	1.66
棉粕	1.5	维生素、微量元素预混料	1
豆粕	10	食盐	0.4
花生粕	10	L-赖氨酸	0.47
玉米蛋白粉(50%)	8	DL-蛋氨酸	0.2
动物油	1		

2. 联立方程法

此法是利用数学上联立方程求解法来计算饲料配方。优点是条理清晰，方法简单。缺点是饲料种类多时，计算较复杂。

例如，某猪场要配制含 18% 粗蛋白的混合饲料，现有含粗蛋白 8% 的能量饲料玉米和含粗蛋白 40% 的蛋白质补充料，其方法如下。

① 混合饲料中能量饲料占 $X\%$，蛋白质补充料占 $Y\%$，则

$$X+Y=100$$

② 能量混合料的粗蛋白含量为 8%，补充饲料含粗蛋白为 40%。要求配合饲料含粗蛋白为 15%。

③ 列方程组　　　　　　$X+Y=100$

$$0.08X+0.40Y=18$$

④ 解方程组，得出　　　$X=68.75$

$$Y=31.25$$

因此，配合饲料中玉米和蛋白质补充料各占 68.75%、31.25%。

3. 交叉法

交叉法又称四角法、方形法、对角线法或图解法。在饲料种类不多及营养指标少的情况下，采用此法，较为简便。在采用多种饲料及复合营养指标的情况下，亦可采用本法。但由于计算要反复进行两两结合，比较麻烦，而且不能使配合日粮同时满足多项营养

指标。

（1）两种饲料配合　例如，用玉米、豆粕为主给4～5周龄肉仔鸡配制饲料。步骤如下所述。

第一步，查饲养标准或根据实际经验及质量要求制定营养需要量，4～5周龄肉仔鸡要求饲料的粗蛋白一般水平为19%。经取样分析或查饲料营养成分表，设玉米含粗蛋白为8%、豆粕含粗蛋白为43%。

第二步，做十字交叉图，把所需要混合饲料达到的粗蛋白含量19%放在交叉处，玉米和豆粕的粗蛋白含量分别放在左上角和左下角；然后以左方上、下角为出发点，各向对角通过中心做交叉，大数减小数，所得的数分别记在右上角和右下角。

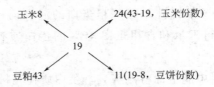

第三步，上面所计算的各差数，分别除以这两差数的和，就得两种饲料混合的百分比。

玉米应占比例＝24÷（24＋11）×100%≈68.57%

检验：8%×68.57%≈5.5%

豆粕应占比例＝11÷（24＋11）×100%≈31.43%

检验：43%×31.43%≈13.5%

5.5%＋13.5%≈19%

因此，4～5周龄肉仔鸡的混合饲料，由68.57%玉米与31.43%豆粕组成。

用此法时，应注意两种饲料养分含量必须分别高于和低于所求的数值。

（2）两种以上饲料组分的配合　例如，用玉米、小麦、次粉、豆粕、棉籽粕、菜籽粕、玉米蛋白粉和矿物质饲料（磷酸氢钙和石粉以及食盐）和 1％预混料，为 4～5 周龄肉仔鸡配成含粗蛋白为 19％的混合饲料，则需先根据经验和养分含量把以上饲料分成比例已定好的三组饲料，即混合能量饲料、混合蛋白质饲料和矿物质饲料。把能量饲料和蛋白质饲料当作两种饲料做交叉配合。方法如下所述。

第一步，先明确用玉米、小麦、次粉、豆粕、棉籽粕、菜籽粕、玉米蛋白粉和矿物质饲料粗蛋白含量，一般玉米 8.0％、小麦 13.9％、次粉 13.60％、豆粕 43.0％、棉籽粕 38.6％、菜籽粕 36.5％、玉米蛋白粉 63.5％和矿物质饲料 0。

第二步，将能量类饲料和蛋白质类饲料分别组合，按类分别算出能量和蛋白质饲料组粗蛋白的平均含量。设能量饲料组由 70％玉米、20％小麦、10％次粉组成，蛋白质饲料由 70％豆粕、10％棉籽粕、10％菜籽粕和 10％玉米蛋白粉构成，则

能量饲料组的蛋白质含量为 70％×8.0％＋20％×13.9％＋10％×13.6％≈9.7％

蛋白质饲料组蛋白质含量为 70％×43.0％＋10％×38.6％＋10％×36.5％＋10％×63.5％≈44％

矿物质饲料，一般占混合料的 3％，其成分为磷酸氢钙、石粉和食盐。按饲养标准食盐宜占混合料的 0.3％，则食盐在矿物质饲料中应占 10％［即 0.3/3×100％＝10％］，磷酸氢钙则占 90％。

第三步，计算出未加矿物质料和预混料前混合料中粗蛋白质的应有含量。

因为配好的混合料再掺入矿物质和预混料，会变稀，其中粗蛋白含量则不足 19％。所以，要先将矿物质和预混饲料用量从总量中扣除，以便按 4％添加后混合料的粗蛋白含量仍为 19％。即未加矿物质饲料前混合料的粗蛋白含量应为 19/96×100％≈19.8％。

第四步，将混合能量料和混合蛋白质料当作两种料，做交叉，即

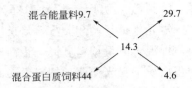

混合能量饲料应占比例＝29.7÷（29.7＋4.6）×100%≈86.6%

混合蛋白质料应占比例＝4.6÷（29.7＋4.6）×100%≈13.4%

第五步，计算出混合料中各成分应占的比例，即玉米应占 70%×0.866×0.96≈58.2%，依此类推，小麦占 16.6%，次粉占 8.3%，豆粕 9.0%，棉籽粕、菜籽粕和玉米蛋白粉各占 1.3%，磷酸氢钙 2.7%，食盐 0.3%，预混料 1%，合计 100%。

（3）蛋白质混合料配方连续计算 要求配一粗蛋白含量为 40%的蛋白质混合料，其原料有亚麻仁粕（含蛋白质 33.8%）、豆粕（含蛋白质 43.0%）和菜籽粕（含蛋白质 36.5%）。各种饲料配比如下。

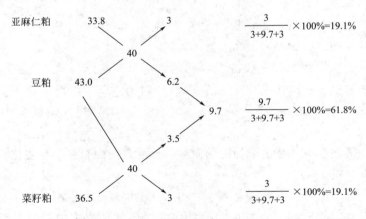

用此法计算时，同一四角两种饲料的养分含量必须分别高于和低于所求数值，即左列饲料的养分含量按间隔大于和小于所求数值排列。

第三章　引进肉鸡品种饲料配方

第一节　浓缩饲料配方

浓缩饲料（简称浓缩料）是由蛋白质饲料、矿物质饲料、添加剂预混料按一定比例混合而成，一般占全价配合饲料的20%～40%，超级浓缩料或精料则为10%～20%。浓缩饲料由于蛋白能量水平太高不能直接饲喂肉鸡，必须与能量饲料混合才可制成全价配合饲料。在生产实践中，由于生产需要的不同，浓缩饲料的概念也逐渐扩大，它可以不包括蛋白质饲料的全部，还可以把一部分能量饲料包括在内，即浓缩饲料＋能量饲料＝全价饲料。

浓缩饲料按一定比例与能量饲料混合后，在营养水平上要达到或接近所喂养畜禽的饲养标准；应控制浓缩饲料的含水量。浓缩饲料蛋白质含量高，容易发霉、发热、结块，如果水分控制不好，更易变质。

设计浓缩饲料配方时，有以下两种方法。

第一种方法是直接根据浓缩饲料的营养成分，选取适当的原料直接配制。先查出饲喂对象的饲养标准，确定能量饲料与浓缩饲料的比例，再计算出能量饲料所能达到的营养水平，与饲养标准对照，计算出浓缩饲料需要达到的营养水平，选取合适的原料，确定浓缩饲料配方。

第二种方法是根据动物的饲养标准及原料营养价格先设计全价配合饲料配方，然后去除能量饲料部分，余下的再折合成百分含量，即为浓缩饲料部分。

一、肉小鸡浓缩料配方

浓缩料按 40％添加，即配比为玉米 60＋浓缩料 40＝全价料。

配方 1（主要蛋白原料为豆粕、棉籽粕、花生粕）

原料名称	含量/％	营养素名称	营养含量/％
大豆粕	76.13	粗蛋白	38.1
棉籽粕	5	钙	2.24
花生粕	5	总磷	1.22
磷酸氢钙	4.25	可利用磷	0.95
猪油	3.75	盐	0.8
石粉	3.075	赖氨酸	2.167
0.5％预混料	1.25	蛋氨酸	0.965
盐	0.75	蛋氨酸＋胱氨酸	1.518
蛋氨酸（DL-Met）	0.43	苏氨酸	1.557
赖氨酸（98％）	0.13	色氨酸	0.564
氯化胆碱	0.25	代谢能/（千卡/千克）	2339

注：1 卡＝4.1840 焦耳，下同。

配方 2（主要蛋白原料为豆粕、菜籽粕、花生粕）

原料名称	含量/％	营养素名称	营养含量/％
大豆粕	73.83	粗蛋白	37.8
菜籽粕	7.5	钙	2.24
花生粕	5	总磷	1.26
磷酸氢钙	4.43	可利用磷	0.88
猪油	3.45	盐	0.86
石粉	2.9	赖氨酸	2.16
0.5％预混料	1.25	蛋氨酸	0.973
盐	0.8	蛋氨酸＋胱氨酸	1.557
蛋氨酸（DL-Met）	0.43	苏氨酸	1.588
氯化胆碱	0.25	色氨酸	0.569
赖氨酸（98％）	0.18	代谢能/（千卡/千克）	2301

配方 3（主要蛋白原料为豆粕、棉籽粕、菜籽粕、花生粕、玉米蛋白粉）

原料名称	含量/％	原料名称	含量/％
大豆粕	65.48	玉米蛋白粉（60％粗蛋白）	5
棉籽粕	5	猪油	4.2
菜籽粕	5	磷酸氢钙	4.25
花生粕	5	石粉	3.02

续表

原料名称	含量/%	原料名称	含量/%
0.5%预混料	1.25	可利用磷	0.86
盐	0.8	盐	0.85
蛋氨酸（DL-Met）	0.4	赖氨酸	2.142
赖氨酸（98%）	0.35	蛋氨酸	0.956
营养素名称	营养含量/%	蛋氨酸＋胱氨酸	1.541
氯化胆碱	0.25	苏氨酸	1.53
粗蛋白	38.0	色氨酸	0.529
钙	2.23	代谢能/（千卡/千克）	2390
总磷	1.22		

配方 4（主要蛋白原料为豆粕、棉籽粕、花生粕、玉米蛋白粉）

原料名称	含量/%	营养素名称	营养含量/%
大豆粕	67.17	粗蛋白	38.7
棉籽粕	5	钙	2.22
花生粕	5	总磷	1.24
玉米蛋白粉（60%粗蛋白）	5	可利用磷	0.87
磷酸氢钙	4.33	盐	0.85
菜籽粕	3.8	赖氨酸	2.207
猪油	3.68	蛋氨酸	0.97
石粉	2.98	蛋氨酸＋胱氨酸	1.566
0.5%预混料	1.25	苏氨酸	1.574
盐	0.8	色氨酸	0.546
蛋氨酸（DL-Met）	0.4	代谢能/（千卡/千克）	2389
赖氨酸（98%）	0.35		
氯化胆碱	0.25		

配方 5（主要蛋白原料为豆粕、棉籽粕、菜籽粕、DDGS——喷浆干酒糟、玉米蛋白饲料、玉米蛋白粉、花生粕）

原料名称	含量/%	营养素名称	营养含量/%
大豆粕	55.34	水解羽毛粉	3.75
棉籽粕	5	猪油	3.38
菜籽粕	5	石粉	3.03
花生粕	5	玉米蛋白饲料	2.13
玉米蛋白粉（60%粗蛋白）	5	0.5%预混料	1.25
DDGS——喷浆干酒糟	5	盐	0.6
磷酸氢钙	4.28	赖氨酸（98%）	0.58

续表

原料名称	含量/%	营养素名称	营养含量/%
蛋氨酸（DL-Met）	0.43	盐	0.84
氯化胆碱	0.25	赖氨酸	2.211
营养素名称	营养含量/%	蛋氨酸	0.982
粗蛋白	38.7	蛋氨酸＋胱氨酸	1.641
钙	2.22	苏氨酸	1.574
总磷	1.23	色氨酸	0.487
可利用磷	0.87	代谢能/（千卡/千克）	2391

配方 6（主要蛋白原料为豆粕、棉籽粕、菜籽粕、花生粕、玉米蛋白粉、DDGS——喷浆干酒糟、肉骨粉）

原料名称	含量/%	营养素名称	营养含量/%
大豆粕	59.06	磷酸氢钙	3.48
棉籽粕	5	营养素名称	营养含量/%
菜籽粕	5	粗蛋白	38.9
花生粕	5	钙	2.22
猪油	3.1	总磷	1.23
石粉	2.65	可利用磷	0.87
0.5%预混料	1.25	盐	0.85
盐	0.63	赖氨酸	2.211
赖氨酸（98%）	0.45	蛋氨酸	0.975
蛋氨酸（DL-Met）	0.4	蛋氨酸＋胱氨酸	1.587
氯化胆碱	0.25	苏氨酸	1.551
玉米蛋白粉（60%粗蛋白）	5	色氨酸	0.508
DDGS——喷浆干酒糟	5	代谢能/（千卡/千克）	2389
肉骨粉	3.75		

配方 7（主要蛋白原料为豆粕、玉米蛋白粉、花生粕）

原料名称	含量/%	营养素名称	营养含量/%
大豆粕	73.22	粗蛋白	39.4
玉米蛋白粉（60%粗蛋白）	7.5	钙	2.47
花生粕	5	总磷	1.22
磷酸氢钙	4.43	可利用磷	0.87
石粉	3.68	盐	1.21
猪油	2.83	赖氨酸	2.215
0.5%预混料	1.25	蛋氨酸	0.979
盐	1.18	蛋氨酸＋胱氨酸	1.565
蛋氨酸（DL-Met）	0.38	苏氨酸	1.62
赖氨酸（98%）	0.3	色氨酸	0.559
氯化胆碱	0.25	代谢能/（千卡/千克）	2391

配方 8（主要蛋白原料为豆粕、玉米蛋白粉、DDGS——喷浆干酒糟）

原料名称	含量/%	营养素名称	营养含量/%
大豆粕	72.45	粗蛋白	38.7
玉米蛋白粉（60%粗蛋白）	7.5	钙	2.22
DDGS——喷浆干酒糟	7.35	总磷	1.22
磷酸氢钙	4.55	可利用磷	0.87
石粉	2.88	盐	0.85
猪油	2.4	赖氨酸	2.207
0.5%预混料	1.25	蛋氨酸	0.989
盐	0.65	蛋氨酸＋胱氨酸	1.574
蛋氨酸（DL-Met）	0.38	苏氨酸	1.644
赖氨酸（98%）	0.35	色氨酸	0.531
氯化胆碱	0.25	代谢能/（千卡/千克）	2389

二、肉中鸡浓缩料配方

浓缩料按 35% 添加，即配比为玉米 65＋浓缩料 35＝全价料。

配方 9（主要蛋白原料为豆粕）

原料名称	含量/%	营养素名称	营养含量/%
大豆粕	82.09	粗蛋白	36.1
猪油	6.86	钙	2.43
磷酸氢钙	4.4	总磷	1.21
石粉	3.54	可利用磷	0.96
0.5%预混料	1.43	盐	0.94
盐	0.91	赖氨酸	2.239
蛋氨酸（DL-Met）	0.31	蛋氨酸	0.841
氯化胆碱	0.23	蛋氨酸＋胱氨酸	1.396
赖氨酸（98%）	0.23	苏氨酸	1.543
		色氨酸	0.558
		代谢能/（千卡/千克）	2526

配方 10（主要蛋白原料为豆粕、棉籽粕、花生粕）

原料名称	含量/%	营养素名称	营养含量/%
大豆粕	67.31	粗蛋白	37.2
花生粕	10	钙	2.32
棉籽粕	6.75	总磷	1.23
猪油	4.94	可利用磷	0.96
磷酸氢钙	4.34	盐	0.96
石粉	3.29	赖氨酸	2.272
0.5%预混料	1.43	蛋氨酸	0.874
盐	0.91	蛋氨酸＋胱氨酸	1.424
赖氨酸(98%)	0.43	苏氨酸	1.464
蛋氨酸(DL-Met)	0.37	色氨酸	0.532
氯化胆碱	0.23	代谢能/(千卡/千克)	2406

配方 11（主要蛋白原料为豆粕、棉籽粕、菜籽粕）

原料名称	含量/%	营养素名称	营养含量/%
大豆粕	60.63	粗蛋白	34.8
棉籽粕	11.31	钙	2.41
菜籽粕	8.57	总磷	1.27
猪油	8.29	可利用磷	0.96
磷酸氢钙	4.34	盐	0.96
石粉	3.49	赖氨酸	2.172
0.5%预混料	1.43	蛋氨酸	0.835
盐	0.91	蛋氨酸＋胱氨酸	1.411
赖氨酸(98%)	0.46	苏氨酸	1.415
蛋氨酸(DL-Met)	0.34	色氨酸	0.499
氯化胆碱	0.23	代谢能/(千卡/千克)	2526

配方 12（主要蛋白原料为豆粕、棉籽粕、菜籽粕、玉米蛋白粉）

原料名称	含量/%	营养素名称	营养含量/%
大豆粕	45.9	粗蛋白	36.7
棉籽粕	11.43	钙	2.82
菜籽粕	11.43	总磷	1.24
玉米蛋白粉(60%粗蛋白)	11.43	可利用磷	0.92
猪油	6.77	盐	1.35
石粉	4.8	赖氨酸	2.244
磷酸氢钙	4.23	蛋氨酸	0.811
0.5%预混料	1.43	蛋氨酸＋胱氨酸	1.424
盐	1.31	苏氨酸	1.42
赖氨酸(98%)	0.83	色氨酸	0.452
氯化胆碱	0.23	代谢能/(千卡/千克)	2555
蛋氨酸(DL-Met)	0.23		

配方 13（主要蛋白原料为豆粕、玉米蛋白粉、花生粕）

原料名称	含量/%	营养素名称	营养含量/%
大豆粕	54.53	粗蛋白	39.9
花生粕	14.28	钙	2.81
玉米蛋白粉(60%粗蛋白)	14.28	总磷	1.2
石粉	4.68	可利用磷	0.97
磷酸氢钙	4.54	盐	1.4
猪油	3.74	赖氨酸	2.249
0.5%预混料	1.43	蛋氨酸	0.844
盐	1.37	蛋氨酸+胱氨酸	1.406
赖氨酸(98%)	0.69	苏氨酸	1.481
蛋氨酸(DL-Met)	0.23	色氨酸	0.487
氯化胆碱	0.23	代谢能/(千卡/千克)	2555

配方 14（主要蛋白原料为豆粕、玉米蛋白粉、

DDGS——喷浆干酒糟）

原料名称	含量/%	营养素名称	营养含量/%
大豆粕	54.02	粗蛋白	36.9
玉米蛋白粉(60%粗蛋白)	14.29	钙	2.82
DDGS——喷浆干酒糟	14.29	总磷	1.2
磷酸氢钙	4.83	可利用磷	0.96
石粉	4.52	盐	1.38
猪油	3.97	赖氨酸	2.229
0.5%预混料	1.43	蛋氨酸	0.852
盐	1.37	蛋氨酸+胱氨酸	1.401
赖氨酸(98%)	0.83	苏氨酸	1.496
蛋氨酸(DL-Met)	0.23	色氨酸	0.419
氯化胆碱	0.23	代谢能/(千卡/千克)	2554

配方 15（主要蛋白原料为豆粕、玉米蛋白粉、DDGS——
喷浆干酒糟、水解羽毛粉）

原料名称	含量/%	营养素名称	营养含量/%
大豆粕	48.77	粗蛋白	38.7
玉米蛋白粉(60%粗蛋白)	14.29	钙	2.82
DDGS——喷浆干酒糟	14.29	总磷	1.21
水解羽毛粉	5.71	可利用磷	0.98
磷酸氢钙	4.8	盐	1.4
石粉	4.54	赖氨酸	2.232
猪油	3.57	蛋氨酸	0.819
0.5%预混料	1.43	蛋氨酸+胱氨酸	1.487
盐	1.29	苏氨酸	1.597
赖氨酸(98%)	0.89	色氨酸	0.406
氯化胆碱	0.23	代谢能/(千卡/千克)	2554
蛋氨酸(DL-Met)	0.2		

配方 16（主要蛋白原料为豆粕、玉米蛋白粉、DDGS——喷浆干酒糟）

原料名称	含量/%	营养素名称	营养含量/%
大豆粕	54.86	粗蛋白	37.2
玉米蛋白粉(60%粗蛋白)	14.29	钙	2.81
DDGS——喷浆干酒糟	14.29	总磷	1.2
肉骨粉	5.71	可利用磷	0.97
石粉	4.4	盐	1.4
磷酸氢钙	5.0	赖氨酸	2.228
猪油	3.26	蛋氨酸	0.814
0.5%预混料	1.43	蛋氨酸+胱氨酸	1.416
盐	1.31	苏氨酸	1.530
赖氨酸(98%)	0.74	色氨酸	0.422
氯化胆碱	0.23	代谢能/(千卡/千克)	2506
蛋氨酸(DL-Met)	0.17		

三、肉大鸡浓缩料配方

浓缩料按30%添加，即配比为玉米70＋浓缩料30＝全价料。

配方 17 （主要蛋白原料为豆粕、玉米蛋白粉、棉籽粕）

原料名称	含量/%	营养素名称	营养含量/%
大豆粕	49.6	粗蛋白	39.7
玉米蛋白粉（60%粗蛋白）	16.67	钙	2.62
棉籽粕	11.87	总磷	1.2
猪油	7.43	可利用磷	0.93
磷酸氢钙	4.43	盐	1.12
石粉	4.27	赖氨酸	3.433
赖氨酸（98%）	2.37	蛋氨酸	0.931
0.5%预混料	1.67	苏氨酸	1.435
盐	1.1	色氨酸	0.45
蛋氨酸（DL-Met）	0.33	代谢能/（千卡/千克）	2773
氯化胆碱	0.27		

配方 18 （主要蛋白原料为豆粕、玉米蛋白粉、菜籽粕）

原料名称	含量/%	营养素名称	营养含量/%
大豆粕	47.73	粗蛋白	39
玉米蛋白粉（60%粗蛋白）	16.67	钙	2.62
菜籽粕	14.1	总磷	1.2
猪油	7.6	可利用磷	0.92
磷酸氢钙	4.27	盐	1.11
石粉	4.2	赖氨酸	3.429
赖氨酸（98%）	2.43	蛋氨酸	0.631
0.5%预混料	1.67	苏氨酸	1.454
盐	1.07	色氨酸	0.445
氯化胆碱	0.27	代谢能/（千卡/千克）	2774

配方 19 （主要蛋白原料为豆粕、玉米蛋白粉、
菜籽粕、水解羽毛粉）

原料名称	含量/%	营养素名称	营养含量/%
大豆粕	43.32	粗蛋白	39
菜籽粕	15.79	钙	2.62
玉米蛋白粉（60%粗蛋白）	11.7	总磷	1.2
猪油	8.6	可利用磷	0.93
水解羽毛粉	8.33	盐	1.12
石粉	4.27	赖氨酸	2.282
磷酸氢钙	4.1	蛋氨酸	0.661
0.5%预混料	1.67	苏氨酸	1.585
赖氨酸（98%）	0.97	色氨酸	0.438
盐	0.93	代谢能/（千卡/千克）	2775
氯化胆碱	0.27		
蛋氨酸（DL-Met）	0.07		

配方 20 （主要蛋白原料为豆粕、玉米蛋白粉、菜籽粕）

原料名称	含量/%	营养素名称	营养含量/%
大豆粕	49.06	粗蛋白	38.3
菜籽粕	16.67	钙	2.76
玉米蛋白粉（60%粗蛋白）	14.1	总磷	1.2
猪油	7.74	可利用磷	0.93
石粉	4.47	盐	1.1
磷酸氢钙	4.27	赖氨酸	2.203
0.5%预混料	1.67	蛋氨酸	0.640
盐	0.93	苏氨酸	1.490
赖氨酸（98%）	0.8	色氨酸	0.451
氯化胆碱	0.27	代谢能/(千卡/千克)	2711

配方 21 （主要蛋白原料为豆粕、玉米蛋白粉、DDGS——喷浆干酒糟、棉籽粕）

原料名称	含量/%	营养素名称	营养含量/%
大豆粕	47.53	粗蛋白	38.7
玉米蛋白粉（60%粗蛋白）	16.67	钙	2.62
DDGS——喷浆干酒糟	10	总磷	1.2
猪油	6.83	可利用磷	0.96
棉籽粕	5.07	盐	1.12
磷酸氢钙	4.77	赖氨酸	3.076
石粉	2.03	蛋氨酸	0.652
赖氨酸（98%）	2.03	苏氨酸	1.435
0.5%预混料	1.67	色氨酸	0.406
盐	1.1	代谢能/(千卡/千克)	2774
氯化胆碱	0.27		
蛋氨酸（DL-Met）	0.03		

配方 22 （主要蛋白原料为豆粕、棉籽粕、菜籽粕、花生粕）

原料名称	含量/%	营养素名称	营养含量/%
大豆粕	37.2	粗蛋白	35.4
棉籽粕	13.33	钙	2.64
菜籽粕	13.33	总磷	1.3
花生粕	11.5	可利用磷	0.98
猪油	9.9	盐	1.16
磷酸氢钙	4.57	赖氨酸	3.034
石粉	4.03	蛋氨酸	1.507
赖氨酸（98%）	2	苏氨酸	1.2
0.5%预混料	1.67	色氨酸	0.421
盐	1.1	代谢能/(千卡/千克)	2649
蛋氨酸（DL-Met）	1.1		
氯化胆碱	0.27		

配方 23（主要蛋白原料为豆粕、菜籽粕）

原料名称	含量/%	营养素名称	营养含量/%
大豆粕	66.77	粗蛋白	33.8
猪油	10.67	钙	2.62
菜籽粕	10.5	总磷	1.2
石粉	3.93	可利用磷	0.95
磷酸氢钙	4.47	盐	1.11
0.5%预混料	1.67	赖氨酸	2.235
盐	0.97	蛋氨酸	0.633
赖氨酸(98%)	0.57	苏氨酸	1.432
氯化胆碱	0.27	色氨酸	0.48
蛋氨酸(DL-Met)	0.13	代谢能/(千卡/千克)	2720

配方 24（主要蛋白原料为豆粕、棉籽粕、水解羽毛粉、花生粕）

原料名称	含量/%	营养素名称	营养含量/%
大豆粕	46.18	粗蛋白	36.4
棉籽粕	15.77	钙	2.62
猪油	11.14	总磷	1.2
水解羽毛粉	8.34	可利用磷	0.94
花生粕	6.14	盐	1.11
石粉	4.33	赖氨酸	2.26
磷酸氢钙	4.2	蛋氨酸	0.637
0.5%预混料	1.67	苏氨酸	1.436
盐	0.93	色氨酸	0.444
赖氨酸(98%)	0.83	代谢能/(千卡/千克)	2773
氯化胆碱	0.27		
蛋氨酸(DL-Met)	0.2		

第二节　配合饲料配方

配合饲料是动物营养和饲料科学的研究成果，它是利用加工工艺把各种不同的组分（原料）均匀混合在一起，从而保证有效成分的稳定一致。饲喂配合饲料能提高动物平衡摄入营养物质的程度，提高采食量，减少浪费，从而提高生产性能。它是根据动物的不同生长阶段、不同生理要求、不同生产用途的营养需要以及以饲料营养价值评定的实验和研究为基础，按科学配方把不同来源的原料，依一定比例均匀混合，并按规定的工艺流程生产以满足各种实际需求的饲料。它是一种以营养物质为基础，以营养需要为尺度，由一种以上饲料原料按适宜比例和适宜细度均匀组成的饲料，它是能够全面满足饲喂对象的营养需要，不需要另外添加任何营养性物质的配合饲料。配合饲料是养分种类齐全、数量足够、比例平衡、可直接饲喂动物的一种饲料。

一、肉小鸡配合饲料配方

参照 NRC 标准（表 3-1）并做相应调整。

表 3-1　NRC（美国国家研究委员会）**营养需要**（1994 年修订）

营 养 素	0～3 周	3～6 周	6～8 周
代谢能/（千卡/千克）	3200	3200	3200
粗蛋白/%	23.00	20.00	18.00
赖氨酸/%	1.10	1.00	0.85
蛋氨酸/%	0.50	0.38	0.32
蛋氨酸+胱氨酸/%	0.90	0.72	0.60
苏氨酸/%	0.80	0.74	0.68
色氨酸/%	0.20	0.18	0.16
钙/%	1.00	0.90	0.80
氯/%	0.20	0.15	0.12
非植酸磷/%	0.45	0.40	0.30
钠/%	0.20	0.15	0.12

注：能量需要受环境和房舍系统的影响。必须考虑这些因素以便使体重维持在适宜的范围内。肉鸡不需要蛋白质本身，但必须供给充裕的粗蛋白以保证非必需氨基酸合成的氮供给。本推荐值是根据玉米-豆粕日粮确定的，添加合成氨基酸时可适当降低粗蛋白水平。

（一）玉米-豆粕型

配方 25 （主要蛋白原料为豆粕）

原料名称	含量/%	营养素名称	营养含量/%
玉米	55.75	粗蛋白	20.7
大豆粕	35.17	钙	1.00
次粉	4.00	总磷	0.71
磷酸氢钙	1.75	可利用磷	0.45
猪油	1.20	盐	0.31
石粉	1.00	赖氨酸	1.085
盐	0.28	蛋氨酸	0.52
0.5%预混料	0.5	蛋氨酸＋胱氨酸	0.890
氯化胆碱	0.1	苏氨酸	0.791
赖氨酸（98%）	0.08	色氨酸	0.263
蛋氨酸（DL-Met）	0.17	代谢能/（千卡/千克）	2898

配方 26 （主要蛋白原料为豆粕）

原料名称	含量/%	营养素名称	营养含量/%
玉米	51.27	粗蛋白	21.3
大豆粕	37.10	钙	1.00
次粉	5.00	总磷	0.72
猪油	2.80	可利用磷	0.45
磷酸氢钙	1.75	盐	0.30
石粉	0.96	赖氨酸	1.132
盐	0.26	蛋氨酸	0.523
0.5%预混料	0.5	蛋氨酸＋胱氨酸	0.900
氯化胆碱	0.1	苏氨酸	0.819
赖氨酸（98%）	0.08	色氨酸	0.274
蛋氨酸（DL-Met）	0.18	代谢能/（千卡/千克）	2970

配方 27 （主要蛋白原料为豆粕）

原料名称	含量/%	营养素名称	营养含量/%
玉米	56.93	粗蛋白	20.3
大豆粕	33.90	钙	1.00
次粉	5.00	总磷	0.71
磷酸氢钙	1.76	可利用磷	0.45
石粉	0.98	盐	0.30
猪油	0.30	赖氨酸	1.068
盐	0.26	蛋氨酸	0.516
0.5%预混料	0.5	蛋氨酸＋胱氨酸	0.883
氯化胆碱	0.1	苏氨酸	0.778
赖氨酸（98%）	0.08	色氨酸	0.258
蛋氨酸（DL-Met）	0.19	代谢能/（千卡/千克）	2846

配方 28（主要蛋白原料为豆粕、加酶）

原料名称	含量/%	营养素名称	营养含量/%
玉米	58.10	粗蛋白	19.8
大豆粕	33.32	钙	0.84
次粉	5.00	总磷	0.73
磷酸氢钙	1.0	可利用磷	0.45
石粉	0.9	盐	0.32
猪油	0.50	赖氨酸	1.095
盐	0.28	蛋氨酸	0.459
0.5%预混料	0.5	蛋氨酸＋胱氨酸	0.798
氯化胆碱	0.1	苏氨酸	0.758
赖氨酸（98%）	0.13	色氨酸	0.252
蛋氨酸（DL-Met）	0.16	代谢能/（千卡/千克）	2939
植酸酶	0.012		

配方 29（主要蛋白原料为豆粕、加酶）

原料名称	含量/%	营养素名称	营养含量/%
玉米	56.84	粗蛋白	20.2
大豆粕	34.5	钙	0.84
次粉	5.00	总磷	0.73
植酸酶	0.012	可利用磷	0.45
猪油	0.50	盐	0.32
磷酸氢钙	1.21	赖氨酸	1.11
石粉	0.89	蛋氨酸	0.454
盐	0.28	蛋氨酸＋胱氨酸	0.799
0.5%预混料	0.5	苏氨酸	0.776
氯化胆碱	0.1	色氨酸	0.258
赖氨酸（98%）	0.12	代谢能/（千卡/千克）	2929
蛋氨酸（DL-Met）	0.15		

配方 30（主要蛋白原料为豆粕、加酶）

原料名称	含量/%	营养素名称	营养含量/%
玉米	58.32	粗蛋白	19.5
大豆粕	32.50	钙	0.84
次粉	5.00	总磷	0.72
磷酸氢钙	1.20	可利用磷	0.45
植酸酶	0.012	盐	0.31
石粉	0.90	赖氨酸	1.085
盐	0.28	蛋氨酸	0.445
0.5%预混料	0.5	蛋氨酸＋胱氨酸	0.779
氯化胆碱	0.1	苏氨酸	0.745
赖氨酸（98%）	0.14	色氨酸	0.247
蛋氨酸（DL-Met）	0.15	代谢能/（千卡/千克）	2957

配方 31（主要蛋白原料为豆粕、DDGS——喷浆干酒糟、

棉籽粕、菜籽粕与玉米蛋白粉）

原料名称	含量/%	营养素名称	营养含量/%
玉米	64.24	粗蛋白	19.7
DDGS——喷浆干酒糟	2.00	钙	0.77
去皮豆粕	23.15	总磷	0.67
棉籽粕	2.00	可利用磷	0.41
菜籽粕	2.00	盐	0.37
玉米蛋白粉(60%粗蛋白)	3.00	赖氨酸	1.053
油脂	0.5	蛋氨酸	0.475
食盐	0.29	蛋氨酸＋胱氨酸	0.816
石粉	0.9	苏氨酸	0.704
磷酸氢钙	1.1	代谢能/(千卡/千克)	2971
氯化胆碱	0.10		
赖氨酸(65%)	0.25		
蛋氨酸(DL-Met)	0.15		
植酸酶(5000 单位)	0.01		
肉鸡多维多矿	0.30		

配方 32（主要蛋白原料为豆粕、DDGS——喷浆干酒糟、

棉籽粕、菜籽粕与玉米蛋白粉）

原料名称	含量/%	原料名称	含量/%
玉米	65.12	植酸酶(5000 单位)	0.01
DDGS——喷浆干酒糟	2.00	肉鸡多维多矿	0.30
去皮豆粕	22.71	营养素名称	营养含量/%
棉籽粕	2.00	粗蛋白	19.5
菜籽粕	2.00	钙	0.77
玉米蛋白粉(60%粗蛋白)	3.00	总磷	0.69
食盐	0.28	可利用磷	0.43
石粉	0.85	盐	0.37
磷酸氢钙	1.10	赖氨酸	1.05
氯化胆碱	0.10	蛋氨酸	0.474
赖氨酸(65%)	0.26	蛋氨酸＋胱氨酸	0.814
蛋氨酸(DL-Met)	0.15	苏氨酸	0.699
		代谢能/(千卡/千克)	2956

配方 33（主要蛋白原料为豆粕、DDGS——喷浆干酒糟、
棉籽粕、菜籽粕与玉米蛋白粉）

原料名称	含量/%	原料名称	含量/%
玉米	62.32	植酸酶(5000 单位)	0.01
DDGS——喷浆干酒糟	3.00	肉鸡多维多矿	0.30
去皮豆粕	24.50	营养素名称	营养含量/%
棉籽粕	2.00	粗蛋白	20.4
菜籽粕	2.00	钙	0.79
玉米蛋白粉(60%粗蛋白)	3.00	总磷	0.70
食盐	0.28	可利用磷	0.43
石粉	0.90	盐	0.29
磷酸氢钙	1.1	赖氨酸	1.083
氯化胆碱	0.10	蛋氨酸	0.487
赖氨酸(65%)	0.24	蛋氨酸＋胱氨酸	0.838
蛋氨酸(DL-Met)	0.15	苏氨酸	0.731
		代谢能/(千卡/千克)	2928

配方 34（主要蛋白原料为豆粕、DDGS——喷浆干酒糟、
棉籽粕、菜籽粕与玉米蛋白粉）

原料名称	含量/%	原料名称	含量/%
玉米	63.32	植酸酶(5000 单位)	0.01
DDGS——喷浆干酒糟	3.00	肉鸡多维多矿	0.30
去皮豆粕	22.5	营养素名称	营养含量/%
棉籽粕	3.00	粗蛋白	20.00
菜籽粕	2.00	钙	0.79
玉米蛋白粉(60%粗蛋白)	3.00	总磷	0.70
食盐	0.28	可利用磷	0.43
石粉	0.90	盐	0.38
磷酸氢钙	1.1	赖氨酸	1.051
氯化胆碱	0.10	蛋氨酸	0.481
赖氨酸(65%)	0.24	蛋氨酸＋胱氨酸	0.825
蛋氨酸(DL-Met)	0.15	苏氨酸	0.711
		代谢能/(千卡/千克)	2931

配方 35（主要蛋白原料为豆粕、DDGS——喷浆干酒糟、棉籽粕、菜籽粕与玉米蛋白粉）

原料名称	含量/%	原料名称	含量/%
玉米	64.3	植酸酶（5000 单位）	0.01
DDGS——喷浆干酒糟	1.50	肉鸡多维多矿	0.30
去皮豆粕	25.00	营养素名称	营养含量/%
棉籽粕	2.00	粗蛋白	20.00
菜籽粕	1.00	钙	0.78
玉米蛋白粉（60%粗蛋白）	3.00	总磷	0.68
食盐	0.28	可利用磷	0.42
石粉	0.88	盐	0.34
磷酸氢钙	1.1	赖氨酸	1.09
氯化胆碱	0.10	蛋氨酸	0.508
赖氨酸（65%）	0.26	蛋氨酸＋胱氨酸	0.853
蛋氨酸（DL-Met）	0.18	苏氨酸	0.718
		代谢能/（千卡/千克）	2957

（二）玉米-豆粕-杂粮型

配方 36（主要蛋白原料为豆粕、棉籽粕、花生粕）

原料名称	含量/%	营养素名称	营养含量/%
玉米	53.9	粗蛋白	21.0
大豆粕	30.00	钙	1.00
次粉	5.00	总磷	0.71
棉籽粕	3.00	可利用磷	0.45
花生粕	3.00	盐	0.30
磷酸氢钙	1.70	赖氨酸	1.049
油脂	1.62	蛋氨酸	0.512
石粉	1.02	蛋氨酸＋胱氨酸	0.874
盐	0.26	苏氨酸	0.767
0.5%预混料	0.5	色氨酸	0.258
氯化胆碱	0.1	代谢能/（千卡/千克）	2897
赖氨酸（98%）	0.17		
蛋氨酸（DL-Met）	0.2		

配方 37（主要蛋白原料为豆粕、棉籽粕、花生粕、菜籽粕）

原料名称	含量/%	原料名称	含量/%
玉米	53.49	蛋氨酸（DL-Met）	0.16
大豆粕	28.00	营养素名称	营养含量/%
次粉	4.00	粗蛋白	20.7
棉籽粕	3.00	钙	0.99
花生粕	2.80	总磷	0.71
菜籽粕	2.70	可利用磷	0.45
油脂	2.17	盐	0.29
磷酸氢钙	1.68	赖氨酸	1.041
石粉	1.00	蛋氨酸	0.501
盐	0.25	蛋氨酸＋胱氨酸	0.869
0.5%预混料	0.5	苏氨酸	0.763
氯化胆碱	0.1	色氨酸	0.254
赖氨酸（98%）	0.15	代谢能/（千卡/千克）	2890

配方 38（主要蛋白原料为豆粕、棉籽粕、菜籽粕、花生粕、水解羽毛粉）

原料名称	含量/%	原料名称	含量/%
玉米	54.44	蛋氨酸（DL-Met）	0.2
大豆粕	24.00	营养素名称	营养含量/%
次粉	5.00	粗蛋白	20.8
棉籽粕	3.00	钙	1.00
菜籽粕	3.00	总磷	0.70
花生粕	3.00	可利用磷	0.45
水解羽毛粉	2.00	盐	0.30
磷酸氢钙	1.61	赖氨酸	1.083
油脂	1.60	蛋氨酸	0.494
石粉	1.08	蛋氨酸＋胱氨酸	0.898
盐	0.26	苏氨酸	0.777
0.5%预混料	0.5	色氨酸	0.242
氯化胆碱	0.1	代谢能/（千卡/千克）	2894
赖氨酸（98%）	0.21		

配方 39（主要蛋白原料为豆粕、菜籽粕、花生粕、加酶）

原料名称	含量/%	原料名称	含量/%
玉米	59.00	蛋氨酸（DL-Met）	0.19
大豆粕	26.0	营养素名称	营养含量/%
次粉	5.00	粗蛋白	19.2
菜籽粕	2.00	钙	0.81
花生粕	3.00	总磷	0.69
油脂	0.5	可利用磷	0.43
植酸酶	0.01	盐	0.38
磷酸氢钙	1.12	赖氨酸	1.054
石粉	0.92	蛋氨酸	0.471
盐	0.30	蛋氨酸＋胱氨酸	0.799
0.5%预混料	0.5	苏氨酸	0.708
氯化胆碱	0.1	色氨酸	0.231
赖氨酸（98%）	0.18	代谢能/（千卡/千克）	2934

配方 40（主要蛋白原料为豆粕、花生粕、棉籽粕）

原料名称	含量/%	营养素名称	营养含量/%
玉米	51.00	粗蛋白	21.8
大豆粕	32.00	钙	1.00
次粉	5.00	总磷	0.72
油脂	2.12	可利用磷	0.45
花生粕	3.00	盐	0.30
棉籽粕	2.90	赖氨酸	1.100
磷酸氢钙	1.71	蛋氨酸	0.529
石粉	1.00	蛋氨酸＋胱氨酸	0.900
盐	0.26	苏氨酸	0.800
0.5%预混料	0.5	色氨酸	0.271
氯化胆碱	0.1	代谢能/（千卡/千克）	2940
赖氨酸（98%）	0.21		
蛋氨酸（DL-Met）	0.2		

配方41（主要蛋白原料为豆粕、棉籽粕、菜籽粕、花生粕）

原料名称	含量/%	原料名称	含量/%
玉米	50.00	蛋氨酸（DL-Met）	0.19
大豆粕	29.60	营养素名称	营养含量/%
次粉	5.00	粗蛋白	21.7
油脂	2.49	钙	1.00
棉籽粕	3.00	总磷	0.73
菜籽粕	3.00	可利用磷	0.45
花生粕	3.00	盐	0.30
磷酸氢钙	1.68	赖氨酸	1.100
石粉	0.99	蛋氨酸	0.519
盐	0.25	蛋氨酸+胱氨酸	0.900
0.5%预混料	0.5	苏氨酸	0.800
氯化胆碱	0.1	色氨酸	0.269
赖氨酸（98%）	0.2	代谢能/（千卡/千克）	2945

配方42（主要蛋白原料为豆粕、棉籽粕、菜籽粕、
花生粕、水解羽毛粉）

原料名称	含量/%	原料名称	含量/%
玉米	54.13	蛋氨酸（DL-Met）	0.18
大豆粕	25.25	营养素名称	营养含量/%
次粉	4.00	粗蛋白	21.4
油脂	1.22	钙	1.00
棉籽粕	3.00	总磷	0.71
菜籽粕	3.00	可利用磷	0.45
花生粕	3.00	盐	0.30
水解羽毛粉	2.50	赖氨酸	1.100
磷酸氢钙	1.63	蛋氨酸	0.500
石粉	1.06	蛋氨酸+胱氨酸	0.917
盐	0.21	苏氨酸	0.804
0.5%预混料	0.5	色氨酸	0.248
氯化胆碱	0.1	代谢能/（千卡/千克）	2910
赖氨酸（98%）	0.22		

配方 43（主要蛋白原料为豆粕、棉籽粕、花生粕）

原料名称	含量/%	营养素名称	营养含量/%
玉米	55.88	粗蛋白	20.7
大豆粕	29.25	钙	0.99
次粉	4.00	总磷	0.71
棉籽粕	3.00	可利用磷	0.45
花生粕	3.00	盐	0.30
磷酸氢钙	1.70	赖氨酸	1.029
石粉	1.01	蛋氨酸	0.509
油脂	0.95	蛋氨酸＋胱氨酸	0.867
盐	0.26	苏氨酸	0.754
0.5%预混料	0.5	色氨酸	0.253
氯化胆碱	0.1	代谢能/（千卡/千克）	2859
赖氨酸（98%）	0.17		
蛋氨酸（DL-Met）	0.18		

配方 44（主要蛋白原料为去皮豆粕、棉籽粕、花生粕、
DDGS——喷浆干酒糟）

原料名称	含量/%	原料名称	含量/%
玉米	61.00	肉鸡多维多矿	0.30
油脂	1.00	营养素名称	营养含量/%
去皮豆粕	25.32	粗蛋白	20.84
花生粕	3.00	钙	0.90
棉籽粕	3.00	总磷	0.78
DDGS——喷浆干酒糟	3.00	可利用磷	0.45
食盐	0.30	盐	0.58
石粉	1.15	赖氨酸	1.43
磷酸氢钙	1.61	蛋氨酸	0.50
氯化胆碱	0.10	蛋氨酸＋胱氨酸	0.84
赖氨酸（98%）	0.08	苏氨酸	0.74
蛋氨酸	0.14	代谢能/（千卡/千克）	2897

配方 45（主要蛋白原料为豆粕、棉籽粕、菜籽粕、花生粕）

原料名称	含量/%	原料名称	含量/%
玉米	54.8	蛋氨酸（DL-Met）	0.19
大豆粕	27.00	营养素名称	营养含量/%
次粉	4.00	粗蛋白	20.7
棉籽粕	3.00	钙	0.99
菜籽粕	3.00	总磷	0.72
花生粕	3.00	可利用磷	0.45
磷酸氢钙	1.67	盐	0.29
油脂	1.31	赖氨酸	1.034
石粉	1.00	蛋氨酸	0.501
盐	0.25	蛋氨酸＋胱氨酸	0.869
0.5%预混料	0.5	苏氨酸	0.757
氯化胆碱	0.1	色氨酸	0.251
赖氨酸（98%）	0.18	代谢能/（千卡/千克）	2860

配方 46（主要蛋白原料为豆粕、棉籽粕、菜籽粕、花生粕、水解羽毛粉）

原料名称	含量/%	原料名称	含量/%
玉米	57.43	蛋氨酸（DL-Met）	0.18
大豆粕	22.50	营养素名称	营养含量/%
次粉	4.00	粗蛋白	20.6
棉籽粕	3.00	钙	0.99
菜籽粕	3.00	总磷	0.70
花生粕	3.00	可利用磷	0.45
水解羽毛粉	2.50	盐	0.30
磷酸氢钙	1.61	赖氨酸	1.053
石粉	1.08	蛋氨酸	0.491
油脂	0.70	蛋氨酸＋胱氨酸	0.901
盐	0.21	苏氨酸	0.771
0.5%预混料	0.5	色氨酸	0.235
氯化胆碱	0.1	代谢能/（千卡/千克）	2854
赖氨酸（98%）	0.19		

配方 47（主要蛋白原料为豆粕、棉籽粕、花生粕）

原料名称	含量/%	原料名称	含量/%
玉米	58.83	蛋氨酸（DL-Met）	0.18
大豆粕	26.16	营养素名称	营养含量/%
次粉	5.00	粗蛋白	19.3
棉籽粕	3.00	钙	0.82
花生粕	3.00	总磷	0.71
植酸酶	0.01	可利用磷	0.44
油脂	0.8	盐	0.38
磷酸氢钙	1.20	赖氨酸	1.1071
石粉	0.9	蛋氨酸	0.465
盐	0.300	蛋氨酸+胱氨酸	0.789
0.5%预混料	0.5	苏氨酸	0.704
氯化胆碱	0.1	色氨酸	0.235
赖氨酸（98%）	0.22	代谢能/（千卡/千克）	2942

配方 48（主要蛋白原料为去皮豆粕、棉籽粕、花生粕）

原料名称	含量/%	营养素名称	营养含量/%
玉米	55.27	粗蛋白	21.12
次粉	5.00	钙	0.92
油脂	1.64	总磷	0.71
去皮豆粕	29.40	可利用磷	0.45
棉籽粕	3.00	盐	0.55
花生粕	2.00	赖氨酸	1.11
食盐	0.30	蛋氨酸	0.50
石粉	0.98	蛋氨酸+胱氨酸	0.86
磷酸氢钙	1.88	苏氨酸	0.78
氯化胆碱	0.10	代谢能/（千卡/千克）	2886
蛋氨酸	0.14		
肉鸡多维多矿	0.30		

配方 49（主要蛋白原料为去皮豆粕、菜籽粕、菜粕、玉米蛋白粉）

原料名称	含量/%	原料名称	含量/%
玉米	58.05	肉鸡多维多矿	0.30
次粉	5.00	营养素名称	营养含量/%
油脂	0.90	粗蛋白	20.55
去皮豆粕	26.29	钙	0.86
菜籽粕	3.00	总磷	0.68
玉米蛋白粉(60%粗蛋白)	3.00	可利用磷	0.43
食盐	0.30	盐	0.56
石粉	0.96	赖氨酸	1.08
磷酸氢钙	1.59	蛋氨酸	0.49
氯化胆碱	0.10	蛋氨酸＋胱氨酸	0.85
赖氨酸(65%)	0.11	苏氨酸	0.77
蛋氨酸	0.11	代谢能/(千卡/千克)	2921

配方 50（主要蛋白原料为去皮豆粕、棉籽粕、DDGS——喷浆干酒糟、玉米蛋白粉）

原料名称	含量/%	原料名称	含量/%
玉米	55.87	肉鸡多维多矿	0.30
次粉	5.00	营养素名称	营养含量/%
DDGS——喷浆干酒糟	3.00	粗蛋白	21.04
油脂	1.09	钙	0.92
去皮豆粕	26.19	总磷	0.71
棉籽粕	2.00	可利用磷	0.45
玉米蛋白粉(60%粗蛋白)	3.00	盐	0.55
食盐	0.30	赖氨酸	1.10
石粉	1.02	蛋氨酸	0.50
磷酸氢钙	1.85	蛋氨酸＋胱氨酸	0.85
氯化胆碱	0.10	苏氨酸	0.77
赖氨酸(65%)	0.17	代谢能/(千卡/千克)	2898
蛋氨酸	0.11		

配方 51（主要蛋白原料为去皮豆粕、DDGS——喷浆干酒糟、花生粕）

原料名称	含量/%	原料名称	含量/%
玉米	55.73	肉鸡多维多矿	0.30
次粉	5.00	棉仁蛋白	2.00
DDGS——喷浆干酒糟	3.00	营养素名称	营养含量/%
油脂	1.28	粗蛋白	20.72
去皮豆粕	25.35	钙	0.90
棉籽粕	2.00	总磷	0.71
花生粕	2.00	可利用磷	0.45
食盐	0.30	盐	0.55
石粉	1.02	赖氨酸	1.08
磷酸氢钙	1.72	蛋氨酸	0.49
氯化胆碱	0.10	蛋氨酸+胱氨酸	0.84
赖氨酸(65%)	0.08	苏氨酸	0.76
蛋氨酸	0.14	代谢能/(千卡/千克)	2921

配方 52（主要蛋白原料为去皮豆粕、DDGS——喷浆干酒糟、
棉籽粕、花生粕、玉米蛋白粉）

原料名称	含量/%	原料名称	含量/%
玉米	55.84	蛋氨酸	0.12
次粉	5.00	肉鸡多维多矿	0.30
DDGS——喷浆干酒糟	3.00	营养素名称	营养含量/%
油脂	1.03	粗蛋白	21.06
去皮豆粕	23.19	钙	0.92
棉籽粕	3.00	总磷	0.71
花生粕	2.00	可利用磷	0.45
玉米蛋白粉(60%粗蛋白)	3.00	盐	0.55
食盐	0.30	赖氨酸	1.10
石粉	1.03	蛋氨酸	0.50
磷酸氢钙	1.85	蛋氨酸+胱氨酸	0.86
氯化胆碱	0.10	苏氨酸	0.76
赖氨酸(65%)	0.25	代谢能/(千卡/千克)	2906

配方53（主要蛋白原料为去皮豆粕、DDGS——喷浆干酒糟、棉粕、玉米蛋白粉）

原料名称	含量/%	营养素名称	营养含量/%
玉米	55.83	粗蛋白	21.04
次粉	5.00	钙	0.92
DDGS——喷浆干酒糟	3.00	总磷	0.71
油脂	1.01	可利用磷	0.45
去皮豆粕	25.29	盐	0.55
棉粕	3.00	赖氨酸	1.10
玉米蛋白粉(60%粗蛋白)	3.00	蛋氨酸	0.50
食盐	0.30	蛋氨酸+胱氨酸	0.86
石粉	1.03	苏氨酸	0.77
磷酸氢钙	1.84	代谢能/(千卡/千克)	2888
氯化胆碱	0.10		
赖氨酸(65%)	0.19		
蛋氨酸	0.11		
肉鸡多维多矿	0.30		

配方54（主要蛋白原料为去皮豆粕、DDGS——喷浆干酒糟、菜籽粕、玉米蛋白粉）

原料名称	含量/%	原料名称	含量/%
玉米	55.39	肉鸡多维多矿	0.30
次粉	5.00	营养素名称	营养含量/%
DDGS——喷浆干酒糟	3.00	粗蛋白	21.05
油脂	1.15	钙	0.92
去皮豆粕	25.65	总磷	0.71
菜籽粕	3.00	可利用磷	0.45
玉米蛋白粉(60%粗蛋白)	3.00	盐	0.55
食盐	0.30	赖氨酸	1.10
石粉	0.99	蛋氨酸	0.50
磷酸氢钙	1.84	蛋氨酸+胱氨酸	0.86
氯化胆碱	0.10	苏氨酸	0.77
赖氨酸(65%)	0.18	代谢能/(千卡/千克)	2888
蛋氨酸	0.11		

配方 55（主要蛋白原料为去皮豆粕、棉仁蛋白、DDGS——喷浆
干酒糟、玉米蛋白粉）

原料名称	含量/%	原料名称	含量/%
玉米	56.89	肉鸡多维多矿	0.30
次粉	5.00	营养素名称	营养含量/%
DDGS——喷浆干酒糟	3.00	粗蛋白	21.05
油脂	0.69	钙	0.92
去皮豆粕	25.57	总磷	0.71
棉仁蛋白	2.00	可利用磷	0.45
玉米蛋白粉(60%粗蛋白)	3.00	盐	0.56
食盐	0.30	赖氨酸	1.10
石粉	1.03	蛋氨酸	0.50
磷酸氢钙	1.84	蛋氨酸＋胱氨酸	0.85
氯化胆碱	0.10	苏氨酸	0.77
赖氨酸(65%)	0.17	代谢能/(千卡/千克)	2889
蛋氨酸	0.11		

配方 56（主要蛋白原料为去皮豆粕、棉籽粕、菜籽粕、
花生粕、玉米蛋白粉）

原料名称	含量/%	原料名称	含量/%
玉米	54.82	蛋氨酸	0.11
次粉	5.00	肉鸡多维多矿	0.30
DDGS——喷浆干酒糟	3.00	营养素名称	营养含量/%
油脂	1.60	粗蛋白	21.06
去皮豆粕	22.66	钙	0.92
棉籽粕	2.00	总磷	0.71
菜籽粕	2.00	可利用磷	0.45
花生粕	2.00	盐	0.55
玉米蛋白粉(60%粗蛋白)	3.00	赖氨酸	1.10
食盐	0.30	蛋氨酸	0.50
石粉	1.01	蛋氨酸＋胱氨酸	0.86
磷酸氢钙	1.84	苏氨酸	0.76
氯化胆碱	0.10	代谢能/(千卡/千克)	2906
赖氨酸(65%)	0.26		

配方 57（主要蛋白原料为去皮豆粕、棉籽粕）

原料名称	含量/%	营养素名称	营养含量/%
玉米	54.68	粗蛋白	21
次粉	5.00	钙	0.85
油脂	1.34	总磷	0.68
去皮豆粕	32.72	可利用磷	0.45
棉籽粕	3.00	盐	0.29
食盐	0.30	赖氨酸	1.08
石粉	0.94	蛋氨酸	0.32
磷酸氢钙	1.62	蛋氨酸+胱氨酸	0.66
氯化胆碱	0.10	苏氨酸	0.78
肉鸡多维多矿	0.30	代谢能/(千卡/千克)	2900

配方 58（主要蛋白原料为去皮豆粕、棉籽粕、花生粕）

原料名称	含量/%	营养素名称	营养含量/%
玉米	55.23	粗蛋白	20.955
次粉	5.00	钙	0.85
油脂	1.17	总磷	0.68
去皮豆粕	29.03	可利用磷	0.45
棉籽粕	3.00	盐	0.29
花生粕	3.00	赖氨酸	1.10
食盐	0.30	蛋氨酸	0.50
石粉	0.93	蛋氨酸+胱氨酸	0.84
磷酸氢钙	1.66	苏氨酸	0.75
氯化胆碱	0.10	代谢能/(千卡/千克)	2900
肉鸡多维多矿	0.30		
赖氨酸(65%)	0.09		
蛋氨酸	0.19		

配方 59（主要蛋白原料为去皮豆粕、棉籽粕、玉米蛋白粉、花生粕）

原料名称	含量/%	原料名称	含量/%
玉米	57.95	蛋氨酸	0.17
次粉	5.00	营养素名称	营养含量/%
油脂	0.15	粗蛋白	20.95
去皮豆粕	24.20	钙	0.85
棉籽粕	3.00	总磷	0.68
玉米蛋白粉(60%粗蛋白)	3.00	可利用磷	0.45
花生粕	3.00	盐	0.29
食盐	0.30	赖氨酸	1.10
石粉	0.94	蛋氨酸	0.50
磷酸氢钙	1.70	蛋氨酸+胱氨酸	0.84
氯化胆碱	0.10	苏氨酸	0.73
肉鸡多维多矿	0.30	代谢能/(千卡/千克)	2900
赖氨酸(65%)	0.21		

配方 60（主要蛋白原料为去皮豆粕、棉籽粕、玉米蛋白粉、花生粕）

原料名称	含量/%	原料名称	含量/%
玉米	57.44	蛋氨酸（DL-Met）	0.17
次粉	5.00	营养素名称	营养含量/%
油脂	0.56	粗蛋白	20.95
去皮豆粕	24.30	钙	0.85
棉籽粕	3.00	总磷	0.68
玉米蛋白粉（60%粗蛋白）	3.00	可利用磷	0.45
花生粕	3.00	盐	0.29
食盐	0.30	赖氨酸	1.10
石粉	0.94	蛋氨酸	0.50
磷酸氢钙	1.70	蛋氨酸＋胱氨酸	0.84
氯化胆碱	0.10	苏氨酸	0.73
肉鸡多维多矿	0.30	代谢能/（千卡/千克）	2920
赖氨酸（65%）	0.20		

（三）玉米-豆粕加植酸酶型

配方 61（主要蛋白原料为豆粕）

原料名称	含量/%	营养素名称	营养含量/%
玉米	52.78	粗蛋白	21.4
大豆粕	37.15	钙	1.00
次粉	5.00	总磷	0.73
油脂	1.68	可利用磷	0.45
磷酸氢钙	1.19	盐	0.30
石粉	1.12	赖氨酸	1.132
盐	0.26	蛋氨酸	0.508
0.5%预混料	0.5	蛋氨酸＋胱氨酸	0.886
氯化胆碱	0.1	苏氨酸	0.819
赖氨酸（98%）	0.06	色氨酸	0.274
蛋氨酸（DL-Met）	0.15	代谢能/（千卡/千克）	2960
植酸酶	0.01		

配方 62（主要蛋白原料为豆粕）

原料名称	含量/%	营养素名称	营养含量/%
玉米	57.42	粗蛋白	20.4
大豆粕	34.00	钙	0.99
次粉	5.00	总磷	0.72
磷酸氢钙	1.18	可利用磷	0.45
石粉	1.12	盐	0.30
盐	0.26	赖氨酸	1.06
油脂	0.2	蛋氨酸	0.517
0.5%预混料	0.5	蛋氨酸＋胱氨酸	0.884
氯化胆碱	0.1	苏氨酸	0.779
赖氨酸（98%）	0.04	色氨酸	0.258
蛋氨酸（DL-Met）	0.17	代谢能/（千卡/千克）	2900
植酸酶	0.01		

（四）玉米-杂粮加植酸酶型

配方 63（主要蛋白原料为豆粕、棉籽粕）

原料名称	含量/%	营养素名称	营养含量/%
玉米	57.45	粗蛋白	20.4
大豆粕	31.05	钙	1.01
次粉	5.00	总磷	0.73
棉籽粕	3.00	可利用磷	0.45
石粉	1.22	盐	0.31
磷酸氢钙	1.15	赖氨酸	1.037
盐	0.27	蛋氨酸	0.513
0.5%预混料	0.5	蛋氨酸＋胱氨酸	0.877
氯化胆碱	0.1	苏氨酸	0.762
赖氨酸（98%）	0.07	色氨酸	0.253
蛋氨酸（DL-Met）	0.19	代谢能/（千卡/千克）	2870
植酸酶	0.01		

配方 64（主要蛋白原料为豆粕、菜籽粕、棉籽粕）

原料名称	含量/%	营养素名称	营养含量/%
玉米	56.31	粗蛋白	20.6
大豆粕	30.00	钙	0.97
次粉	5.00	总磷	0.74
菜籽粕	3.00	可利用磷	0.45
棉籽粕	2.40	盐	0.30
石粉	1.11	赖氨酸	1.062
磷酸氢钙	1.10	蛋氨酸	0.509
盐	0.26	蛋氨酸＋胱氨酸	0.888
0.5%预混料	0.5	苏氨酸	0.778
氯化胆碱	0.1	色氨酸	0.256
赖氨酸（98%）	0.07	代谢能/（千卡/千克）	2850
蛋氨酸（DL-Met）	0.14		
植酸酶	0.01		

配方 65（主要蛋白原料为豆粕、棉籽粕、菜籽粕、水解羽毛粉）

原料名称	含量/%	原料名称	含量/%
玉米	57.54	植酸酶	0.01
大豆粕	25.49	营养素名称	营养含量/%
次粉	5.00	粗蛋白	20.8
棉籽粕	3.00	钙	1.02
菜籽粕	3.00	总磷	0.73
水解羽毛粉	2.50	可利用磷	0.45
石粉	1.29	盐	0.38
磷酸氢钙	1.06	赖氨酸	1.087
盐	0.30	蛋氨酸	0.499
0.5%预混料	0.5	蛋氨酸+胱氨酸	0.924
氯化胆碱	0.1	苏氨酸	0.792
赖氨酸(98%)	0.08	色氨酸	0.241
蛋氨酸(DL-Met)	0.13	代谢能/(千卡/千克)	2867

配方 66（主要蛋白原料为豆粕、菜籽粕、水解羽毛粉、花生粕、棉籽粕）

原料名称	含量/%	原料名称	含量/%
玉米	55.13	蛋氨酸(DL-Met)	0.18
大豆粕	25.36	植酸酶	0.01
次粉	5.00	营养素名称	营养含量/%
菜籽粕	3.00	粗蛋白	21.4
水解羽毛粉	2.50	钙	1.00
花生粕	2.33	总磷	0.72
棉籽粕	2.32	可利用磷	0.45
石粉	1.23	盐	0.37
磷酸氢钙	1.06	赖氨酸	1.109
油脂	0.80	蛋氨酸	0.501
盐	0.28	蛋氨酸+胱氨酸	0.927
0.5%预混料	0.5	苏氨酸	0.804
氯化胆碱	0.1	色氨酸	0.247
赖氨酸(98%)	0.2	代谢能/(千卡/千克)	2911

配方 67（主要蛋白原料为豆粕、菜籽粕、花生粕、棉籽粕）

原料名称	含量/%	原料名称	含量/%
玉米	54.09	植酸酶	0.01
大豆粕	29.00	营养素名称	营养含量/%
次粉	5.00	粗蛋白	21.0
菜籽粕	3.00	钙	1.00
花生粕	3.00	总磷	0.73
棉籽粕	1.60	可利用磷	0.45
石粉	1.16	盐	0.30
磷酸氢钙	1.11	赖氨酸	1.064
油脂	0.88	蛋氨酸	0.507
盐	0.25	蛋氨酸＋胱氨酸	0.882
0.5%预混料	0.5	苏氨酸	0.778
氯化胆碱	0.1	色氨酸	0.259
赖氨酸(98%)	0.14	代谢能/(千卡/千克)	2900
蛋氨酸(DL-Met)	0.16		

配方 68（主要蛋白原料为豆粕、花生粕、棉籽粕）

原料名称	含量/%	原料名称	含量/%
玉米	55.18	植酸酶	0.01
大豆粕	30.00	营养素名称	营养含量/%
次粉	5.00	粗蛋白	21.0
花生粕	3.00	钙	1.00
棉籽粕	2.74	总磷	0.73
石粉	1.16	可利用磷	0.45
磷酸氢钙	1.15	盐	0.30
油脂	0.57	赖氨酸	1.087
盐	0.26	蛋氨酸	0.513
0.5%预混料	0.5	蛋氨酸＋胱氨酸	0.876
氯化胆碱	0.1	苏氨酸	0.767
赖氨酸(98%)	0.16	色氨酸	0.258
蛋氨酸(DL-Met)	0.17	代谢能/(千卡/千克)	2901

配方 69（主要蛋白原料为豆粕、棉籽粕、花生粕）

原料名称	含量/%	原料名称	含量/%
玉米	51.39	植酸酶	0.01
大豆粕	32.00	营养素名称	营养含量/%
次粉	5.00	粗蛋白	21.7
棉籽粕	3.00	钙	1.00
花生粕	3.00	总磷	0.73
油脂	2.14	可利用磷	0.45
石粉	1.16	盐	0.30
磷酸氢钙	1.13	赖氨酸	1.088
盐	0.26	蛋氨酸	0.510
0.5%预混料	0.5	蛋氨酸+胱氨酸	0.880
氯化胆碱	0.1	苏氨酸	0.794
赖氨酸(98%)	0.15	色氨酸	0.269
蛋氨酸(DL-Met)	0.16	代谢能/(千卡/千克)	2971

配方 70（主要蛋白原料为豆粕、棉籽粕、花生粕、菜籽粕）

原料名称	含量/%	原料名称	含量/%
玉米	51.9	植酸酶	0.01
大豆粕	28.63	营养素名称	营养含量/%
次粉	5.00	粗蛋白	21.1
棉籽粕	3.00	钙	1.00
花生粕	3.00	总磷	0.73
菜籽粕	2.63	可利用磷	0.45
油脂	2.41	盐	0.31
石粉	1.15	赖氨酸	1.031
磷酸氢钙	1.10	蛋氨酸	0.495
盐	0.26	蛋氨酸+胱氨酸	0.868
0.5%预混料	0.5	苏氨酸	0.776
氯化胆碱	0.1	色氨酸	0.260
赖氨酸(98%)	0.16	代谢能/(千卡/千克)	2978
蛋氨酸(DL-Met)	0.15		

配方 71（主要蛋白原料为豆粕、棉籽粕、花生粕、水解羽毛粉）

原料名称	含量/%	原料名称	含量/%
玉米	54.53	植酸酶	0.01
大豆粕	27.00	营养素名称	营养含量/%
次粉	5.00	粗蛋白	21.6
棉籽粕	3.00	钙	1.00
花生粕	3.00	总磷	0.71
水解羽毛粉	2.50	可利用磷	0.45
油脂	1.55	盐	0.30
石粉	1.24	赖氨酸	1.058
磷酸氢钙	1.06	蛋氨酸	0.489
盐	0.22	蛋氨酸＋胱氨酸	0.903
0.5%预混料	0.5	苏氨酸	0.801
氯化胆碱	0.1	色氨酸	0.250
赖氨酸（98%）	0.14	代谢能/（千卡/千克）	2970
蛋氨酸（DL-Met）	0.15		

（五）玉米-玉米副产品型

配方 72（主要蛋白原料为豆粕、棉籽粕、玉米蛋白粉）

原料名称	含量/%	营养素名称	营养含量/%
玉米	56.97	粗蛋白	20.5
大豆粕	27.38	钙	0.99
次粉	5.00	总磷	0.70
棉籽粕	3.00	可利用磷	0.45
玉米蛋白粉（60%粗蛋白）	3.00	盐	0.30
磷酸氢钙	1.73	赖氨酸	1.027
石粉	1.02	蛋氨酸	0.50
油脂	0.74	蛋氨酸＋胱氨酸	0.869
盐	0.26	苏氨酸	0.758
0.5%预混料	0.5	色氨酸	0.241
氯化胆碱	0.1	代谢能/（千卡/千克）	2901
赖氨酸（98%）	0.14		
蛋氨酸（DL-Met）	0.16		

配方 73（主要蛋白原料为豆粕、菜籽粕、玉米蛋白粉、花生粕）

原料名称	含量/%	原料名称	含量/%
玉米	56.53	蛋氨酸(DL-Met)	0.17
大豆粕	25.08	营养素名称	营养含量/%
次粉	5.00	粗蛋白	20.6
菜籽粕	3.00	钙	1.00
玉米蛋白粉(60%粗蛋白)	3.00	总磷	0.70
花生粕	2.76	可利用磷	0.45
磷酸氢钙	1.72	盐	0.30
石粉	1.00	赖氨酸	1.08
油脂	0.70	蛋氨酸	0.518
盐	0.26	蛋氨酸+胱氨酸	0.894
0.5%预混料	0.5	苏氨酸	0.759
氯化胆碱	0.1	色氨酸	0.238
赖氨酸(98%)	0.18	代谢能/(千卡/千克)	2901

配方 74（主要蛋白原料为豆粕、菜籽粕、花生粕、
玉米蛋白粉、水解羽毛粉、棉籽粕）

原料名称	含量/%	原料名称	含量/%
玉米	59.28	赖氨酸(98%)	0.15
大豆粕	17.10	蛋氨酸(DL-Met)	0.18
次粉	5.00	营养素名称	营养含量/%
菜籽粕	3.00	粗蛋白	20.6
花生粕	3.00	钙	1.00
玉米蛋白粉(60%粗蛋白)	3.00	总磷	0.68
水解羽毛粉	3.00	可利用磷	0.45
棉籽粕	2.33	盐	0.30
磷酸氢钙	1.61	赖氨酸	1.033
石粉	1.12	蛋氨酸	0.484
油脂	0.35	蛋氨酸+胱氨酸	0.911
盐	0.28	苏氨酸	0.759
0.5%预混料	0.5	色氨酸	0.214
氯化胆碱	0.1	代谢能/(千卡/千克)	2902

配方75（主要蛋白原料为豆粕、棉籽粕、菜籽粕、花生粕、玉米蛋白粉、水解羽毛粉、DDGS——喷浆干酒糟）

原料名称	含量/%	原料名称	含量/%
玉米	54.26	赖氨酸（98%）	0.18
大豆粕	17.72	蛋氨酸（DL-Met）	0.16
次粉	5.00	营养素名称	营养含量/%
棉籽粕	3.00	粗蛋白	21.5
菜籽粕	3.00	钙	1.00
花生粕	3.00	总磷	0.69
玉米蛋白粉（60%粗蛋白）	3.00	可利用磷	0.45
水解羽毛粉	3.00	盐	0.41
DDGS——喷浆干酒糟	3.00	赖氨酸	1.052
油脂	1.10	蛋氨酸	0.488
磷酸氢钙	1.56	蛋氨酸+胱氨酸	0.922
石粉	1.14	苏氨酸	0.788
盐	0.28	色氨酸	0.223
0.5%预混料	0.5	代谢能/（千卡/千克）	2923
氯化胆碱	0.1		

配方76（主要蛋白原料为豆粕、花生粕、玉米蛋白粉、DDGS——喷浆干酒糟）

原料名称	含量/%	原料名称	含量/%
玉米	51.46	蛋氨酸（DL-Met）	0.15
大豆粕	27.08	营养素名称	营养含量/%
次粉	5.00	粗蛋白	21.3
花生粕	3.00	钙	0.90
玉米蛋白粉（60%粗蛋白）	3.00	总磷	0.66
DDGS——喷浆干酒糟	3.00	可利用磷	0.45
猪油	1.33	盐	0.38
磷酸氢钙	1.790	赖氨酸	1.083
石粉	1.147	蛋氨酸	0.496
盐	0.276	蛋氨酸+胱氨酸	0.845
0.5%预混料	0.5	苏氨酸	0.831
氯化胆碱	0.1	色氨酸	0.249
赖氨酸（98%）	0.17	代谢能/（千卡/千克）	2931

配方77（主要蛋白原料为豆粕、玉米蛋白粉、

DDGS——喷浆干酒糟、棉籽粕）

原料名称	含量/%	原料名称	含量/%
玉米	51.04	蛋氨酸（DL-Met）	0.17
大豆粕	28.04	营养素名称	营养含量/%
次粉	5.00	粗蛋白	21.2
玉米蛋白粉（60%粗蛋白）	3.00	钙	0.90
DDGS——喷浆干酒糟	3.00	总磷	0.67
油脂	1.55	可利用磷	0.45
棉籽粕	2.20	盐	0.38
磷酸氢钙	1.791	赖氨酸	1.108
石粉	1.139	蛋氨酸	0.500
盐	0.279	蛋氨酸＋胱氨酸	0.860
0.5%预混料	0.5	苏氨酸	0.844
氯化胆碱	0.1	色氨酸	0.252
赖氨酸（98%）	0.19	代谢能/（千卡/千克）	2923

配方78（主要蛋白原料为豆粕、玉米蛋白粉、

DDGS——喷浆干酒糟、棉籽粕）

原料名称	含量/%	原料名称	含量/%
玉米	57.15	蛋氨酸（DL-Met）	0.17
大豆粕	25.15	营养素名称	营养含量/%
次粉	5.00	粗蛋白	20.3
玉米蛋白粉（60%粗蛋白）	3.00	钙	0.90
DDGS——喷浆干酒糟	3.00	总磷	0.66
棉籽粕	2.00	可利用磷	0.45
磷酸氢钙	1.800	盐	0.38
石粉	1.170	赖氨酸	1.061
油脂	0.50	蛋氨酸	0.489
盐	0.280	蛋氨酸＋胱氨酸	0.839
0.5%预混料	0.5	苏氨酸	0.804
氯化胆碱	0.1	色氨酸	0.235
赖氨酸（98%）	0.18	代谢能/（千卡/千克）	2866

配方 79（主要蛋白原料为豆粕、菜籽粕、玉米蛋白粉、

DDGS——喷浆干酒糟）

原料名称	含量/%	原料名称	含量/%
玉米	56.30	蛋氨酸（DL-Met）	0.17
大豆粕	25.00	营养素名称	营养含量/%
次粉	5.00	粗蛋白	20.5
菜籽粕	3.00	钙	0.90
玉米蛋白粉（60%粗蛋白）	3.00	总磷	0.67
DDGS——喷浆干酒糟	3.00	可利用磷	0.45
磷酸氢钙	1.780	盐	0.38
石粉	1.140	赖氨酸	1.100
油脂	0.53	蛋氨酸	0.500
盐	0.280	蛋氨酸＋胱氨酸	0.861
0.5%预混料	0.5	苏氨酸	0.826
氯化胆碱	0.1	色氨酸	0.241
赖氨酸（98%）	0.2	代谢能/（千卡/千克）	2860

配方 80（主要蛋白原料为豆粕、菜籽粕、玉米蛋白粉、

DDGS——喷浆干酒糟、水解羽毛粉、棉籽粕）

原料名称	含量/%	原料名称	含量/%
玉米	58.88	蛋氨酸（DL-Met）	0.17
大豆粕	19.24	营养素名称	营养含量/%
次粉	5.00	粗蛋白	20.4
菜籽粕	3.00	钙	0.90
玉米蛋白粉（60%粗蛋白）	3.00	总磷	0.67
DDGS——喷浆干酒糟	3.00	可利用磷	0.45
水解羽毛粉	2.00	盐	0.35
磷酸氢钙	1.760	赖氨酸	1.086
棉籽粕	1.71	蛋氨酸	0.493
石粉	1.180	蛋氨酸＋胱氨酸	0.890
盐	0.270	苏氨酸	0.809
0.5%预混料	0.5	色氨酸	0.215
氯化胆碱	0.1	代谢能/（千卡/千克）	2850
赖氨酸（98%）	0.19		

配方 81（主要蛋白原料为豆粕、棉籽粕、DDGS——喷浆干酒糟、水解羽毛粉、玉米蛋白粉）

原料名称	含量/%	原料名称	含量/%
玉米	60.65	蛋氨酸（DL-Met）	0.17
大豆粕	21.45	营养素名称	营养含量/%
次粉	5.00	粗蛋白	19.3
棉籽粕	3.00	钙	0.82
DDGS——喷浆干酒糟	3.00	总磷	0.69
水解羽毛粉	2.00	可利用磷	0.44
植酸酶	0.01	盐	0.38
玉米蛋白粉（60%粗蛋白）	1.55	赖氨酸	1.031
石粉	1.000	蛋氨酸	0.479
磷酸氢钙	1.100	蛋氨酸+胱氨酸	0.847
0.5%预混料	0.5	苏氨酸	0.722
盐	0.28	色氨酸	0.213
氯化胆碱	0.1	代谢能/（千卡/千克）	2935
赖氨酸（98%）	0.28		

配方 82（主要蛋白原料为豆粕、玉米蛋白粉、DDGS——喷浆干酒糟、水解羽毛粉）

原料名称	含量/%	原料名称	含量/%
玉米	60.02	蛋氨酸（DL-Met）	0.18
大豆粕	24.15	营养素名称	营养含量/%
次粉	5.00	粗蛋白	20.0
玉米蛋白粉（60%粗蛋白）	3.00	钙	0.82
DDGS——喷浆干酒糟	2.50	总磷	0.70
水解羽毛粉	2.00	可利用磷	0.45
植酸酶	0.01	盐	0.37
磷酸氢钙	1.110	赖氨酸	1.022
石粉	0.930	蛋氨酸	0.498
盐	0.28	蛋氨酸+胱氨酸	0.878
0.5%预混料	0.5	苏氨酸	0.758
氯化胆碱	0.1	色氨酸	0.22
赖氨酸（98%）	0.24	代谢能/（千卡/千克）	2968

配方 83（主要蛋白原料为豆粕、玉米蛋白粉、DDGS——喷浆干酒糟）

原料名称	含量/%	原料名称	含量/%
玉米	56.8	蛋氨酸（DL-Met）	0.18
大豆粕	27.70	营养素名称	营养含量/%
次粉	5.00	粗蛋白	20.0
玉米蛋白粉（60%粗蛋白）	3.00	钙	0.88
DDGS——喷浆干酒糟	3.00	总磷	0.72
植酸酶	0.01	可利用磷	0.46
油脂	1.00	盐	0.38
磷酸氢钙	1.330	赖氨酸	1.059
石粉	1.00	蛋氨酸	0.506
盐	0.280	蛋氨酸＋胱氨酸	0.849
0.5%预混料	0.5	苏氨酸	0.748
氯化胆碱	0.1	色氨酸	0.233
赖氨酸（98%）	0.22	代谢能/（千卡/千克）	2971

（六）玉米-玉米副产品加植酸酶型

配方 84（主要蛋白原料为豆粕、玉米蛋白粉、水解羽毛粉、棉籽粕）

原料名称	含量/%	原料名称	含量/%
玉米	57.24	植酸酶	0.01
大豆粕	25.00	营养素名称	营养含量/%
次粉	5.00	粗蛋白	21.4
棉籽粕	3.00	钙	1.00
玉米蛋白粉（60%粗蛋白）	3.00	总磷	0.71
水解羽毛粉	2.50	可利用磷	0.45
石粉	1.24	盐	0.30
磷酸氢钙	1.09	赖氨酸	1.047
油脂	0.72	蛋氨酸	0.490
盐	0.27	蛋氨酸＋胱氨酸	0.916
0.5%预混料	0.5	苏氨酸	0.803
氯化胆碱	0.1	色氨酸	0.236
赖氨酸（98%）	0.18	代谢能/（千卡/千克）	2976
蛋氨酸（DL-Met）	0.15		

配方 85（主要蛋白原料为豆粕、玉米蛋白粉、棉籽粕、菜籽粕、

DDGS——喷浆干酒糟、水解羽毛粉）

原料名称	含量/%	原料名称	含量/%
玉米	57.64	0.5%预混料	0.5
大豆粕	19.01	营养素名称	营养含量/%
次粉	5.00	粗蛋白	21.0
棉籽粕	3.00	钙	0.99
菜籽粕	3.00	总磷	0.73
玉米蛋白粉(60%粗蛋白)	3.00	可利用磷	0.45
DDGS——喷浆干酒糟	3.5	盐	0.30
水解羽毛粉	2.50	赖氨酸	1.06
石粉	1.27	蛋氨酸	0.493
磷酸氢钙	1.03	蛋氨酸+胱氨酸	0.922
赖氨酸(98%)	0.29	苏氨酸	0.786
蛋氨酸(DL-Met)	0.15	色氨酸	0.223
植酸酶	0.01	代谢能/(千卡/千克)	2894
氯化胆碱	0.1		

配方 86（主要蛋白原料为豆粕、玉米蛋白粉、棉籽粕、菜籽粕、

DDGS——喷浆干酒糟、玉米胚芽粕、水解羽毛粉）

原料名称	含量/%	原料名称	含量/%
玉米	56.18	蛋氨酸(DL-Met)	0.17
大豆粕	19.5	植酸酶	0.01
次粉	5.00	营养素名称	营养含量/%
棉籽粕	3.00	粗蛋白	21.3
菜籽粕	3.00	钙	1.00
玉米胚芽粕	3.00	总磷	0.76
水解羽毛粉	2.50	可利用磷	0.45
DDGS——喷浆干酒糟	2.41	盐	0.30
玉米蛋白粉(60%粗蛋白)	1.76	赖氨酸	1.100
石粉	1.26	蛋氨酸	0.500
磷酸氢钙	1.05	蛋氨酸+胱氨酸	0.930
盐	0.26	苏氨酸	0.800
0.5%预混料	0.5	色氨酸	0.232
氯化胆碱	0.1	代谢能/(千卡/千克)	2860
赖氨酸(98%)	0.3		

配方 87（主要蛋白原料为豆粕、玉米蛋白粉、棉籽粕、菜籽粕、
DDGS——喷浆干酒糟、玉米胚芽粕）

原料名称	含量/%	原料名称	含量/%
玉米	54.48	植酸酶	0.01
大豆粕	23.50	营养素名称	营养含量/%
次粉	5.00	粗蛋白	20.9
棉籽粕	3.00	钙	0.99
菜籽粕	3.00	总磷	0.75
玉米蛋白粉(60%粗蛋白)	3.00	可利用磷	0.45
DDGS——喷浆干酒糟	3.00	盐	0.30
玉米胚芽粕	1.73	赖氨酸	1.054
石粉	1.20	蛋氨酸	0.501
磷酸氢钙	1.09	蛋氨酸+胱氨酸	0.884
0.5%预混料	0.5	苏氨酸	0.769
氯化胆碱	0.1	色氨酸	0.237
赖氨酸(98%)	0.23	代谢能/(千卡/千克)	2862
蛋氨酸(DL-Met)	0.16		

配方 88（主要蛋白原料为豆粕、玉米蛋白粉、棉籽粕、
DDGS——喷浆干酒糟）

原料名称	含量/%	原料名称	含量/%
玉米	56.9	植酸酶	0.01
大豆粕	25.51	营养素名称	营养含量/%
次粉	5.00	粗蛋白	20.6
棉籽粕	3.00	钙	0.99
玉米蛋白粉(60%粗蛋白)	3.00	总磷	0.72
DDGS——喷浆干酒糟	3.00	可利用磷	0.45
石粉	1.21	盐	0.30
磷酸氢钙	1.11	赖氨酸	1.027
盐	0.28	蛋氨酸	0.507
0.5%预混料	0.5	蛋氨酸+胱氨酸	0.876
氯化胆碱	0.1	苏氨酸	0.756
赖氨酸(98%)	0.22	色氨酸	0.236
蛋氨酸(DL-Met)	0.16	代谢能/(千卡/千克)	2907

配方 89（主要蛋白原料为去皮豆粕、DDGS——喷浆干酒糟、
玉米蛋白粉、棉粕、棉仁蛋白）

原料名称	含量/%	原料名称	含量/%
玉米	59.403	苏氨酸	0.022
次粉	3.668	肉鸡多维多矿	0.3
DDGS——喷浆干酒糟	3	植酸酶	0.01
油脂	0.6	营养素名称	营养含量/%
去皮豆粕	22.341	粗蛋白	20.5
棉粕	2.5	钙	0.83
棉仁蛋白	1	总磷	0.60
玉米蛋白粉(60%粗蛋白)	4	可利用磷	0.35
食盐	0.306	盐	0.30
石粉	1.171	赖氨酸	1.02
磷酸氢钙	1.243	蛋氨酸	0.48
氯化胆碱	0.1	蛋氨酸+胱氨酸	0.83
赖氨酸(65%)	0.195	苏氨酸	0.76
蛋氨酸	0.141	代谢能/(千卡/千克)	2870

配方 90（主要蛋白原料为去皮豆粕、DDGS——喷浆干酒糟、
玉米蛋白粉、棉粕）

原料名称	含量/%	原料名称	含量/%
玉米	58.61	肉鸡多维多矿	0.30
次粉	4.42	植酸酶	0.01
DDGS——喷浆干酒糟	3.00	营养素名称	营养含量/%
油脂	0.80	粗蛋白	20.5
去皮豆粕	23.32	钙	0.80
棉粕	2.50	总磷	0.69
玉米蛋白粉(60%粗蛋白)	4.00	可利用磷	0.44
食盐	0.30	盐	0.29
石粉	1.17	赖氨酸	1.03
磷酸氢钙	1.12	蛋氨酸	0.48
氯化胆碱	0.10	蛋氨酸+胱氨酸	0.83
赖氨酸(65%)	0.20	苏氨酸	0.76
蛋氨酸	0.14	代谢能/(千卡/千克)	2880
苏氨酸	0.02		

配方 91（主要蛋白原料为去皮豆粕、DDGS——喷浆干酒糟、
玉米蛋白粉、棉仁蛋白）

原料名称	含量/%	原料名称	含量/%
玉米	60.55	肉鸡多维多矿	0.30
次粉	3.00	植酸酶	0.01
DDGS——喷浆干酒糟	2.86	营养素名称	营养含量/%
油脂	0.80	粗蛋白	20.5
去皮豆粕	22.43	钙	0.80
棉仁蛋白	3.00	总磷	0.68
玉米蛋白粉（60%粗蛋白）	4.00	可利用磷	0.45
食盐	0.30	盐	0.29
石粉	1.17	赖氨酸	1.03
磷酸氢钙	1.12	蛋氨酸	0.48
氯化胆碱	0.10	蛋氨酸＋胱氨酸	0.83
赖氨酸（65%）	0.20	苏氨酸	0.76
蛋氨酸	0.14	代谢能/（千卡/千克）	2900
苏氨酸	0.02		

配方 92（主要蛋白原料为去皮豆粕、DDGS——喷浆干酒糟、
玉米蛋白粉、棉仁蛋白）

原料名称	含量/%	原料名称	含量/%
玉米	61.37	肉鸡多维多矿	0.30
次粉	3.00	植酸酶	0.01
DDGS——喷浆干酒糟	0.08	营养素名称	营养含量/%
油脂	1.00	粗蛋白	20.6
去皮豆粕	24.19	钙	0.80
棉仁蛋白	3.00	总磷	0.68
玉米蛋白粉（60%粗蛋白）	4.00	可利用磷	0.44
食盐	0.30	盐	0.29
石粉	1.17	赖氨酸	1.06
磷酸氢钙	1.12	蛋氨酸	0.48
氯化胆碱	0.10	蛋氨酸＋胱氨酸	0.83
赖氨酸（65%）	0.20	苏氨酸	0.77
蛋氨酸	0.14	代谢能/（千卡/千克）	2920
苏氨酸	0.02		

配方 93（主要蛋白原料为去皮豆粕、DDGS——喷浆干酒糟、玉米蛋白粉、棉粕、棉仁蛋白）

原料名称	含量/%	原料名称	含量/%
玉米	59.13	石粉	1.17
次粉	4.00	磷酸氢钙	1.10
DDGS——喷浆干酒糟	3.00	氯化胆碱	0.10
油脂	0.60	营养素名称	营养含量/%
去皮豆粕	18.95	粗蛋白	20.5
棉粕	2.50	钙	0.80
赖氨酸(65%)	0.20	总磷	0.70
蛋氨酸	0.14	可利用磷	0.45
苏氨酸	0.02	盐	0.30
肉鸡多维多矿	0.30	赖氨酸	0.99
植酸酶	0.01	蛋氨酸	0.48
菜粕	1.47	蛋氨酸+胱氨酸	0.83
棉仁蛋白	3.00	苏氨酸	0.76
玉米蛋白粉(60%粗蛋白)	4.00	代谢能/(千卡/千克)	2860
食盐	0.31		

配方 94（主要蛋白原料为去皮豆粕、DDGS——喷浆干酒糟、玉米蛋白粉、棉粕、棉仁蛋白、菜粕）

原料名称	含量/%	原料名称	含量/%
玉米	58.91	苏氨酸	0.02
次粉	4.00	肉鸡多维多矿	0.30
DDGS——喷浆干酒糟	3.00	植酸酶	0.01
油脂	0.60	营养素名称	营养含量/%
去皮豆粕	21.10	粗蛋白	20.5
棉粕	2.50	钙	0.80
棉仁蛋白	1.00	总磷	0.69
玉米蛋白粉(60%粗蛋白)	4.00	可利用磷	0.44
菜粕	1.55	盐	0.30
食盐	0.31	赖氨酸	1.01
石粉	1.17	蛋氨酸	0.48
磷酸氢钙	1.10	蛋氨酸+胱氨酸	0.84
氯化胆碱	0.10	苏氨酸	0.76
赖氨酸(65%)	0.20	代谢能/(千卡/千克)	2860
蛋氨酸	0.14		

配方 95（主要蛋白原料为去皮豆粕、DDGS——喷浆干酒糟、
玉米蛋白粉、棉粕、菜粕）

原料名称	含量/%	原料名称	含量/%
玉米	58.80	苏氨酸	0.02
次粉	4.00	肉鸡多维多矿	0.30
DDGS——喷浆干酒糟	3.00	植酸酶	0.01
油脂	0.60	营养素名称	营养含量/%
去皮豆粕	22.05	粗蛋白	20.5
棉粕	3.00	钙	0.80
玉米蛋白粉（60%粗蛋白）	4.00	总磷	0.69
菜粕	1.21	可利用磷	0.44
食盐	0.31	盐	0.30
石粉	1.17	赖氨酸	1.01
磷酸氢钙	1.10	蛋氨酸	0.48
氯化胆碱	0.10	蛋氨酸＋胱氨酸	0.84
赖氨酸（65%）	0.20	苏氨酸	0.76
蛋氨酸	0.14	代谢能/（千卡/千克）	2860

配方 96（主要蛋白原料为去皮豆粕、DDGS——喷浆干酒糟、
玉米蛋白粉、菜粕、花生粕）

原料名称	含量/%	原料名称	含量/%
玉米	58.32	苏氨酸	0.02
次粉	5.00	肉鸡多维多矿	0.30
DDGS——喷浆干酒糟	3.00	植酸酶	0.01
油脂	0.80	营养素名称	营养含量/%
去皮豆粕	21.24	粗蛋白	20.5
玉米蛋白粉（60%粗蛋白）	4.00	钙	0.80
菜粕	1.29	总磷	0.68
花生粕	3.00	可利用磷	0.44
食盐	0.30	盐	0.29
石粉	1.17	赖氨酸	0.99
磷酸氢钙	1.11	蛋氨酸	0.49
氯化胆碱	0.10	蛋氨酸＋胱氨酸	0.83
赖氨酸（65%）	0.20	苏氨酸	0.75
蛋氨酸	0.14	代谢能/（千卡/千克）	2880

配方 97（主要蛋白原料为去皮豆粕、DDGS——喷浆干酒糟、玉米蛋白粉、花生粕）

原料名称	含量/%	原料名称	含量/%
玉米	58.94	肉鸡多维多矿	0.30
次粉	5.00	植酸酶	0.01
DDGS——喷浆干酒糟	3.00	营养素名称	营养含量/%
油脂	0.55	粗蛋白	20.5
去皮豆粕	22.14	钙	0.80
玉米蛋白粉(60%粗蛋白)	4.00	总磷	0.68
花生粕	3.00	可利用磷	0.44
食盐	0.30	盐	0.29
石粉	1.17	赖氨酸	1.00
磷酸氢钙	1.13	蛋氨酸	0.48
氯化胆碱	0.10	蛋氨酸＋胱氨酸	0.83
赖氨酸(65%)	0.20	苏氨酸	0.75
蛋氨酸	0.14	代谢能/(千卡/千克)	2880
苏氨酸	0.02		

配方 98（主要蛋白原料为去皮豆粕、DDGS——喷浆干酒糟、玉米蛋白粉、棉仁蛋白、花生粕）

原料名称	含量/%	原料名称	含量/%
玉米	58.94	苏氨酸	0.02
次粉	5.00	肉鸡多维多矿	0.30
DDGS——喷浆干酒糟	3.00	植酸酶	0.01
油脂	0.55	营养素名称	营养含量/%
去皮豆粕	22.14	粗蛋白	20.5
棉仁蛋白	0.00	钙	0.80
玉米蛋白粉(60%粗蛋白)	4.00	总磷	0.68
花生粕	3.00	可利用磷	0.44
食盐	0.30	盐	0.29
石粉	1.17	赖氨酸	1.00
磷酸氢钙	1.13	蛋氨酸	0.48
氯化胆碱	0.10	蛋氨酸＋胱氨酸	0.83
赖氨酸(65%)	0.20	苏氨酸	0.75
蛋氨酸	0.14	代谢能/(千卡/千克)	2880

配方 99（主要蛋白原料为去皮豆粕、DDGS——喷浆
干酒糟、玉米蛋白粉）

原料名称	含量/%	原料名称	含量/%
玉米	60.12	肉鸡多维多矿	0.30
次粉	3.08	植酸酶	0.01
DDGS——喷浆干酒糟	3.00	营养素名称	营养含量/%
油脂	0.80	粗蛋白	20.5
去皮豆粕	25.65	钙	0.80
玉米蛋白粉（60%粗蛋白）	4.00	总磷	0.67
食盐	0.30	可利用磷	0.44
石粉	1.17	盐	0.29
磷酸氢钙	1.11	赖氨酸	1.05
氯化胆碱	0.10	蛋氨酸	0.49
赖氨酸（65%）	0.20	蛋氨酸＋胱氨酸	0.83
蛋氨酸	0.14	苏氨酸	0.77
苏氨酸	0.02	代谢能/（千卡/千克）	2900

配方 100（主要蛋白原料为去皮豆粕、DDGS——喷浆干酒糟、
玉米蛋白粉、菜粕、花生粕）

原料名称	含量/%	原料名称	含量/%
玉米	60.50	蛋氨酸	0.13
次粉	5.00	肉鸡多维多矿	0.30
DDGS——喷浆干酒糟	3.00	植酸酶	0.01
油脂	1.03	营养素名称	营养含量/%
去皮豆粕	19.58	粗蛋白	19.20
棉粕	4.00	钙	0.71
玉米蛋白粉（60%粗蛋白）	2.66	总磷	0.53
菜粕	0.30	可利用磷	0.30
花生粕	0.30	盐	0.29
石粉	1.20	赖氨酸	0.96
磷酸氢钙	0.80	蛋氨酸	0.45
食盐	0.30	蛋氨酸＋胱氨酸	0.65
氯化胆碱	0.10	苏氨酸	0.69
赖氨酸（65%）	0.80	代谢能/（千卡/千克）	2987

配方 101（主要蛋白原料为去皮豆粕、棉粕、玉米蛋白粉、花生粕）

原料名称	含量/%	原料名称	含量/%
玉米	60.74	肉鸡多维多矿	0.30
次粉	5.00	植酸酶	0.01
DDGS——喷浆干酒糟	3.00	营养素名称	营养含量/%
油脂	0.94	粗蛋白	19.19
去皮豆粕	19.58	钙	0.71
棉粕	4.00	总磷	0.53
玉米蛋白粉（60%粗蛋白）	2.80	可利用磷	0.30
花生粕	0.30	盐	0.29
石粉	1.20	赖氨酸	0.96
磷酸氢钙	0.80	蛋氨酸	0.46
食盐	0.30	蛋氨酸+胱氨酸	0.65
氯化胆碱	0.10	苏氨酸	0.69
赖氨酸（65%）	0.80	代谢能/（千卡/千克）	2988
蛋氨酸	0.14		

配方 102（主要蛋白原料为去皮豆粕、棉粕、玉米蛋白粉）

原料名称	含量/%	原料名称	含量/%
玉米	63.65	植酸酶	0.01
次粉	5.00	营养素名称	营养含量/%
油脂	0.29	粗蛋白	19.06
去皮豆粕	19.58	钙	0.71
棉粕	4.00	总磷	0.51
玉米蛋白粉（60%粗蛋白）	3.84	可利用磷	0.29
石粉	1.20	盐	0.29
磷酸氢钙	0.80	赖氨酸	0.95
食盐	0.30	蛋氨酸	0.46
氯化胆碱	0.10	蛋氨酸+胱氨酸	0.65
赖氨酸（65%）	0.80	苏氨酸	0.69
蛋氨酸	0.14	代谢能/（千卡/千克）	2996
肉鸡多维多矿	0.30		

配方103（主要蛋白原料为去皮豆粕、棉粕、花生粕、玉米蛋白粉）

原料名称	含量/%	原料名称	含量/%
玉米	59.59	肉鸡多维多矿	0.30
次粉	5.00	植酸酶	0.01
油脂	1.18	营养素名称	营养含量/%
去皮豆粕	19.58	粗蛋白	20.27
棉粕	4.00	钙	0.71
花生粕	3.00	总磷	0.52
玉米蛋白粉(60%粗蛋白)	4.00	可利用磷	0.29
石粉	1.20	盐	0.29
磷酸氢钙	0.80	赖氨酸	1.03
食盐	0.30	蛋氨酸	0.47
氯化胆碱	0.10	蛋氨酸+胱氨酸	0.68
赖氨酸(65%)	0.80	苏氨酸	0.71
蛋氨酸	0.14	代谢能/(千卡/千克)	3005

配方104（主要蛋白原料为去皮豆粕、棉粕、花生粕、
玉米蛋白粉、玉米胚芽粕）

原料名称	含量/%	原料名称	含量/%
玉米	56.61	肉鸡多维多矿	0.30
次粉	5.00	植酸酶	0.01
油脂	1.75	营养素名称	营养含量/%
去皮豆粕	19.01	粗蛋白	20.27
棉粕	4.00	钙	0.71
花生粕	3.00	总磷	0.52
玉米蛋白粉(60%粗蛋白)	4.00	可利用磷	0.29
玉米胚芽粕	3.00	盐	0.29
石粉	1.20	赖氨酸	0.99
磷酸氢钙	0.80	蛋氨酸	0.45
食盐	0.30	蛋氨酸+胱氨酸	0.67
氯化胆碱	0.10	苏氨酸	0.72
赖氨酸(65%)	0.80	代谢能/(千卡/千克)	2997
蛋氨酸	0.12		

配方 105（主要蛋白原料为去皮豆粕、棉粕、花生粕、玉米胚芽粕）

原料名称	含量/%	原料名称	含量/%
玉米	59.64	肉鸡多维多矿	0.30
次粉	5.00	植酸酶	0.01
油脂	1.71	营养素名称	营养含量/%
去皮豆粕	20.00	粗蛋白	20.35
棉粕	4.00	钙	0.71
花生粕	3.00	总磷	0.52
玉米胚芽粕	3.00	可利用磷	0.29
石粉	1.20	盐	0.29
磷酸氢钙	0.80	赖氨酸	0.97
食盐	0.30	蛋氨酸	0.43
氯化胆碱	0.10	蛋氨酸＋胱氨酸	0.60
赖氨酸(65%)	0.80	苏氨酸	0.68
蛋氨酸	0.14	代谢能/(千卡/千克)	2998

配方 106（主要蛋白原料为去皮豆粕、DDGS——喷浆干酒糟、
棉粕、玉米蛋白粉）

原料名称	含量/%	原料名称	含量/%
玉米	61.25	肉鸡多维多矿	0.30
次粉	5.00	植酸酶	0.01
DDGS——喷浆干酒糟	3.00	营养素名称	营养含量/%
油脂	0.88	粗蛋白	20.47
去皮豆粕	21.58	钙	0.71
棉粕	2.00	总磷	0.52
玉米蛋白粉(60%粗蛋白)	2.78	可利用磷	0.30
石粉	1.20	盐	0.29
磷酸氢钙	0.80	赖氨酸	0.99
食盐	0.30	蛋氨酸	0.46
氯化胆碱	0.10	蛋氨酸＋胱氨酸	0.65
赖氨酸(65%)	0.66	苏氨酸	0.69
蛋氨酸	0.14	代谢能/(千卡/千克)	2989

配方 107（主要蛋白原料为去皮豆粕、棉粕、玉米蛋白粉）

原料名称	含量/%	原料名称	含量/%
玉米	60.37	植酸酶	0.01
次粉	5.00	营养素名称	营养含量/%
油脂	0.65	粗蛋白	20.55
去皮豆粕	23.58	钙	0.71
棉粕	3.00	总磷	0.51
玉米蛋白粉(60%粗蛋白)	3.89	可利用磷	0.29
石粉	1.20	盐	0.29
磷酸氢钙	0.80	赖氨酸	0.95
食盐	0.30	蛋氨酸	0.45
氯化胆碱	0.10	蛋氨酸+胱氨酸	0.65
赖氨酸(65%)	0.67	苏氨酸	0.69
蛋氨酸	0.13	代谢能/(千卡/千克)	2982
肉鸡多维多矿	0.30		

配方 108（主要蛋白原料为去皮豆粕、棉粕、菜粕、玉米蛋白粉、花生粕）

原料名称	含量/%	原料名称	含量/%
玉米	58.06	肉鸡多维多矿	0.30
次粉	5.00	植酸酶	0.01
油脂	1.78	营养素名称	营养含量/%
去皮豆粕	17.16	粗蛋白	20.27
棉粕	4.00	钙	0.73
菜粕	3.50	总磷	0.53
玉米蛋白粉(60%粗蛋白)	4.00	可利用磷	0.29
花生粕	3.00	盐	0.29
石粉	1.20	赖氨酸	0.99
磷酸氢钙	0.80	蛋氨酸	0.44
食盐	0.30	蛋氨酸+胱氨酸	0.69
氯化胆碱	0.10	苏氨酸	0.72
赖氨酸(65%)	0.70	代谢能/(千卡/千克)	2997
蛋氨酸	0.10		

配方 109（主要蛋白原料为去皮豆粕、花生粕、

玉米蛋白粉、玉米胚芽粕）

原料名称	含量/%	原料名称	含量/%
玉米	60.85	肉鸡多维多矿	0.30
次粉	5.00	植酸酶	0.01
油脂	0.74	营养素名称	营养含量/%
去皮豆粕	20.00	粗蛋白	20.27
花生粕	3.00	钙	0.70
玉米蛋白粉（60%粗蛋白）	4.00	总磷	0.50
玉米胚芽粕	3.00	可利用磷	0.28
石粉	1.20	盐	0.29
磷酸氢钙	0.80	赖氨酸	0.96
食盐	0.30	蛋氨酸	0.46
氯化胆碱	0.10	蛋氨酸＋胱氨酸	0.65
赖氨酸（65%）	0.56	苏氨酸	0.69
蛋氨酸	0.14	代谢能/（千卡/千克）	3010

（七）玉米-小麦-豆粕型（主要蛋白原料为豆粕）

配方 110（主要蛋白原料为大豆粕）

原料名称	含量/%	营养素名称	营养含量/%
玉米	46.78	粗蛋白	21.3
大豆粕	33.54	钙	0.90
小麦	10.00	总磷	0.67
次粉	5.00	可利用磷	0.45
猪油	0.62	盐	0.38
磷酸氢钙	1.660	赖氨酸	1.115
石粉	1.170	蛋氨酸	0.511
盐	0.300	蛋氨酸＋胱氨酸	0.862
0.5%预混料	0.5	苏氨酸	0.860
氯化胆碱	0.1	色氨酸	0.291
赖氨酸（98%）	0.18	代谢能/（千卡/千克）	2900
蛋氨酸（DL-Met）	0.15		

配方 111 （主要蛋白原料为豆粕）

原料名称	含量/%	营养素名称	营养含量/%
玉米	39.39	粗蛋白	20.9
大豆粕	33.13	钙	0.92
小麦	20.00	总磷	0.66
次粉	3.00	可利用磷	0.46
猪油	0.30	盐	0.38
磷酸氢钙	1.650	赖氨酸	1.096
石粉	1.200	蛋氨酸	0.514
盐	0.322	蛋氨酸＋胱氨酸	0.855
0.5%预混料	0.5	苏氨酸	0.821
氯化胆碱	0.1	色氨酸	0.284
赖氨酸(98%)	0.22	代谢能/(千卡/千克)	2893
蛋氨酸(DL-Met)	0.18		
复合酶	0.01		

（八）玉米-小麦-杂粮型

配方 112 （主要蛋白原料为豆粕、棉籽粕、花生粕）

原料名称	含量/%	原料名称	含量/%
玉米	46.18	蛋氨酸(DL-Met)	0.17
大豆粕	28.03	营养素名称	营养含量/%
小麦	10.00	粗蛋白	20.8
次粉	5.00	钙	0.90
棉籽粕	3.00	总磷	0.67
花生粕	3.00	可利用磷	0.45
猪油	0.67	盐	0.38
磷酸氢钙	1.650	赖氨酸	1.08
石粉	1.200	蛋氨酸	0.503
盐	0.300	蛋氨酸＋胱氨酸	0.841
0.5%预混料	0.5	苏氨酸	0.782
氯化胆碱	0.1	色氨酸	0.264
赖氨酸(98%)	0.21	代谢能/(千卡/千克)	2894

配方 113 （主要蛋白原料为豆粕、棉籽粕、菜籽粕、花生粕）

原料名称	含量/%	原料名称	含量/%
玉米	45.80	蛋氨酸（DL-Met）	0.16
大豆粕	25.56	营养素名称	营养含量/%
小麦	10.00	粗蛋白	20.9
次粉	5.00	钙	0.90
棉籽粕	3.00	总磷	0.68
菜籽粕	3.00	可利用磷	0.45
花生粕	3.00	盐	0.38
猪油	0.55	赖氨酸	1.093
磷酸氢钙	1.630	蛋氨酸	0.498
石粉	1.160	蛋氨酸+胱氨酸	0.848
盐	0.30	苏氨酸	0.793
0.5%预混料	0.5	色氨酸	0.265
氯化胆碱	0.1	代谢能/（千卡/千克）	2891
赖氨酸（98%）	0.24		

配方 114 （主要蛋白原料为豆粕、棉籽粕、菜籽粕、
花生粕、水解羽毛粉）

原料名称	含量/%	原料名称	含量/%
玉米	49.01	蛋氨酸（DL-Met）	0.18
大豆粕	25.20	营养素名称	营养含量/%
小麦	10.00	粗蛋白	21.3
次粉	3.00	钙	0.90
棉籽粕	2.00	总磷	0.66
菜籽粕	2.00	可利用磷	0.45
花生粕	2.00	盐	0.38
水解羽毛粉	2.00	赖氨酸	1.115
猪油	0.97	蛋氨酸	0.507
磷酸氢钙	1.6	蛋氨酸+胱氨酸	0.897
石粉	1.21	苏氨酸	0.831
0.5%预混料	0.5	色氨酸	0.260
氯化胆碱	0.1	代谢能/（千卡/千克）	2900
赖氨酸（98%）	0.23		

配方 115（主要蛋白原料为豆粕、棉籽粕、菜籽粕、
花生粕、水解羽毛粉）

原料名称	含量/%	原料名称	含量/%
玉米	50.93	蛋氨酸（DL-Met）	0.19
大豆粕	24.00	植酸酶	0.01
小麦	10.00	营养素名称	营养含量/%
次粉	3.00	粗蛋白	21.3
棉籽粕	2.00	钙	0.90
菜籽粕	2.00	总磷	0.65
花生粕	2.00	可利用磷	0.45
水解羽毛粉	2.00	盐	0.38
猪油	0.80	赖氨酸	1.115
磷酸氢钙	1.210	蛋氨酸	0.507
石粉	1.010	蛋氨酸＋胱氨酸	0.890
0.5%预混料	0.5	苏氨酸	0.827
氯化胆碱	0.1	色氨酸	0.255
赖氨酸（98%）	0.25	代谢能/（千卡/千克）	2900

（九）玉米-小麦-豆粕-杂粕加酶型

配方 116（主要蛋白原料为豆粕、棉籽粕、菜籽粕、花生粕）

原料名称	含量/%	原料名称	含量/%
玉米	39.28	蛋氨酸（DL-Met）	0.19
大豆粕	27.2	复合酶	0.01
小麦	20.00	营养素名称	营养含量/%
次粉	3.00	粗蛋白	20.9
猪油	0.50	钙	0.90
棉籽粕	2.00	总磷	0.67
菜籽粕	2.00	可利用磷	0.45
花生粕	2.00	盐	0.36
磷酸氢钙	1.600	赖氨酸	1.09
石粉	1.080	蛋氨酸	0.505
盐	0.300	蛋氨酸＋胱氨酸	0.850
0.5%预混料	0.5	苏氨酸	0.789
氯化胆碱	0.1	色氨酸	0.271
赖氨酸（98%）	0.24	代谢能/（千卡/千克）	2893

配方 117 （主要蛋白原料为豆粕、棉籽粕）

原料名称	含量/%	原料名称	含量/%
玉米	38.94	复合酶	0.01
大豆粕	31.1	营养素名称	营养含量/%
小麦	20.00	粗蛋白	20.9
次粉	3.50	钙	0.90
猪油	0.40	总磷	0.67
棉籽粕	2.00	可利用磷	0.48
磷酸氢钙	1.600	盐	0.36
石粉	1.180	赖氨酸	1.093
盐	0.300	蛋氨酸	0.509
0.5%预混料	0.5	蛋氨酸＋胱氨酸	0.855
氯化胆碱	0.1	苏氨酸	0.810
赖氨酸(98%)	0.19	色氨酸	0.279
蛋氨酸(DL-Met)	0.18	代谢能/(千卡/千克)	2891

配方 118 （主要蛋白原料为豆粕、棉籽粕、菜籽粕、
玉米蛋白粉和鱼粉）

原料名称	含量/%	原料名称	含量/%
玉米	57.25	植酸酶	0.01
小麦	8.00	肉鸡多维多矿	0.30
DDGS——喷浆干酒糟	2.00	小麦酶	0.01
大豆粕	21.12	营养素名称	营养含量/%
棉籽粕	2.00	粗蛋白	20.24
菜籽粕	2.00	钙	0.90
玉米蛋白粉(60%粗蛋白)	2.97	总磷	0.63
鱼粉	1.00	可利用磷	0.42
食盐	0.29	盐	0.30
石粉	1.40	赖氨酸	1.16
磷酸氢钙	0.80	蛋氨酸	0.48
氯化胆碱	0.10	蛋氨酸＋胱氨酸	0.81
赖氨酸(65%)	0.54	苏氨酸	0.77
蛋氨酸	0.15	代谢能/(千卡/千克)	2861
苏氨酸	0.06		

配方 119（主要蛋白原料为豆粕、棉籽粕、菜籽粕、DDGS——喷浆干酒糟、玉米蛋白粉和鱼粉）

原料名称	含量/%	原料名称	含量/%
玉米	56.37	植酸酶	0.01
小麦	8.00	肉鸡多维多矿	0.30
DDGS——喷浆干酒糟	2.00	小麦酶	0.01
大豆粕	22.00	营养素名称	营养含量/%
棉籽粕	2.00	粗蛋白	21.08
菜籽粕	2.00	钙	0.90
玉米蛋白粉(60%粗蛋白)	2.97	总磷	0.64
鱼粉	1.00	可利用磷	0.42
食盐	0.29	盐	0.30
石粉	1.40	赖氨酸	1.21
磷酸氢钙	0.80	蛋氨酸	0.49
氯化胆碱	0.10	蛋氨酸+胱氨酸	0.84
赖氨酸(65%)	0.54	苏氨酸	0.80
蛋氨酸	0.15	代谢能/(千卡/千克)	2841
苏氨酸	0.06		

配方 120（主要蛋白原料为豆粕、棉籽粕、菜籽粕、DDGS——喷浆干酒糟、玉米蛋白粉和鱼粉）

原料名称	含量/%	原料名称	含量/%
玉米	57.74	植酸酶	0.01
小麦	8.00	肉鸡多维多矿	0.30
DDGS——喷浆干酒糟	2.00	小麦酶	0.01
大豆粕	21.93	营养素名称	营养含量/%
棉籽粕	2.00	粗蛋白	21.29
菜籽粕	2.00	钙	0.55
玉米蛋白粉(60%粗蛋白)	3.00	总磷	0.65
鱼粉	1.00	可利用磷	0.42
食盐	0.29	盐	0.02
石粉	0.41	赖氨酸	1.09
磷酸氢钙	0.80	蛋氨酸	0.50
氯化胆碱	0.10	蛋氨酸+胱氨酸	0.85
赖氨酸(65%)	0.26	苏氨酸	0.75
蛋氨酸	0.15	代谢能/(千卡/千克)	2880

配方 121（主要蛋白原料为豆粕、棉籽粕、菜籽粕、DDGS——
喷浆干酒糟、玉米蛋白粉）

原料名称	含量/%	原料名称	含量/%
玉米	57.84	植酸酶	0.01
小麦	8.00	肉鸡多维多矿	0.30
DDGS——喷浆干酒糟	2.00	小麦酶	0.01
大豆粕	23.00	营养素名称	营养含量/%
棉籽粕	2.00	粗蛋白	20.02
菜籽粕	2.00	钙	0.86
玉米蛋白粉(60%粗蛋白)	2.00	总磷	0.61
食盐	0.29	可利用磷	0.40
石粉	0.90	盐	0.29
磷酸氢钙	0.80	赖氨酸	1.16
氯化胆碱	0.10	蛋氨酸	0.47
赖氨酸(65%)	0.54	蛋氨酸+胱氨酸	0.80
蛋氨酸	0.15	苏氨酸	0.76
苏氨酸	0.06	代谢能/(千卡/千克)	2857

配方 122（主要蛋白原料为豆粕、棉籽粕、菜籽粕、
DDGS——喷浆干酒糟、玉米蛋白粉）

原料名称	含量/%	原料名称	含量/%
玉米	59.48	肉鸡多维多矿	0.30
小麦	8.00	小麦酶	0.01
DDGS——喷浆干酒糟	2.00	营养素名称	营养含量/%
大豆粕	21.00	粗蛋白	20.17
棉籽粕	2.00	钙	0.81
菜籽粕	1.50	总磷	0.66
玉米蛋白粉(60%粗蛋白)	3.00	可利用磷	0.44
食盐	0.29	盐	0.30
石粉	1.06	赖氨酸	1.045
磷酸氢钙	0.80	蛋氨酸	0.48
氯化胆碱	0.10	蛋氨酸+胱氨酸	0.82
赖氨酸(65%)	0.30	苏氨酸	0.71
蛋氨酸	0.15	代谢能/(千卡/千克)	2870
植酸酶	0.01		

配方 123（主要蛋白原料为去皮豆粕、DDGS——喷浆干酒糟、玉米蛋白粉）

原料名称	含量/%	原料名称	含量/%
玉米	42.48	肉鸡多维多矿	0.30
小麦	15.00	小麦酶	0.01
次粉	5.00	营养素名称	营养含量/%
DDGS——喷浆干酒糟	3.00	粗蛋白	20.95
油脂	1.63	钙	0.90
去皮豆粕46%	26.11	总磷	0.70
玉米蛋白粉(60%粗蛋白)	3.00	可利用磷	0.45
食盐	0.30	盐	0.49
石粉	0.93	赖氨酸	1.10
磷酸氢钙	1.83	蛋氨酸	0.50
氯化胆碱	0.10	蛋氨酸＋胱氨酸	0.85
赖氨酸(65%)	0.20	苏氨酸	0.75
蛋氨酸	0.12	代谢能/(千卡/千克)	2904

配方 124（主要蛋白原料为去皮豆粕、DDGS——喷浆干酒糟、玉米蛋白粉、棉粕、花生粕、鱼粉）

原料名称	含量/%	原料名称	含量/%
玉米	42.51	蛋氨酸	0.11
小麦	15.00	肉鸡多维多矿	0.30
次粉	5.00	小麦酶	0.01
DDGS——喷浆干酒糟	3.00	营养素名称	营养含量/%
油脂	1.73	粗蛋白	20.96
去皮豆粕46%	19.99	钙	0.90
玉米蛋白粉(60%粗蛋白)	3.00	总磷	0.71
棉粕	3.00	可利用磷	0.45
花生粕	2.00	盐	0.55
鱼粉	1.00	赖氨酸	1.10
食盐	0.30	蛋氨酸	0.50
石粉	0.97	蛋氨酸＋胱氨酸	0.84
磷酸氢钙	1.68	苏氨酸	0.73
氯化胆碱	0.10	代谢能/(千卡/千克)	2903
赖氨酸(65%)	0.31		

配方 125（主要蛋白原料为去皮豆粕、玉米蛋白粉、花生粕）

原料名称	含量/%	原料名称	含量/%
玉米	44.97	肉鸡多维多矿	0.30
小麦	15.00	小麦酶	0.01
次粉	5.00	营养素名称	营养含量/%
油脂	1.17	粗蛋白	20.76
去皮豆粕	25.18	钙	0.88
玉米蛋白粉(60%粗蛋白)	3.00	总磷	0.68
花生粕	2.00	可利用磷	0.44
食盐	0.30	盐	0.38
石粉	0.92	赖氨酸	1.07
磷酸氢钙	1.74	蛋氨酸	0.48
氯化胆碱	0.10	蛋氨酸＋胱氨酸	0.82
赖氨酸(65%)	0.19	苏氨酸	0.72
蛋氨酸	0.11	代谢能/(千卡/千克)	2897

配方 126（主要蛋白原料为去皮豆粕、玉米蛋白粉、花生粕）

原料名称	含量/%	原料名称	含量/%
玉米	44.98	肉鸡多维多矿	0.30
小麦	15.00	小麦酶	0.01
次粉	5.00	营养素名称	营养含量/%
油脂	1.18	粗蛋白	20.85
去皮豆粕	24.13	钙	0.88
玉米蛋白粉(60%粗蛋白)	3.00	总磷	0.68
花生粕	3.00	可利用磷	0.44
食盐	0.30	盐	0.38
石粉	0.92	赖氨酸	1.08
磷酸氢钙	1.75	蛋氨酸	0.48
氯化胆碱	0.10	蛋氨酸＋胱氨酸	0.82
赖氨酸(65%)	0.22	苏氨酸	0.71
蛋氨酸	0.11	代谢能/(千卡/千克)	2900

配方 127（主要蛋白原料为去皮豆粕、DDGS——喷浆干酒糟、

玉米蛋白粉、棉粕）

原料名称	含量/%	原料名称	含量/%
玉米	41.93	肉鸡多维多矿	0.30
小麦	15.00	小麦酶	0.01
次粉	5.00	营养素名称	营养含量/%
DDGS——喷浆干酒糟	3.00	粗蛋白	20.94
油脂	1.84	钙	0.90
去皮豆粕	24.41	总磷	0.71
玉米蛋白粉(60%粗蛋白)	3.00	可利用磷	0.45
棉粕	2.00	盐	0.49
食盐	0.30	赖氨酸	1.10
石粉	0.94	蛋氨酸	0.50
磷酸氢钙	1.82	蛋氨酸+胱氨酸	0.85
氯化胆碱	0.10	苏氨酸	0.74
赖氨酸(65%)	0.24	代谢能/(千卡/千克)	2903
蛋氨酸	0.12		

配方 128（主要蛋白原料为去皮豆粕、DDGS——

喷浆干酒糟、玉米蛋白粉、棉粕）

原料名称	含量/%	原料名称	含量/%
玉米	42.16	肉鸡多维多矿	0.30
小麦	15.00	小麦酶	0.01
次粉	5.00	营养素名称	营养含量/%
DDGS——喷浆干酒糟	3.00	粗蛋白	20.93
油脂	1.44	钙	0.90
去皮豆粕	23.56	总磷	0.71
玉米蛋白粉(60%粗蛋白)	3.00	可利用磷	0.45
棉粕	3.00	盐	0.49
食盐	0.30	赖氨酸	1.10
石粉	0.94	蛋氨酸	0.50
磷酸氢钙	1.81	蛋氨酸+胱氨酸	0.85
氯化胆碱	0.10	苏氨酸	0.74
赖氨酸(65%)	0.26	代谢能/(千卡/千克)	2875
蛋氨酸	0.12		

配方 129（主要蛋白原料为去皮豆粕、DDGS——喷浆干酒糟、
玉米蛋白粉、棉粕、花生粕）

原料名称	含量/%	原料名称	含量/%
玉米	41.95	蛋氨酸	0.12
小麦	15.00	肉鸡多维多矿	0.30
次粉	5.00	小麦酶	0.01
DDGS——喷浆干酒糟	3.00	营养素名称	营养含量/%
油脂	1.85	粗蛋白	20.96
去皮豆粕	22.31	钙	0.90
玉米蛋白粉（60%粗蛋白）	3.00	总磷	0.71
棉粕	2.00	可利用磷	0.45
花生粕	2.00	盐	0.49
食盐	0.30	赖氨酸	1.10
石粉	0.94	蛋氨酸	0.50
磷酸氢钙	1.83	蛋氨酸+胱氨酸	0.85
氯化胆碱	0.10	苏氨酸	0.73
赖氨酸（65%）	0.30	代谢能/（千卡/千克）	2903

配方 130（主要蛋白原料为去皮豆粕、DDGS——喷浆干酒糟、
玉米蛋白粉、棉粕、花生粕）

原料名称	含量/%	原料名称	含量/%
玉米	39.44	蛋氨酸	0.14
小麦	15.00	肉鸡多维多矿	0.30
次粉	5.00	小麦酶	0.01
DDGS——喷浆干酒糟	3.00	营养素名称	营养含量/%
油脂	2.82	粗蛋白	21.01
去皮豆粕	26.04	钙	0.90
玉米蛋白粉（60%粗蛋白）	0.00	总磷	0.72
棉粕	3.00	可利用磷	0.45
花生粕	2.00	盐	0.48
食盐	0.30	赖氨酸	1.10
石粉	0.92	蛋氨酸	0.50
磷酸氢钙	1.81	蛋氨酸+胱氨酸	0.85
氯化胆碱	0.10	苏氨酸	0.75
赖氨酸（65%）	0.13	代谢能/（千卡/千克）	2899

配方 131（主要蛋白原料为去皮豆粕、棉粕、菜粕）

原料名称	含量/%	原料名称	含量/%
玉米	41.04	肉鸡多维多矿	0.30
小麦	15.00	小麦酶	0.01
次粉	5.00	营养素名称	营养含量/%
油脂	1.80	粗蛋白	21.0
去皮豆粕	27.58	钙	0.89
棉粕	3.00	总磷	0.71
菜粕	3.00	可利用磷	0.44
食盐	0.30	盐	0.39
石粉	0.86	赖氨酸	1.10
磷酸氢钙	1.72	蛋氨酸	0.50
氯化胆碱	0.10	蛋氨酸＋胱氨酸	0.86
赖氨酸（65%）	0.15	苏氨酸	0.77
蛋氨酸	0.14	代谢能/（千卡/千克）	2862

配方 132（主要蛋白原料为去皮豆粕、DDGS——喷浆干酒糟、玉米蛋白粉、棉粕、菜粕）

原料名称	含量/%	原料名称	含量/%
玉米	41.52	蛋氨酸	0.12
小麦	15.00	肉鸡多维多矿	0.30
次粉	5.00	小麦酶	0.01
DDGS——喷浆干酒糟	3.00	营养素名称	营养含量/%
油脂	1.39	粗蛋白	20.93
去皮豆粕	21.36	钙	0.89
玉米蛋白粉（60%粗蛋白）	3.00	总磷	0.70
棉粕	3.00	可利用磷	0.45
菜粕	3.00	盐	0.48
食盐	0.30	赖氨酸	1.10
石粉	0.92	蛋氨酸	0.50
磷酸氢钙	1.69	蛋氨酸＋胱氨酸	0.85
氯化胆碱	0.10	苏氨酸	0.74
赖氨酸（65%）	0.30	代谢能/（千卡/千克）	2875

配方 133（主要蛋白原料为去皮豆粕、DDGS——喷浆干酒糟、
玉米蛋白粉、棉仁蛋白）

原料名称	含量/%	原料名称	含量/%
玉米	42.73	肉鸡多维多矿	0.30
小麦	15.00	小麦酶	0.01
次粉	5.00	营养素名称	营养含量/%
DDGS——喷浆干酒糟	3.00	粗蛋白	20.95
油脂	1.61	钙	0.90
去皮豆粕	23.83	总磷	0.71
玉米蛋白粉（60%粗蛋白）	3.00	可利用磷	0.45
棉仁蛋白	2.00	盐	0.49
食盐	0.30	赖氨酸	1.10
石粉	0.94	蛋氨酸	0.50
磷酸氢钙	1.82	蛋氨酸＋胱氨酸	0.84
氯化胆碱	0.10	苏氨酸	0.74
赖氨酸（65%）	0.24	代谢能/（千卡/千克）	2904
蛋氨酸	0.12		

配方 134（主要蛋白原料为去皮豆粕、DDGS——喷浆干酒糟、
玉米蛋白粉、棉粕、花生粕）

原料名称	含量/%	原料名称	含量/%
玉米	41.68	蛋氨酸	0.12
小麦	15.00	肉鸡多维多矿	0.30
次粉	5.00	小麦酶	0.01
DDGS——喷浆干酒糟	3.00	营养素名称	营养含量/%
油脂	1.96	粗蛋白	20.95
去皮豆粕	21.46	钙	0.90
玉米蛋白粉（60%粗蛋白）	3.00	总磷	0.71
棉粕	3.00	可利用磷	0.45
花生粕	2.00	盐	0.49
食盐	0.30	赖氨酸	1.10
石粉	0.94	蛋氨酸	0.50
磷酸氢钙	1.82	蛋氨酸＋胱氨酸	0.85
氯化胆碱	0.10	苏氨酸	0.73
赖氨酸（65%）	0.32	代谢能/（千卡/千克）	2902

配方 135（主要蛋白原料为去皮豆粕、花生粕、玉米蛋白粉）

原料名称	含量/%	原料名称	含量/%
玉米	45.69	肉鸡多维多矿	0.30
小麦	15.00	5000 单位植酸酶	0.01
次粉	5.00	营养素名称	营养含量/%
油脂	0.95	粗蛋白	20.85
去皮豆粕	24.00	钙	0.88
花生粕	3.00	总磷	0.76
玉米蛋白粉（60%粗蛋白）	3.00	可利用磷	0.44
食盐	0.30	盐	0.57
石粉	1.12	赖氨酸	1.08
磷酸氢钙	1.19	蛋氨酸	0.48
氯化胆碱	0.10	蛋氨酸＋胱氨酸	0.82
赖氨酸（65%）	0.22	苏氨酸	0.71
蛋氨酸	0.11	代谢能/（千卡/千克）	2901

配方 136（主要蛋白原料为去皮豆粕、花生粕、玉米蛋白粉、
DDGS——喷浆干酒糟）

原料名称	含量/%	原料名称	含量/%
玉米	44.47	植酸酶	0.01
小麦	15.00	DDGS——喷浆干酒糟	3.00
次粉	5.00	营养素名称	营养含量/%
油脂	1.05	粗蛋白	20.68
去皮豆粕	21.88	钙	0.90
花生粕	3.00	总磷	0.78
玉米蛋白粉（60%粗蛋白）	3.00	可利用磷	0.45
食盐	0.30	盐	0.50
石粉	1.13	赖氨酸	1.10
磷酸氢钙	1.29	蛋氨酸	0.50
氯化胆碱	0.10	蛋氨酸＋胱氨酸	0.84
赖氨酸（65%）	0.35	苏氨酸	0.71
蛋氨酸	0.12	代谢能/（千卡/千克）	2894
肉鸡多维多矿	0.30		

配方 137（主要蛋白原料为去皮豆粕、花生粕、玉米蛋白粉、DDGS——喷浆干酒糟、棉仁蛋白）

原料名称	含量/%	原料名称	含量/%
玉米	44.72	蛋氨酸	0.12
小麦	15.00	肉鸡多维多矿	0.30
次粉	5.00	植酸酶	0.01
油脂	1.04	**营养素名称**	**营养含量/%**
去皮豆粕	19.60	粗蛋白	20.68
花生粕	3.00	钙	0.90
玉米蛋白粉（60%粗蛋白）	3.00	总磷	0.78
DDGS——喷浆干酒糟	3.00	可利用磷	0.45
棉仁蛋白	2.00	盐	0.50
食盐	0.30	赖氨酸	1.10
石粉	1.15	蛋氨酸	0.50
磷酸氢钙	1.28	蛋氨酸+胱氨酸	0.84
氯化胆碱	0.10	苏氨酸	0.71
赖氨酸（65%）	0.38	代谢能/（千卡/千克）	2894

配方 138（主要蛋白原料为去皮豆粕、花生粕、玉米蛋白粉、棉仁蛋白）

原料名称	含量/%	原料名称	含量/%
玉米	46.37	肉鸡多维多矿	0.30
小麦	15.00	植酸酶	0.01
次粉	5.00	**营养素名称**	**营养含量/%**
油脂	0.80	粗蛋白	20.69
去皮豆粕	21.24	钙	0.90
花生粕	3.00	总磷	0.78
玉米蛋白粉（60%粗蛋白）	3.00	可利用磷	0.45
棉仁蛋白	2.00	盐	0.51
食盐	0.30	赖氨酸	1.10
石粉	1.12	蛋氨酸	0.50
磷酸氢钙	1.32	蛋氨酸+胱氨酸	0.84
氯化胆碱	0.10	苏氨酸	0.71
赖氨酸（65%）	0.32	代谢能/（千卡/千克）	2895
蛋氨酸	0.13		

配方 139（主要蛋白原料为去皮豆粕、玉米蛋白粉、棉粕、菜粕）

原料名称	含量/%	原料名称	含量/%
玉米	44.79	蛋氨酸	0.12
小麦	15.00	肉鸡多维多矿	0.30
次粉	5.00	植酸酶	0.01
油脂	1.31	营养素名称	营养含量/%
去皮豆粕	20.44	粗蛋白	20.64
玉米蛋白粉（60%粗蛋白）	3.00	钙	0.90
棉粕	3.00	总磷	0.79
菜粕	3.00	可利用磷	0.45
鱼粉	1.00	盐	0.56
食盐	0.30	赖氨酸	1.10
石粉	1.11	蛋氨酸	0.50
磷酸氢钙	1.14	蛋氨酸＋胱氨酸	0.85
氯化胆碱	0.10	苏氨酸	0.73
赖氨酸（65%）	0.38	代谢能/（千卡/千克）	2892

配方 140（主要蛋白原料为去皮豆粕、玉米蛋白粉、棉粕）

原料名称	含量/%	原料名称	含量/%
玉米	46.02	肉鸡多维多矿	0.30
小麦	15.00	5000 单位植酸酶	0.01
次粉	5.00	营养素名称	营养含量/%
油脂	0.87	粗蛋白	20.5
去皮豆粕	23.65	钙	0.90
玉米蛋白粉（60%粗蛋白）	3.00	总磷	0.79
棉粕	3.00	可利用磷	0.45
食盐	0.30	盐	0.38
石粉	1.13	赖氨酸	1.08
磷酸氢钙	1.16	蛋氨酸	0.48
氯化胆碱	0.10	蛋氨酸＋胱氨酸	0.85
赖氨酸（65%）	0.33	苏氨酸	0.71
蛋氨酸	0.12	代谢能/（千卡/千克）	2890

配方 141（主要蛋白原料为去皮豆粕、花生粕、玉米蛋白粉、棉粕）

原料名称	含量/%	原料名称	含量/%
玉米	46.13	肉鸡多维多矿	0.30
小麦	15.00	植酸酶	0.01
次粉	5.00	营养素名称	营养含量/%
油脂	0.90	粗蛋白	20.53
去皮豆粕	20.50	钙	0.88
花生粕	3.00	总磷	0.77
玉米蛋白粉(60%粗蛋白)	3.00	可利用磷	0.47
棉粕	3.00	盐	0.38
食盐	0.30	赖氨酸	1.08
石粉	1.14	蛋氨酸	0.48
磷酸氢钙	1.18	蛋氨酸+胱氨酸	0.82
氯化胆碱	0.10	苏氨酸	0.70
赖氨酸(65%)	0.32	代谢能/(千卡/千克)	2890
蛋氨酸	0.12		

配方 142（主要蛋白原料为去皮豆粕、花生粕、玉米蛋白粉）

原料名称	含量/%	原料名称	含量/%
玉米	44.46	植酸酶	0.01
小麦	15.00	棉粕	3.00
次粉	5.00	玉米胚芽饼	2.00
油脂	1.16	营养素名称	营养含量/%
去皮豆粕	19.90	粗蛋白	20.48
花生粕	3.00	钙	0.88
玉米蛋白粉(60%粗蛋白)	3.00	总磷	0.77
食盐	0.30	可利用磷	0.45
石粉	1.15	盐	0.38
磷酸氢钙	1.17	赖氨酸	1.08
氯化胆碱	0.10	蛋氨酸	0.48
赖氨酸(65%)	0.33	蛋氨酸+胱氨酸	0.82
蛋氨酸	0.12	苏氨酸	0.70
肉鸡多维多矿	0.30	代谢能/(千卡/千克)	2888

配方 143（主要蛋白原料为去皮豆粕、玉米胚芽粕、棉粕、花生粕）

原料名称	含量/%	原料名称	含量/%
玉米	49.61	肉鸡多维多矿	0.30
小麦	10.0	植酸酶	0.01
次粉	5.00	小麦酶	0.01
玉米胚芽粕	3.00	营养素名称	营养含量/%
油脂	1.82	粗蛋白	20.35
去皮豆粕	20.30	钙	0.70
棉粕	4.00	总磷	0.55
花生粕	3.00	可利用磷	0.30
食盐	0.30	盐	0.29
磷酸氢钙	0.80	赖氨酸	1.03
石粉	1.20	蛋氨酸	0.45
氯化胆碱	0.10	蛋氨酸+胱氨酸	0.60
赖氨酸(65%)	0.39	苏氨酸	0.68
蛋氨酸	0.16	代谢能/(千卡/千克)	2996

配方 144（主要蛋白原料为去皮豆粕、花生粕、菜粕、玉米蛋白粉）

原料名称	含量/%	原料名称	含量/%
玉米	50.17	肉鸡多维多矿	0.30
小麦	10.0	植酸酶	0.01
次粉	5.00	小麦酶	0.01
油脂	0.88	营养素名称	营养含量/%
去皮豆粕	20.36	粗蛋白	20.24
花生粕	3.00	钙	0.72
菜粕	3.50	总磷	0.52
玉米蛋白粉(60%粗蛋白)	4.00	可利用磷	0.29
食盐	0.30	盐	0.29
磷酸氢钙	0.80	赖氨酸	0.99
石粉	1.20	蛋氨酸	0.46
氯化胆碱	0.10	蛋氨酸+胱氨酸	0.69
赖氨酸(65%)	0.25	苏氨酸	0.71
蛋氨酸	0.12	代谢能/(千卡/千克)	2989

配方 145（主要蛋白原料为去皮豆粕、棉粕、玉米蛋白粉）

原料名称	含量/%	原料名称	含量/%
玉米	52.08	植酸酶	0.01
小麦	10.0	小麦酶	0.01
次粉	5.00	营养素名称	营养含量/%
油脂	0.66	粗蛋白	20.45
去皮豆粕	21.17	钙	0.69
棉粕	4.00	总磷	0.51
玉米蛋白粉(60%粗蛋白)	4.00	可利用磷	0.29
食盐	0.30	盐	0.29
磷酸氢钙	0.80	赖氨酸	0.95
石粉	1.20	蛋氨酸	0.42
氯化胆碱	0.10	蛋氨酸+胱氨酸	0.64
赖氨酸(65%)	0.27	苏氨酸	0.67
蛋氨酸	0.10	代谢能/(千卡/千克)	2998
肉鸡多维多矿	0.30		

配方 146（主要蛋白原料为去皮豆粕、DDGS——喷浆干酒糟、
棉粕、玉米蛋白粉）

原料名称	含量/%	原料名称	含量/%
玉米	39.24	肉鸡多维多矿	0.30
小麦	20.00	植酸酶	0.01
次粉	5.00	小麦酶	0.01
DDGS——喷浆干酒糟	3.00	营养素名称	营养含量/%
油脂	1.45	粗蛋白	20.80
去皮豆粕	20.09	钙	0.8
棉粕	4.00	总磷	0.7
玉米蛋白粉(60%粗蛋白)	4.00	可利用磷	0.37
食盐	0.30	盐	0.29
石粉	1.20	赖氨酸	1.10
磷酸氢钙	0.70	蛋氨酸	0.50
氯化胆碱	0.10	蛋氨酸+胱氨酸	0.84
赖氨酸(65%)	0.44	苏氨酸	0.71
蛋氨酸	0.17	代谢能/(千卡/千克)	2891

配方 147（主要蛋白原料为去皮豆粕、玉米蛋白粉、DDGS——喷浆干酒糟、菜粕、花生粕）

原料名称	含量/%	原料名称	含量/%
玉米	41.00	蛋氨酸	0.17
小麦	20.00	肉鸡多维多矿	0.30
次粉	5.00	植酸酶	0.01
DDGS——喷浆干酒糟	3.00	小麦酶	0.01
油脂	1.00	**营养素名称**	**营养含量/%**
去皮豆粕	15.63	粗蛋白	20.80
玉米蛋白粉(60%粗蛋白)	4.00	钙	0.8
菜粕	0.00	总磷	0.7
棉仁蛋白	4.00	可利用磷	0.37
花生粕	3.00	盐	0.29
食盐	0.30	赖氨酸	1.10
石粉	1.20	蛋氨酸	0.50
磷酸氢钙	0.73	蛋氨酸＋胱氨酸	0.84
氯化胆碱	0.10	苏氨酸	0.69
赖氨酸(65%)	0.54	代谢能/(千卡/千克)	2897

配方 148（主要蛋白原料为去皮豆粕、DDGS——喷浆干酒糟、菜粕、棉仁蛋白、花生粕）

原料名称	含量/%	原料名称	含量/%
玉米	36.78	肉鸡多维多矿	0.30
小麦	20.00	植酸酶	0.01
次粉	5.00	小麦酶	0.01
DDGS——喷浆干酒糟	3.00	**营养素名称**	**营养含量/%**
油脂	2.62	粗蛋白	20.87
去皮豆粕	19.54	钙	0.8
菜粕	3.00	总磷	0.7
棉仁蛋白	4.00	可利用磷	0.36
花生粕	3.00	盐	0.29
食盐	0.30	赖氨酸	1.10
石粉	1.19	蛋氨酸	0.50
磷酸氢钙	0.63	蛋氨酸＋胱氨酸	0.85
氯化胆碱	0.10	苏氨酸	0.72
赖氨酸(65%)	0.33	代谢能/(千卡/千克)	2876
蛋氨酸	0.19		

配方 149（主要蛋白原料为去皮豆粕、玉米蛋白粉、棉粕、

DDGS——喷浆干酒糟）

原料名称	含量/%	原料名称	含量/%
玉米	39.52	肉鸡多维多矿	0.30
小麦	20.00	植酸酶	0.01
次粉	5.00	小麦酶	0.01
DDGS——喷浆干酒糟	4.00	**营养素名称**	**营养含量/%**
油脂	1.31	粗蛋白	20.65
去皮豆粕	19.07	钙	0.79
棉粕	4.00	总磷	0.68
玉米蛋白粉（60%粗蛋白）	4.00	可利用磷	0.36
食盐	0.30	盐	0.35
石粉	1.23	赖氨酸	1.08
磷酸氢钙	0.55	蛋氨酸	0.48
氯化胆碱	0.10	蛋氨酸+胱氨酸	0.82
赖氨酸（65%）	0.45	苏氨酸	0.70
蛋氨酸	0.16	代谢能/（千卡/千克）	2888

配方 150（主要蛋白原料为去皮豆粕、玉米蛋白粉、棉粕、

DDGS——喷浆干酒糟、菜粕）

原料名称	含量/%	原料名称	含量/%
玉米	37.45	肉鸡多维多矿	0.30
小麦	20.00	植酸酶	0.01
次粉	5.00	小麦酶	0.01
DDGS——喷浆干酒糟	4.00	**营养素名称**	**营养含量/%**
油脂	1.98	粗蛋白	20.79
去皮豆粕	17.33	钙	0.8
棉粕	4.00	总磷	0.7
玉米蛋白粉（60%粗蛋白）	4.00	可利用磷	0.36
菜粕	3.00	盐	0.29
食盐	0.30	赖氨酸	1.10
石粉	1.22	蛋氨酸	0.50
磷酸氢钙	0.63	蛋氨酸+胱氨酸	0.85
氯化胆碱	0.10	苏氨酸	0.71
赖氨酸（65%）	0.51	代谢能/（千卡/千克）	2884
蛋氨酸	0.16		

配方 151（主要蛋白原料为去皮豆粕、玉米蛋白粉、棉粕、
DDGS——喷浆干酒糟、菜粕、花生粕）

原料名称	含量/%	原料名称	含量/%
玉米	38.12	蛋氨酸	0.17
小麦	20.00	肉鸡多维多矿	0.30
次粉	5.00	植酸酶	0.01
DDGS——喷浆干酒糟	3.00	小麦酶	0.01
油脂	1.91	营养素名称	营养含量/%
去皮豆粕	14.64	粗蛋白	20.79
棉粕	4.00	钙	0.8
玉米蛋白粉(60%粗蛋白)	4.00	总磷	0.7
菜粕	3.00	可利用磷	0.36
花生粕	3.00	盐	0.29
食盐	0.30	赖氨酸	1.10
石粉	1.21	蛋氨酸	0.50
磷酸氢钙	0.66	蛋氨酸+胱氨酸	0.85
氯化胆碱	0.10	苏氨酸	0.69
赖氨酸(65%)	0.58	代谢能/(千卡/千克)	2885

配方 152（主要蛋白原料为去皮豆粕、玉米蛋白粉、棉粕、
DDGS——喷浆干酒糟）

原料名称	含量/%	原料名称	含量/%
玉米	37.45	植酸酶	0.01
小麦	20.00	菜粕	3.00
次粉	5.00	小麦酶	0.01
DDGS——喷浆干酒糟	4.00	营养素名称	营养含量/%
油脂	1.98	粗蛋白	20.79
去皮豆粕	17.33	钙	0.8
棉粕	4.00	总磷	0.7
玉米蛋白粉(60%粗蛋白)	4.00	可利用磷	0.36
食盐	0.30	盐	0.29
石粉	1.22	赖氨酸	1.10
磷酸氢钙	0.63	蛋氨酸	0.50
氯化胆碱	0.10	蛋氨酸+胱氨酸	0.85
赖氨酸(65%)	0.51	苏氨酸	0.71
蛋氨酸	0.16	代谢能/(千卡/千克)	2884
肉鸡多维多矿	0.30		

配方 153（主要蛋白原料为去皮豆粕、棉粕、
DDGS——喷浆干酒糟、花生粕）

原料名称	含量/%	原料名称	含量/%
玉米	36.64	肉鸡多维多矿	0.30
小麦	20.00	植酸酶	0.01
次粉	5.00	小麦酶	0.01
DDGS——喷浆干酒糟	4.00	营养素名称	营养含量/%
油脂	2.48	粗蛋白	20.73
去皮豆粕	21.95	钙	0.79
棉粕	4.00	总磷	0.7
花生粕	3.00	可利用磷	0.40
食盐	0.30	盐	0.35
石粉	0.82	赖氨酸	1.08
磷酸氢钙	0.92	蛋氨酸	0.48
氯化胆碱	0.10	蛋氨酸+胱氨酸	0.82
赖氨酸（65%）	0.29	苏氨酸	0.71
蛋氨酸	0.19	代谢能/(千卡/千克)	2873

配方 154（主要蛋白原料为去皮豆粕、棉粕、
DDGS——喷浆干酒糟、花生粕）

原料名称	含量/%	原料名称	含量/%
玉米	35.81	肉鸡多维多矿	0.30
小麦	20.00	植酸酶	0.01
次粉	5.00	小麦酶	0.01
DDGS——喷浆干酒糟	4.00	营养素名称	营养含量/%
油脂	2.71	粗蛋白	20.87
去皮豆粕	22.42	钙	0.8
棉粕	4.00	总磷	0.7
花生粕	3.00	可利用磷	0.36
食盐	0.30	盐	0.29
石粉	1.20	赖氨酸	1.10
磷酸氢钙	0.66	蛋氨酸	0.50
氯化胆碱	0.10	蛋氨酸+胱氨酸	0.84
赖氨酸（65%）	0.30	苏氨酸	0.72
蛋氨酸	0.19	代谢能/(千卡/千克)	2875

配方 155（主要蛋白原料为去皮豆粕、玉米蛋白粉、花生粕、肉骨粉、棉仁蛋白）

原料名称	含量/%	原料名称	含量/%
玉米	39.65	蛋氨酸	0.17
小麦	20.00	肉鸡多维多矿	0.30
次粉	5.00	小麦酶	0.01
DDGS——喷浆干酒糟	3.00	营养素名称	营养含量/%
油脂	1.52	粗蛋白	20.82
去皮豆粕	16.66	钙	0.80
玉米蛋白粉(60%粗蛋白)	3.00	总磷	0.70
花生粕	3.00	可利用磷	0.44
肉骨粉	0.50	盐	0.30
棉仁蛋白	4.00	赖氨酸	1.10
食盐	0.30	蛋氨酸	0.50
石粉	0.69	蛋氨酸＋胱氨酸	0.84
磷酸氢钙	1.63	苏氨酸	0.70
氯化胆碱	0.08	代谢能/(千卡/千克)	2890
赖氨酸(65%)	0.48		

配方 156（主要蛋白原料为去皮豆粕、棉粕、玉米蛋白粉）

原料名称	含量/%	原料名称	含量/%
玉米	38.16	肉鸡多维多矿	0.3
小麦	20	小麦酶	0.01
次粉	5	营养素名称	营养含量/%
DDGS——喷浆干酒糟	3	粗蛋白	20.72
油脂	1.86	钙	0.80
去皮豆粕	22.45	总磷	0.70
棉粕	3	可利用磷	0.44
玉米蛋白粉(60%粗蛋白)	3	盐	0.30
食盐	0.3	赖氨酸	1.10
石粉	0.98	蛋氨酸	0.50
磷酸氢钙	1.33	蛋氨酸＋胱氨酸	0.84
氯化胆碱	0.08	苏氨酸	0.72
赖氨酸(65%)	0.36	代谢能/(千卡/千克)	2886
蛋氨酸	0.17		

配方 157（主要蛋白原料为去皮豆粕、棉粕、
玉米蛋白粉、肉骨粉、菜粕）

原料名称	含量/%	原料名称	含量/%
玉米	39.43	蛋氨酸	0.16
小麦	20.00	肉鸡多维多矿	0.30
次粉	5.00	小麦酶	0.01
油脂	1.82	营养素名称	营养含量/%
去皮豆粕	20.92	粗蛋白	20.68
棉粕	3.00	钙	0.80
玉米蛋白粉(60%粗蛋白)	3.00	总磷	0.70
肉骨粉	0.50	可利用磷	0.44
菜粕	3.00	盐	0.36
食盐	0.30	赖氨酸	1.08
石粉	0.67	蛋氨酸	0.48
磷酸氢钙	1.47	蛋氨酸＋胱氨酸	0.83
氯化胆碱	0.08	苏氨酸	0.71
赖氨酸(65%)	0.34	代谢能/(千卡/千克)	2881

配方 158（主要蛋白原料为去皮豆粕、棉粕、玉米蛋白粉、花生粕）

原料名称	含量/%	原料名称	含量/%
玉米	40.80	蛋氨酸	0.16
小麦	20.00	肉鸡多维多矿	0.30
次粉	5.00	小麦酶	0.01
油脂	1.32	营养素名称	营养含量/%
去皮豆粕	18.21	粗蛋白	20.66
棉粕	4.00	钙	0.79
玉米蛋白粉(60%粗蛋白)	4.00	总磷	0.71
花生粕	3.00	可利用磷	0.45
植酸酶	0.01	盐	0.35
食盐	0.30	赖氨酸	1.08
石粉	0.93	蛋氨酸	0.48
磷酸氢钙	1.44	蛋氨酸＋胱氨酸	0.82
氯化胆碱	0.08	苏氨酸	0.69
赖氨酸(65%)	0.45	代谢能/(千卡/千克)	2887

配方 159（主要蛋白原料为去皮豆粕、棉粕、玉米蛋白粉、花生粕、菜粕）

原料名称	含量/%	原料名称	含量/%
玉米	37.02	蛋氨酸	0.17
小麦	20.00	肉鸡多维多矿	0.30
次粉	5.00	小麦酶	0.01
DDGS——喷浆干酒糟	3.00	营养素名称	营养含量/%
油脂	2.32	粗蛋白	20.77
去皮豆粕	17.01	钙	0.79
棉粕	3.00	总磷	0.69
玉米蛋白粉(60%粗蛋白)	3.00	可利用磷	0.44
花生粕	3.00	盐	0.30
菜粕	3.00	赖氨酸	1.09
食盐	0.30	蛋氨酸	0.49
石粉	0.69	蛋氨酸+胱氨酸	0.84
磷酸氢钙	1.58	苏氨酸	0.69
氯化胆碱(60%)	0.10	代谢能/(千卡/千克)	2875
赖氨酸(65%)	0.50		

配方 160（主要蛋白原料为去皮豆粕、棉粕、玉米蛋白粉）

原料名称	含量/%	原料名称	含量/%
玉米	40.02	肉鸡多维多矿	0.30
小麦	20.00	小麦酶	0.01
次粉	5.00	营养素名称	营养含量/%
油脂	1.50	粗蛋白	20.68
去皮豆粕	23.82	钙	0.80
棉粕	3.00	总磷	0.70
玉米蛋白粉(60%粗蛋白)	3.00	可利用磷	0.44
食盐	0.30	盐	0.35
石粉	0.71	赖氨酸	1.08
磷酸氢钙	1.63	蛋氨酸	0.48
氯化胆碱	0.08	蛋氨酸+胱氨酸	0.82
赖氨酸(65%)	0.28	苏氨酸	0.71
蛋氨酸	0.17	代谢能/(千卡/千克)	2886

配方 161（主要蛋白原料为去皮豆粕、棉粕、玉米蛋白粉）

原料名称	含量/%	原料名称	含量/%
玉米	38.60	肉鸡多维多矿	0.30
小麦	20.00	小麦酶	0.01
次粉	5.00	营养素名称	营养含量/%
油脂	2.05	粗蛋白	20.78
去皮豆粕	21.90	钙	0.79
棉粕	3.00	总磷	0.69
玉米蛋白粉（60%粗蛋白）	3.00	可利用磷	0.43
菜粕	3.00	盐	0.30
食盐	0.30	赖氨酸	1.09
石粉	0.65	蛋氨酸	0.49
磷酸氢钙	1.61	蛋氨酸+胱氨酸	0.84
氯化胆碱	0.08	苏氨酸	0.72
赖氨酸65%	0.34	代谢能/（千卡/千克）	2880
蛋氨酸99%	0.17		

配方 162（主要蛋白原料为去皮豆粕、棉粕、玉米蛋白粉、花生粕）

原料名称	含量/%	原料名称	含量/%
玉米	39.94	肉鸡多维多矿	0.30
小麦	20.00	小麦酶	0.01
次粉	5.00	营养素名称	营养含量/%
油脂	1.61	粗蛋白	20.8
去皮豆粕	20.86	钙	0.80
棉粕	3.00	总磷	0.70
玉米蛋白粉（60%粗蛋白）	3.00	可利用磷	0.44
花生粕	3.00	盐	0.30
食盐	0.30	赖氨酸	1.10
石粉	0.65	蛋氨酸	0.50
磷酸氢钙	1.69	蛋氨酸+胱氨酸	0.84
氯化胆碱	0.08	苏氨酸	0.71
赖氨酸（65%）	0.39	代谢能/（千卡/千克）	2888
蛋氨酸	0.18		

配方 163（主要蛋白原料为去皮豆粕、DDGS——喷浆干酒糟、

棉粕、玉米蛋白粉、玉米胚芽饼、花生粕）

原料名称	含量/%	原料名称	含量/%
玉米	36.58	蛋氨酸	0.17
小麦	20.00	肉鸡多维多矿	0.30
次粉	5.00	小麦酶	0.01
DDGS——喷浆干酒糟	3.00	营养素名称	营养含量/%
油脂	2.15	粗蛋白	20.79
去皮豆粕	18.63	钙	0.80
棉粕	3.00	总磷	0.70
玉米蛋白粉(60%粗蛋白)	3.00	可利用磷	0.44
玉米胚芽饼	2.00	盐	0.30
花生粕	3.00	赖氨酸	1.10
食盐	0.30	蛋氨酸	0.50
石粉	0.69	蛋氨酸+胱氨酸	0.84
磷酸氢钙	1.63	苏氨酸	0.70
氯化胆碱	0.08	代谢能/(千卡/千克)	2880
赖氨酸(65%)	0.47		

二、肉中鸡配合饲料配方

（一）玉米-豆粕型

配方 164（主要蛋白原料为豆粕）

原料名称	含量/%	营养素名称	营养含量/%
玉米	58.37	粗蛋白	18.8
大豆粕	30.00	钙	0.88
次粉	5.00	总磷	0.61
猪油	2.80	可利用磷	0.40
磷酸氢钙	1.50	盐	0.38
石粉	1.30	赖氨酸	0.934
盐	0.35	蛋氨酸	0.384
0.5%预混料	0.5	蛋氨酸+胱氨酸	0.712
氯化胆碱	0.08	苏氨酸	0.771
赖氨酸(98%)	0.02	色氨酸	0.249
蛋氨酸(DL-Met)	0.08	代谢能/(千卡/千克)	2977

配方 165（主要蛋白原料为豆粕）

原料名称	含量/%	营养素名称	营养含量/%
玉米	57.13	粗蛋白	19.0
大豆粕	30.80	钙	0.89
次粉	5.00	总磷	0.61
猪油	3.25	可利用磷	0.41
磷酸氢钙	1.54	盐	0.33
石粉	1.30	赖氨酸	0.970
盐	0.30	蛋氨酸	0.378
0.5%预混料	0.5	蛋氨酸+胱氨酸	0.709
氯化胆碱	0.08	苏氨酸	0.782
赖氨酸（98%）	0.04	色氨酸	0.254
蛋氨酸（DL-Met）	0.06	代谢能/（千卡/千克）	2998

（二）玉米-豆粕-鱼粉型

配方 166（主要蛋白原料为豆粕、棉籽粕、菜籽粕）

原料名称	含量/%	原料名称	含量/%
玉米	59.03	蛋氨酸（DL-Met）	0.1
大豆粕	22.35	营养素名称	营养含量/%
次粉	5.00	粗蛋白	18.2
棉籽粕	4.00	钙	0.67
菜籽粕	4.00	总磷	0.67
植酸酶	0.01	可利用磷	0.39
猪油	3.12	盐	0.37
石粉	0.69	赖氨酸	0.922
磷酸氢钙	0.86	蛋氨酸	0.38
盐	0.25	蛋氨酸+胱氨酸	0.704
0.5%预混料	0.5	苏氨酸	0.672
氯化胆碱	0.08	色氨酸	0.219
赖氨酸（98%）	0.1	代谢能/（千卡/千克）	3014

配方 167（主要蛋白原料为豆粕、棉籽粕、花生粕）

原料名称	含量/%	原料名称	含量/%
玉米	60.6	蛋氨酸（DL-Met）	0.1
大豆粕	22.11	营养素名称	营养含量/%
次粉	5.00	粗蛋白	18.6
棉籽粕	4.00	钙	0.65
花生粕	4.00	总磷	0.64
植酸酶	0.01	可利用磷	0.38
猪油	2.40	盐	0.37
磷酸氢钙	0.8	赖氨酸	0.912
石粉	0.7	蛋氨酸	0.374
盐	0.26	蛋氨酸＋胱氨酸	0.684
0.5%预混料	0.5	苏氨酸	0.661
氯化胆碱	0.08	色氨酸	0.220
赖氨酸（98%）	0.1	代谢能/（千卡/千克）	3047

配方 168（主要蛋白原料为豆粕、棉籽粕、花生粕、玉米蛋白粉）

原料名称	含量/%	原料名称	含量/%
玉米	62.57	蛋氨酸（DL-Met）	0.12
大豆粕	16.66	营养素名称	营养含量/%
次粉	5.00	粗蛋白	18.2
棉籽粕	4.00	钙	0.62
花生粕	4.00	总磷	0.63
植酸酶	0.01	可利用磷	0.38
玉米蛋白粉（60%粗蛋白）	3.00	盐	0.37
猪油	2.21	赖氨酸	0.889
磷酸氢钙	0.8	蛋氨酸	0.407
石粉	0.7	蛋氨酸＋胱氨酸	0.746
0.5%预混料	0.5	苏氨酸	0.712
氯化胆碱	0.08	色氨酸	0.199
赖氨酸（98%）	0.20	代谢能/（千卡/千克）	3088
盐	0.28		

配方 169（主要蛋白原料为豆粕、棉籽粕、花生粕、玉米蛋白粉、DDGS——喷浆干酒糟）

原料名称	含量/%	原料名称	含量/%
玉米	62	赖氨酸(98%)	0.2
大豆粕	15	蛋氨酸(DL-Met)	0.1
次粉	5.00	营养素名称	营养含量/%
棉籽粕	4.00	粗蛋白	18.3
花生粕	4.00	钙	0.63
植酸酶	0.01	总磷	0.63
玉米蛋白粉(60%粗蛋白)	3.00	可利用磷	0.38
DDGS——喷浆干酒糟	3.00	盐	0.37
猪油	1.29	赖氨酸	0.867
磷酸氢钙	0.8	蛋氨酸	0.393
石粉	0.7	蛋氨酸＋胱氨酸	0.699
盐	0.28	苏氨酸	0.632
0.5%预混料	0.5	色氨酸	0.194
氯化胆碱	0.08	代谢能/(千卡/千克)	3028

配方 170（主要蛋白原料为豆粕、棉籽粕、花生粕、玉米蛋白粉）

原料名称	含量/%	原料名称	含量/%
玉米	60.02	蛋氨酸(DL-Met)	0.12
大豆粕	19.0	营养素名称	营养含量/%
次粉	5.00	粗蛋白	19.0
棉籽粕	4.00	钙	0.75
花生粕	4.00	总磷	0.66
植酸酶	0.01	可利用磷	0.40
玉米蛋白粉(60%粗蛋白)	3.00	盐	0.37
猪油	2.02	赖氨酸	0.940
磷酸氢钙	0.95	蛋氨酸	0.446
石粉	0.75	蛋氨酸＋胱氨酸	0.733
盐	0.28	苏氨酸	0.668
0.5%预混料	0.5	色氨酸	0.212
氯化胆碱	0.08	代谢能/(千卡/千克)	3049
赖氨酸(98%)	0.20		

（三）玉米-豆粕-杂粕型

配方 171（主要蛋白原料为豆粕、棉籽粕）

原料名称	含量/%	营养素名称	营养含量/%
玉米	57.00	粗蛋白	19.6
大豆粕	28.00	钙	0.91
次粉	5.00	总磷	0.65
猪油	3.20	可利用磷	0.44
棉籽粕	3.00	盐	0.37
磷酸氢钙	1.50	赖氨酸	0.946
石粉	1.34	蛋氨酸	0.390
盐	0.30	蛋氨酸＋胱氨酸	0.735
0.5%预混料	0.5	苏氨酸	0.795
氯化胆碱	0.08	色氨酸	0.258
赖氨酸(98%)	0.03	代谢能/(千卡/千克)	3020
蛋氨酸(DL-Met)	0.06		

配方 172（主要蛋白原料为豆粕、棉籽粕、菜籽粕）

原料名称	含量/%	营养素名称	营养含量/%
玉米	57.19	粗蛋白	18.8
大豆粕	24.21	钙	0.89
次粉	4.00	总磷	0.64
棉籽粕	4.00	可利用磷	0.41
猪油	3.65	盐	0.34
菜籽粕	3.00	赖氨酸	0.958
磷酸氢钙	1.52	蛋氨酸	0.390
石粉	1.29	蛋氨酸＋胱氨酸	0.733
盐	0.30	苏氨酸	0.751
0.5%预混料	0.5	色氨酸	0.238
氯化胆碱	0.08	代谢能/(千卡/千克)	2986
赖氨酸(98%)	0.16		
蛋氨酸(DL-Met)	0.1		

配方 173（主要蛋白原料为豆粕、棉籽粕、菜籽粕、水解羽毛粉）

原料名称	含量/%	原料名称	含量/%
玉米	59.78	蛋氨酸（DL-Met）	0.12
大豆粕	18.50	营养素名称	营养含量/%
次粉	4.00	粗蛋白	18.9
棉籽粕	4.00	钙	0.88
菜籽粕	4.00	总磷	0.63
猪油	3.20	可利用磷	0.42
水解羽毛粉	2.50	盐	0.37
磷酸氢钙	1.50	赖氨酸	0.954
石粉	1.30	蛋氨酸	0.407
盐	0.29	蛋氨酸＋胱氨酸	0.798
0.5%预混料	0.5	苏氨酸	0.755
氯化胆碱	0.08	色氨酸	0.215
赖氨酸（98%）	0.22	代谢能/（千卡/千克）	2992

配方 174（主要蛋白原料为豆粕、棉籽粕、花生粕、
玉米蛋白粉、水解羽毛粉）

原料名称	含量/%	原料名称	含量/%
玉米	60.56	蛋氨酸（DL-Met）	0.08
大豆粕	14.27	营养素名称	营养含量/%
次粉	5.00	粗蛋白	19.5
棉籽粕	4.00	钙	0.89
花生粕	4.00	总磷	0.62
玉米蛋白粉（60%粗蛋白）	3.00	可利用磷	0.41
猪油	2.53	盐	0.37
水解羽毛粉	2.50	赖氨酸	0.942
磷酸氢钙	1.55	蛋氨酸	0.358
石粉	1.36	蛋氨酸＋胱氨酸	0.735
盐	0.29	苏氨酸	0.729
0.5%预混料	0.5	色氨酸	0.200
氯化胆碱	0.08	代谢能/（千卡/千克）	3040
赖氨酸（98%）	0.28		

配方 175（主要蛋白原料为豆粕、棉籽粕、花生粕、玉米蛋白粉、水解羽毛粉）

原料名称	含量/%	原料名称	含量/%
玉米	62.80	赖氨酸（98%）	0.24
大豆粕	14.44	蛋氨酸（DL-Met）	0.06
次粉	5.00	营养素名称	营养含量/%
棉籽粕	3.50	粗蛋白	19.3
花生粕	3.50	钙	0.0.75
玉米蛋白粉（60%粗蛋白）	3.00	总磷	0.52
植酸酶	0.01	可利用磷	0.40
水解羽毛粉	2.50	盐	0.37
猪油	2.06	赖氨酸	0.939
石粉	1.13	蛋氨酸	0.361
磷酸氢钙	0.92	蛋氨酸+胱氨酸	0.754
盐	0.27	苏氨酸	0.718
0.5%预混料	0.5	色氨酸	0.191
氯化胆碱	0.08	代谢能/（千卡/千克）	3048

配方 176（主要蛋白原料为豆粕、棉籽粕、花生粕、菜籽粕、玉米蛋白粉、水解羽毛粉）

原料名称	含量/%	原料名称	含量/%
玉米	62.0	赖氨酸（98%）	0.26
大豆粕	13.73	蛋氨酸（DL-Met）	0.07
次粉	5.00	营养素名称	营养含量/%
棉籽粕	3.20	粗蛋白	19.0
花生粕	3.20	钙	0.75
菜籽粕	3.00	总磷	0.56
玉米蛋白粉（60%粗蛋白）	2.50	可利用磷	0.40
植酸酶	0.01	盐	0.37
猪油	2.32	赖氨酸	0.942
水解羽毛粉	2.00	蛋氨酸	0.360
石粉	0.93	蛋氨酸+胱氨酸	0.747
磷酸氢钙	0.95	苏氨酸	0.711
盐	0.28	色氨酸	0.192
0.5%预混料	0.5	代谢能/（千卡/千克）	3035
氯化胆碱	0.08		

配方 177（主要蛋白原料为豆粕、棉籽粕、菜籽粕、花生粕、玉米蛋白粉、
DDGS——喷浆干酒糟、水解羽毛粉）

原料名称	含量/%	原料名称	含量/%
玉米	59.76	氯化胆碱	0.08
大豆粕	12.64	赖氨酸(98%)	0.29
次粉	5.00	蛋氨酸(DL-Met)	0.09
棉籽粕	3.00	营养素名称	营养含量/%
菜籽粕	3.00	粗蛋白	19.6
花生粕	3.00	钙	0.82
玉米蛋白粉(60%粗蛋白)	3.00	总磷	0.55
DDGS——喷浆干酒糟	3.00	可利用磷	0.42
植酸酶	0.01	盐	0.37
猪油	2.31	赖氨酸	0.955
水解羽毛粉	2.00	蛋氨酸	0.365
石粉	1.05	蛋氨酸+胱氨酸	0.755
磷酸氢钙	1.00	苏氨酸	0.738
盐	0.28	色氨酸	0.187
0.5%预混料	0.5	代谢能/(千卡/千克)	3042

配方 178（主要蛋白原料为豆粕、菜籽粕、花生粕、水解羽毛粉）

原料名称	含量/%	原料名称	含量/%
玉米	58.89	蛋氨酸(DL-Met)	0.08
大豆粕	21.71	营养素名称	营养含量/%
次粉	5.00	粗蛋白	19.2
猪油	3.10	钙	0.82
菜籽粕	3.00	总磷	0.56
花生粕	3.00	可利用磷	0.42
植酸酶	0.01	盐	0.37
水解羽毛粉	2.00	赖氨酸	0.945
石粉	1.12	蛋氨酸	0.356
磷酸氢钙	1.00	蛋氨酸+胱氨酸	0.740
盐	0.28	苏氨酸	0.757
0.5%预混料	0.5	色氨酸	0.221
氯化胆碱	0.08	代谢能/(千卡/千克)	3031
赖氨酸(98%)	0.24		

配方 179（主要蛋白原料为豆粕、菜籽粕、花生粕、肉骨粉）

原料名称	含量/%	原料名称	含量/%
玉米	56.48	蛋氨酸（DL-Met）	0.09
大豆粕	23.65	营养素名称	营养含量/%
次粉	5.00	粗蛋白	19.2
猪油	3.58	钙	0.81
菜籽粕	4.00	总磷	0.57
花生粕	4.00	可利用磷	0.40
植酸酶	0.01	盐	0.37
石粉	1.10	赖氨酸	0.933
磷酸氢钙	1.00	蛋氨酸	0.383
盐	0.30	蛋氨酸＋胱氨酸	0.731
0.5%预混料	0.5	苏氨酸	0.750
氯化胆碱	0.08	色氨酸	0.236
赖氨酸（98%）	0.22	代谢能/（千卡/千克）	3029

配方 180（主要蛋白原料为豆粕、棉籽粕、菜籽粕、花生粕、玉米蛋白粉）

原料名称	含量/%	原料名称	含量/%
玉米	57.74	蛋氨酸（DL-Met）	0.07
大豆粕	18.11	营养素名称	营养含量/%
次粉	5.00	粗蛋白	19.3
猪油	3.00	钙	0.91
棉籽粕	3.00	总磷	0.65
菜籽粕	3.00	可利用磷	0.43
花生粕	3.00	盐	0.37
玉米蛋白粉（60%粗蛋白）	3.00	赖氨酸	0.929
磷酸氢钙	1.65	蛋氨酸	0.383
石粉	1.30	蛋氨酸＋胱氨酸	0.721
盐	0.30	苏氨酸	0.725
0.5%预混料	0.5	色氨酸	0.218
氯化胆碱	0.08	代谢能/（千卡/千克）	3016
赖氨酸（98%）	0.25		

配方 181（主要蛋白原料为去皮豆粕、棉粕、菜粕、花生粕）

原料名称	含量/%	原料名称	含量/%
玉米	59.54	肉鸡多维多矿	0.30
次粉	5.00	营养素名称	营养含量/%
油脂	1.86	粗蛋白	18.91
去皮豆粕	24.17	钙	0.80
棉粕	2.00	总磷	0.70
花生粕	2.00	可利用磷	0.44
菜粕	2.00	盐	0.29
食盐	0.30	赖氨酸	1.10
石粉	0.70	蛋氨酸	0.50
磷酸氢钙	1.78	蛋氨酸＋胱氨酸	0.86
氯化胆碱	0.08	苏氨酸	0.77
赖氨酸(65%)	0.09	代谢能/(千卡/千克)	2925
蛋氨酸	0.19		

（四）玉米-豆粕加植酸酶型

配方 182（主要蛋白原料为豆粕）

原料名称	含量/%	营养素名称	营养含量/%
玉米	60.23	粗蛋白	18.9
大豆粕	29.5	钙	0.75
次粉	5	总磷	0.64
猪油	2.22	可利用磷	0.43
石粉	1.0	盐	0.37
磷酸氢钙	1.02	赖氨酸	0.907
盐	0.34	蛋氨酸	0.392
0.5%预混料	0.5	蛋氨酸＋胱氨酸	0.719
氯化胆碱	0.08	苏氨酸	0.763
赖氨酸(98%)	0.02	色氨酸	0.245
蛋氨酸(DL-Met)	0.08	代谢能/(千卡/千克)	3029
植酸酶	0.01		

（五）玉米-杂粮加植酸酶型

配方 183（主要蛋白原料为豆粕、棉籽粕）

原料名称	含量/%	营养素名称	营养含量/%
玉米	59.63	粗蛋白	19.1
大豆粕	25.79	钙	0.76
次粉	5	总磷	0.65
棉籽粕	4	可利用磷	0.41
猪油	2.62	盐	0.33
石粉	1.05	赖氨酸	0.911
磷酸氢钙	0.93	蛋氨酸	0.386
盐	0.3	蛋氨酸＋胱氨酸	0.719
0.5%预混料	0.5	苏氨酸	0.746
氯化胆碱	0.08	色氨酸	0.238
赖氨酸（98%）	0.03	代谢能/（千卡/千克）	3030
蛋氨酸（DL-Met）	0.06		
植酸酶	0.01		

配方 184（主要蛋白原料为豆粕、棉籽粕、菜籽粕）

原料名称	含量/%	原料名称	含量/%
玉米	58.32	植酸酶	0.01
大豆粕	22.71	营养素名称	营养含量/%
次粉	5	粗蛋白	19.2
棉籽粕	4	钙	0.76
菜籽粕	4	总磷	0.65
猪油	3.04	可利用磷	0.4
石粉	1.08	盐	0.37
磷酸氢钙	0.81	赖氨酸	0.914
盐	0.33	蛋氨酸	0.379
0.5%预混料	0.5	蛋氨酸＋胱氨酸	0.724
氯化胆碱	0.08	苏氨酸	0.743
赖氨酸（98%）	0.05	色氨酸	0.233
蛋氨酸（DL-Met）	0.07	代谢能/（千卡/千克）	3028

配方 185（主要蛋白原料为豆粕、棉籽粕、菜籽粕、花生粕）

原料名称	含量/%	原料名称	含量/%
玉米	57.09	植酸酶	0.01
大豆粕	19.15	营养素名称	营养含量/%
次粉	5	粗蛋白	19.1
棉籽粕	4	钙	0.76
菜籽粕	4	总磷	0.65
花生粕	3	可利用磷	0.4
猪油	2.8	盐	0.34
石粉	1.08	赖氨酸	0.914
磷酸氢钙	0.82	蛋氨酸	0.388
盐	0.3	蛋氨酸+胱氨酸	0.723
0.5%预混料	0.5	苏氨酸	0.711
氯化胆碱	0.08	色氨酸	0.223
赖氨酸(98%)	0.08	代谢能/(千卡/千克)	3033
蛋氨酸(DL-Met)	0.09		

配方 186（主要蛋白原料为豆粕、棉籽粕、菜籽粕、花生粕、水解羽毛粉）

原料名称	含量/%	原料名称	含量/%
玉米	61.94	植酸酶	0.01
大豆粕	15.09	营养素名称	营养含量/%
次粉	5	粗蛋白	19.1
棉籽粕	4	钙	0.72
菜籽粕	4	总磷	0.65
花生粕	3	可利用磷	0.41
猪油	2.36	盐	0.38
水解羽毛粉	2	赖氨酸	0.916
石粉	1.0	蛋氨酸	0.359
磷酸氢钙	0.85	蛋氨酸+胱氨酸	0.729
0.5%预混料	0.5	苏氨酸	0.714
氯化胆碱	0.08	色氨酸	0.205
赖氨酸(98%)	0.1	代谢能/(千卡/千克)	3039
蛋氨酸(DL-Met)	0.07		

配方 187（主要蛋白原料为豆粕、棉籽粕、菜籽粕、花生粕、肉骨粉）

原料名称	含量/%	原料名称	含量/%
玉米	60.51	植酸酶	0.01
大豆粕	17.34	营养素名称	营养含量/%
次粉	5	粗蛋白	18.9
棉籽粕	4	钙	0.75
菜籽粕	4	总磷	0.52
花生粕	4	可利用磷	0.41
猪油	2.52	盐	0.37
石粉	1.3	赖氨酸	0.910
磷酸氢钙	0.59	蛋氨酸	0.368
0.5%预混料	0.5	蛋氨酸+胱氨酸	0.712
氯化胆碱	0.08	苏氨酸	0.697
赖氨酸（98%）	0.09	色氨酸	0.213
蛋氨酸（DL-Met）	0.06	代谢能/（千卡/千克）	3034

配方 188（主要蛋白原料为豆粕、棉籽粕、花生粕）

原料名称	含量/%	原料名称	含量/%
玉米	60.73	植酸酶	0.01
大豆粕	21.17	营养素名称	营养含量/%
次粉	5	粗蛋白	19.1
棉籽粕	4	钙	0.76
花生粕	4	总磷	0.54
猪油	2.23	可利用磷	0.40
石粉	1.27	盐	0.38
磷酸氢钙	0.52	赖氨酸	0.944
盐	0.31	蛋氨酸	0.386
0.5%预混料	0.5	蛋氨酸+胱氨酸	0.71
氯化胆碱	0.08	苏氨酸	0.702
赖氨酸（98%）	0.12	色氨酸	0.221
蛋氨酸（DL-Met）	0.06	代谢能/（千卡/千克）	3038

配方 189（主要蛋白原料为豆粕、棉籽粕）

原料名称	含量/%	营养素名称	营养含量/%
玉米	60.22	粗蛋白	19.1
大豆粕	25.64	钙	0.76
次粉	5	总磷	0.54
棉籽粕	4	可利用磷	0.41
猪油	2.32	盐	0.37
石粉	1.27	赖氨酸	0.920
磷酸氢钙	0.5	蛋氨酸	0.37
盐	0.31	蛋氨酸＋胱氨酸	0.724
0.5%预混料	0.5	苏氨酸	0.741
氯化胆碱	0.08	色氨酸	0.232
赖氨酸(98%)	0.08	代谢能/(千卡/千克)	3026
蛋氨酸(DL-Met)	0.07		
植酸酶	0.01		

配方 190（主要蛋白原料为豆粕、棉籽粕、水解羽毛粉）

原料名称	含量/%	原料名称	含量/%
玉米	60.89	植酸酶	0.01
大豆粕	22.5	营养素名称	营养含量/%
次粉	5	粗蛋白	19.4
棉籽粕	4	钙	0.76
猪油	2.54	总磷	0.65
水解羽毛粉	2	可利用磷	0.42
石粉	1.0	盐	0.38
磷酸氢钙	0.95	赖氨酸	0.953
盐	0.31	蛋氨酸	0.379
0.5%预混料	0.5	蛋氨酸＋胱氨酸	0.751
氯化胆碱	0.08	苏氨酸	0.76
赖氨酸(98%)	0.15	色氨酸	0.225
蛋氨酸(DL-Met)	0.07	代谢能/(千卡/千克)	3051

配方 191（主要蛋白原料为豆粕、棉籽粕、菜籽粕、水解羽毛粉）

原料名称	含量/%	原料名称	含量/%
玉米	61.0	植酸酶	0.01
大豆粕	18.49	营养素名称	营养含量/%
次粉	5	粗蛋白	19.1
棉籽粕	4	钙	0.76
菜籽粕	4	总磷	0.64
猪油	2.56	可利用磷	0.41
水解羽毛粉	2	盐	0.37
石粉	1.0	赖氨酸	0.908
磷酸氢钙	0.83	蛋氨酸	0.357
盐	0.3	蛋氨酸＋胱氨酸	0.737
0.5%预混料	0.5	苏氨酸	0.741
氯化胆碱	0.08	色氨酸	0.214
赖氨酸(98%)	0.17	代谢能/(千卡/千克)	3036
蛋氨酸(DL-Met)	0.06		

配方 192（主要蛋白原料为豆粕、花生粕、棉籽粕、菜籽粕、水解羽毛粉）

原料名称	含量/%	原料名称	含量/%
玉米	61.9	植酸酶	0.01
大豆粕	16.29	营养素名称	营养含量/%
次粉	5	粗蛋白	19.3
花生粕	4	钙	0.75
棉籽粕	3	总磷	0.65
菜籽粕	3	可利用磷	0.42
猪油	2.04	盐	0.38
水解羽毛粉	2	赖氨酸	0.923
石粉	1.0	蛋氨酸	0.36
磷酸氢钙	0.9	蛋氨酸＋胱氨酸	0.726
0.5%预混料	0.5	苏氨酸	0.72
氯化胆碱	0.08	色氨酸	0.209
赖氨酸(98%)	0.22	代谢能/(千卡/千克)	3032
蛋氨酸(DL-Met)	0.06		

（六）玉米-玉米副产品型

配方 193 （主要蛋白原料为豆粕、玉米蛋白粉、水解羽毛粉）

原料名称	含量/%	原料名称	含量/%
玉米	61.86	植酸酶	0.01
大豆粕	21.17	营养素名称	营养含量/%
次粉	5.00	粗蛋白	19.3
玉米蛋白粉（60%粗蛋白）	4.00	钙	0.91
水解羽毛粉	2.00	总磷	0.60
猪油	1.88	可利用磷	0.40
磷酸氢钙	1.51	盐	0.37
石粉	1.44	赖氨酸	0.930
盐	0.31	蛋氨酸	0.362
0.5%预混料	0.5	蛋氨酸+胱氨酸	0.734
氯化胆碱	0.08	苏氨酸	0.770
赖氨酸（98%）	0.2	色氨酸	0.214
蛋氨酸（DL-Met）	0.04	代谢能/（千卡/千克）	3024

配方 194 （主要蛋白原料为豆粕、玉米蛋白粉、棉籽粕、水解羽毛粉）

原料名称	含量/%	原料名称	含量/%
玉米	61.73	植酸酶	0.01
大豆粕	18.15	营养素名称	营养含量/%
次粉	5	粗蛋白	19.2
玉米蛋白粉（60%粗蛋白）	4	钙	0.91
棉籽粕	3	总磷	0.6
水解羽毛粉	2	可利用磷	0.4
猪油	1.99	盐	0.37
磷酸氢钙	1.5	赖氨酸	0.925
石粉	1.45	蛋氨酸	0.356
盐	0.31	蛋氨酸+胱氨酸	0.732
0.5%预混料	0.5	苏氨酸	0.752
氯化胆碱	0.08	色氨酸	0.206
赖氨酸（98%）	0.23	代谢能/（千卡/千克）	3016
蛋氨酸（DL-Met）	0.05		

配方 195（主要蛋白原料为豆粕、玉米蛋白粉、棉籽粕、DDGS——喷浆干酒糟）

原料名称	含量/%	原料名称	含量/%
玉米	59.10	蛋氨酸（DL-Met）	0.07
大豆粕	20.14	植酸酶	0.01
次粉	5	营养素名称	营养含量/%
玉米蛋白粉（60%粗蛋白）	4	粗蛋白	19.2
棉籽粕	3	钙	0.75
DDGS——喷浆干酒糟	3	总磷	0.53
猪油	2.25	可利用磷	0.32
石粉	1.22	盐	0.38
磷酸氢钙	1.1	赖氨酸	0.931
盐	0.28	蛋氨酸	0.378
0.5%预混料	0.5	蛋氨酸＋胱氨酸	0.725
氯化胆碱	0.08	苏氨酸	0.743
赖氨酸（98%）	0.25	色氨酸	0.203
		代谢能/（千卡/千克）	3022

配方 196（主要蛋白原料为豆粕、菜籽粕、玉米蛋白粉、棉籽粕）

原料名称	含量/%	原料名称	含量/%
玉米	60.1	蛋氨酸（DL-Met）	0.06
大豆粕	17.31	植酸酶	0.01
次粉	5	营养素名称	营养含量/%
菜籽粕	4	粗蛋白	18.7
玉米蛋白粉（60%粗蛋白）	4	钙	0.91
棉籽粕	3	总磷	0.62
猪油	2.53	可利用磷	0.4
石粉	1.16	盐	0.37
磷酸氢钙	1.7	赖氨酸	0.927
盐	0.29	蛋氨酸	0.35
0.5%预混料	0.5	蛋氨酸＋胱氨酸	0.726
氯化胆碱	0.08	苏氨酸	0.74
赖氨酸（98%）	0.26	色氨酸	0.207
		代谢能/（千卡/千克）	3011

配方 197（主要蛋白原料为豆粕、花生粕、玉米蛋白粉、菜籽粕、棉籽粕）

原料名称	含量/%	原料名称	含量/%
玉米	59.49	蛋氨酸（DL-Met）	0.07
大豆粕	14.76	植酸酶	0.01
次粉	5	营养素名称	营养含量/%
花生粕	4	粗蛋白	19.1
玉米蛋白粉（60%粗蛋白）	4	钙	0.91
菜籽粕	3.33	总磷	0.62
棉籽粕	3	可利用磷	0.4
猪油	2.42	盐	0.37
石粉	1.25	赖氨酸	0.930
磷酸氢钙	1.53	蛋氨酸	0.374
盐	0.3	蛋氨酸+胱氨酸	0.723
0.5%预混料	0.5	苏氨酸	0.701
氯化胆碱	0.08	色氨酸	0.201
赖氨酸（98%）	0.26	代谢能/（千卡/千克）	3018

配方 198（主要蛋白原料为豆粕、菜籽粕、花生粕、玉米蛋白粉、
棉籽粕、DDGS——喷浆干酒糟）

原料名称	含量/%	原料名称	含量/%
玉米	56.83	蛋氨酸（DL-Met）	0.08
大豆粕	13.19	植酸酶	0.01
次粉	5	营养素名称	营养含量/%
菜籽粕	4	粗蛋白	19.3
花生粕	4	钙	0.91
玉米蛋白粉（60%粗蛋白）	4	总磷	0.62
棉籽粕	3	可利用磷	0.4
DDGS——喷浆干酒糟	3	盐	0.37
猪油	2.91	赖氨酸	0.935
磷酸氢钙	1.53	蛋氨酸	0.388
石粉	1.36	蛋氨酸+胱氨酸	0.723
盐	0.26	苏氨酸	0.714
0.5%预混料	0.5	色氨酸	0.196
氯化胆碱	0.08	代谢能/（千卡/千克）	3026
赖氨酸（98%）	0.25		

配方 199（主要蛋白原料为豆粕、玉米蛋白粉、棉籽粕、菜籽粕、花生粕、DDGS——喷浆干酒糟、水解羽毛粉）

原料名称	含量/%	原料名称	含量/%
玉米	60.42	赖氨酸(98%)	0.27
大豆粕	11.29	蛋氨酸(DL-Met)	0.07
次粉	4	植酸酶	0.01
玉米蛋白粉(60%粗蛋白)	4	营养素名称	营养含量/%
棉籽粕	3	粗蛋白	19.4
菜籽粕	3	钙	0.91
花生粕	3	总磷	0.61
DDGS——喷浆干酒糟	3	可利用磷	0.4
猪油	2.16	盐	0.42
水解羽毛粉	2	赖氨酸	0.936
磷酸氢钙	1.5	蛋氨酸	0.362
石粉	1.41	蛋氨酸＋胱氨酸	0.734
盐	0.28	苏氨酸	0.729
0.5%预混料	0.5	色氨酸	0.183
氯化胆碱	0.08	代谢能/(千卡/千克)	3015

配方 200（主要蛋白原料为豆粕、棉籽粕、花生粕、玉米蛋白粉、菜籽粕、DDGS——喷浆干酒糟）

原料名称	含量/%	原料名称	含量/%
玉米	57.99	蛋氨酸(DL-Met)	0.09
大豆粕	12.49	植酸酶	0.01
次粉	4	营养素名称	营养含量/%
棉籽粕	4	粗蛋白	19.3
花生粕	4	钙	0.91
玉米蛋白粉(60%粗蛋白)	4	总磷	0.62
菜籽粕	3.6	可利用磷	0.4
DDGS——喷浆干酒糟	3	盐	0.41
猪油	2.79	赖氨酸	0.935
磷酸氢钙	1.52	蛋氨酸	0.396
石粉	1.37	蛋氨酸＋胱氨酸	0.731
盐	0.3	苏氨酸	0.709
0.5%预混料	0.5	色氨酸	0.194
氯化胆碱	0.08	代谢能/(千卡/千克)	3019
赖氨酸(98%)	0.26		

配方 201（主要蛋白原料为豆粕、棉籽粕、菜籽粕、花生粕、玉米蛋白粉）

原料名称	含量/%	原料名称	含量/%
玉米	59.18	蛋氨酸（DL-Met）	0.08
大豆粕	14	植酸酶	0.01
次粉	4	营养素名称	营养含量/%
棉籽粕	4	粗蛋白	19.4
菜籽粕	4	钙	0.91
花生粕	4	总磷	0.62
玉米蛋白粉（60%粗蛋白）	4	可利用磷	0.4
猪油	2.71	盐	0.34
磷酸氢钙	1.48	赖氨酸	0.932
石粉	1.41	蛋氨酸	0.386
盐	0.3	蛋氨酸＋胱氨酸	0.727
0.5%预混料	0.5	苏氨酸	0.708
氯化胆碱	0.08	色氨酸	0.206
赖氨酸（98%）	0.25	代谢能/（千卡/千克）	3015

配方 202（主要蛋白原料为豆粕、棉籽粕、花生粕、玉米蛋白粉、
DDGS——喷浆干酒糟）

原料名称	含量/%	原料名称	含量/%
玉米	58.46	蛋氨酸（DL-Met）	0.08
大豆粕	15	植酸酶	0.01
次粉	4	营养素名称	营养含量/%
棉籽粕	4	粗蛋白	19.3
花生粕	4	钙	0.91
玉米蛋白粉（60%粗蛋白）	4	总磷	0.61
DDGS——喷浆干酒糟	4	可利用磷	0.4
猪油	2.38	盐	0.42
磷酸氢钙	1.57	赖氨酸	0.935
石粉	1.38	蛋氨酸	0.406
盐	0.3	蛋氨酸＋胱氨酸	0.73
0.5%预混料	0.5	苏氨酸	0.716
氯化胆碱	0.08	色氨酸	0.195
赖氨酸（98%）	0.24	代谢能/（千卡/千克）	3015

配方 203（主要蛋白原料为去皮豆粕、棉粕、花生粕、玉米蛋白粉）

原料名称	含量/%	原料名称	含量/%
玉米	61.81	蛋氨酸	0.06
次粉	5.00	肉鸡多维多矿	0.30
DDGS——喷浆干酒糟	2.00	营养素名称	营养含量/%
油脂	0.75	粗蛋白	19.26
去皮豆粕	19.22	钙	0.78
棉粕	2.00	总磷	0.67
花生粕	2.00	可利用磷	0.42
玉米蛋白粉(60%粗蛋白)	3.50	盐	0.32
食盐	0.30	赖氨酸	0.975
石粉	0.73	蛋氨酸	0.40
磷酸氢钙	1.76	蛋氨酸+胱氨酸	0.8
氯化胆碱	0.08	苏氨酸	0.74
赖氨酸(65%)	0.29	代谢能/(千卡/千克)	2948

配方 204（主要蛋白原料为去皮豆粕、棉粕、菜粕、玉米蛋白粉）

原料名称	含量/%	原料名称	含量/%
玉米	62.01	蛋氨酸	0.10
次粉	5.00	肉鸡多维多矿	0.30
DDGS——喷浆干酒糟	2.00	营养素名称	营养含量/%
油脂	1.04	粗蛋白	18.85
去皮豆粕	18.85	钙	0.77
棉粕	2.00	总磷	0.68
玉米蛋白粉(60%粗蛋白)	3.50	可利用磷	0.42
菜粕	2.00	盐	0.32
食盐	0.30	赖氨酸	0.985
石粉	0.73	蛋氨酸	0.46
磷酸氢钙	1.71	蛋氨酸+胱氨酸	0.8
氯化胆碱	0.08	苏氨酸	0.76
赖氨酸(65%)	0.26	代谢能/(千卡/千克)	2961

配方205（主要蛋白原料为去皮豆粕、花生粕、玉米蛋白粉、棉仁蛋白）

原料名称	含量/%	原料名称	含量/%
玉米	62.43	蛋氨酸	0.06
次粉	5.00	肉鸡多维多矿	0.30
DDGS——喷浆干酒糟	2.00	营养素名称	营养含量/%
油脂	0.63	粗蛋白	19.26
去皮豆粕	19.35	钙	0.80
花生粕	2.00	总磷	0.70
玉米蛋白粉(60%粗蛋白)	3.00	可利用磷	0.44
棉仁蛋白	2.00	盐	0.29
食盐	0.30	赖氨酸	1.0
石粉	0.72	蛋氨酸	0.44
磷酸氢钙	1.83	蛋氨酸+胱氨酸	0.8
氯化胆碱	0.08	苏氨酸	0.74
赖氨酸(65%)	0.30	代谢能/(千卡/千克)	2932

配方206（主要蛋白原料为去皮豆粕、棉粕、花生粕、玉米蛋白粉、菜粕、棉仁蛋白）

原料名称	含量/%	原料名称	含量/%
玉米	61.80	赖氨酸(65%)	0.35
次粉	5.00	蛋氨酸	0.16
油脂	1.10	肉鸡多维多矿	0.30
去皮豆粕	14.98	营养素名称	营养含量/%
棉粕	3.00	粗蛋白	19.16
花生粕	2.00	钙	0.80
玉米蛋白粉(60%粗蛋白)	3.00	总磷	0.70
菜粕	3.00	可利用磷	0.43
棉仁蛋白	2.00	盐	0.32
鱼粉	0.50	赖氨酸	1.10
食盐	0.30	蛋氨酸	0.50
石粉	0.76	蛋氨酸+胱氨酸	0.8
磷酸氢钙	1.67	苏氨酸	0.74
氯化胆碱	0.08	代谢能/(千卡/千克)	2935

配方 207（主要蛋白原料为去皮豆粕、棉粕、花生粕、玉米蛋白粉、菜粕）

原料名称	含量/%	原料名称	含量/%
玉米	60.86	赖氨酸（65%）	0.42
次粉	5.00	蛋氨酸	0.1
DDGS——喷浆干酒糟	3.00	肉鸡多维多矿	0.30
油脂	1.38	营养素名称	营养含量/%
去皮豆粕	14.09	粗蛋白	18.92
棉粕	3.00	钙	0.75
花生粕	3.00	总磷	0.68
玉米蛋白粉（60%粗蛋白）	3.00	可利用磷	0.44
菜粕	3.00	盐	0.30
食盐	0.30	赖氨酸	1.0
石粉	0.72	蛋氨酸	0.46
磷酸氢钙	1.63	蛋氨酸＋胱氨酸	0.8
氯化胆碱	0.08	苏氨酸	0.73
		代谢能/（千卡/千克）	2942

配方 208（主要蛋白原料为去皮豆粕、棉粕、玉米蛋白粉、棉仁蛋白）

原料名称	含量/%	原料名称	含量/%
玉米	63.17	蛋氨酸	0.1
次粉	5.00	肉鸡多维多矿	0.30
DDGS——喷浆干酒糟	2.00	营养素名称	营养含量/%
油脂	0.72	粗蛋白	18.56
去皮豆粕	17.10	钙	0.77
棉粕	2.00	总磷	0.68
玉米蛋白粉（60%粗蛋白）	3.50	可利用磷	0.42
棉仁蛋白	2.00	盐	0.32
食盐	0.30	赖氨酸	0.9
石粉	0.76	蛋氨酸	0.45
磷酸氢钙	1.71	蛋氨酸＋胱氨酸	0.81
氯化胆碱	0.08	苏氨酸	0.74
赖氨酸（65%）	0.26	代谢能/（千卡/千克）	2956

配方 209（主要蛋白原料为去皮豆粕、棉粕、花生粕、玉米蛋白粉、菜粕）

原料名称	含量/%	原料名称	含量/%
玉米	61.67	蛋氨酸	0.1
次粉	5.00	肉鸡多维多矿	0.30
DDGS——喷浆干酒糟	2.00	营养素名称	营养含量/%
油脂	1.22	粗蛋白	18.85
去皮豆粕	17.49	钙	0.80
棉粕	2.00	总磷	0.70
花生粕	2.00	可利用磷	0.44
玉米蛋白粉（60%粗蛋白）	3.00	盐	0.29
菜粕	2.00	赖氨酸	1.0
食盐	0.30	蛋氨酸	0.44
石粉	0.73	蛋氨酸+胱氨酸	0.8
磷酸氢钙	1.79	苏氨酸	0.74
氯化胆碱	0.08	代谢能/（千卡/千克）	2925
赖氨酸（65%）	0.32		

配方 210（主要蛋白原料为去皮豆粕、棉粕、花生粕、玉米蛋白粉、菜粕）

原料名称	含量/%	原料名称	含量/%
玉米	61.89	蛋氨酸	0.1
次粉	5.00	肉鸡多维多矿	0.30
油脂	1.34	营养素名称	营养含量/%
去皮豆粕	16.17	粗蛋白	18.75
棉粕	4.00	钙	0.80
花生粕	2.00	总磷	0.70
玉米蛋白粉（60%粗蛋白）	3.00	可利用磷	0.43
菜粕	3.00	盐	0.29
食盐	0.30	赖氨酸	1.0
石粉	0.74	蛋氨酸	0.44
磷酸氢钙	1.75	蛋氨酸+胱氨酸	0.8
氯化胆碱	0.08	苏氨酸	0.74
赖氨酸（65%）	0.33	代谢能/（千卡/千克）	2932

配方 211（主要蛋白原料为去皮豆粕、棉粕、花生粕、玉米蛋白粉、菜粕）

原料名称	含量/%	原料名称	含量/%
玉米	61.5	蛋氨酸	0.1
次粉	5.00	肉鸡多维多矿	0.30
DDGS——喷浆干酒糟	2.00	营养素名称	营养含量/%
油脂	1.30	粗蛋白	18.45
去皮豆粕	14.10	钙	0.77
棉粕	3.00	总磷	0.68
花生粕	3.00	可利用磷	0.42
玉米蛋白粉（60%粗蛋白）	3.50	盐	0.32
菜粕	3.00	赖氨酸	0.99
食盐	0.30	蛋氨酸	0.45
石粉	0.76	蛋氨酸＋胱氨酸	0.81
磷酸氢钙	1.68	苏氨酸	0.72
氯化胆碱	0.08	代谢能/（千卡/千克）	2938
赖氨酸（65%）	0.38		

（七）玉米-玉米副产品加植酸酶型

配方 212（主要蛋白原料为豆粕、棉籽粕、DDGS——喷浆干酒糟）

原料名称	含量/%	原料名称	含量/%
玉米	57.31	氯化胆碱	0.08
大豆粕	25.01	营养素名称	营养含量/%
次粉	4	粗蛋白	19.6
棉籽粕	4	钙	0.78
DDGS——喷浆干酒糟	4	总磷	0.64
猪油	2.70	可利用磷	0.4
石粉	1.06	盐	0.37
磷酸氢钙	0.89	赖氨酸	0.947
盐	0.25	蛋氨酸	0.396
赖氨酸（98%）	0.1	蛋氨酸＋胱氨酸	0.732
蛋氨酸（DL-Met）	0.09	苏氨酸	0.774
植酸酶	0.01	色氨酸	0.23
0.5%预混料	0.5	代谢能/（千卡/千克）	3033

配方 213（主要蛋白原料为豆粕、棉籽粕、花生粕、
DDGS——喷浆干酒糟）

原料名称	含量/%	原料名称	含量/%
玉米	57.78	氯化胆碱	0.08
大豆粕	20.4	营养素名称	营养含量/%
次粉	4	粗蛋白	19.5
棉籽粕	4	钙	0.8
花生粕	4	总磷	0.63
DDGS——喷浆干酒糟	4	可利用磷	0.4
猪油	2.61	盐	0.37
石粉	1.14	赖氨酸	0.949
磷酸氢钙	0.9	蛋氨酸	0.416
0.5%预混料	0.5	蛋氨酸+胱氨酸	0.737
盐	0.28	苏氨酸	0.734
赖氨酸(98%)	0.18	色氨酸	0.218
蛋氨酸(DL-Met)	0.12	代谢能/(千卡/千克)	3040
植酸酶	0.01		

配方 214（主要蛋白原料为豆粕、棉籽粕、菜籽粕、花生粕、
DDGS——喷浆干酒糟）

原料名称	含量/%	原料名称	含量/%
玉米	56.93	氯化胆碱	0.08
大豆粕	17.10	营养素名称	营养含量/%
次粉	4	粗蛋白	19.5
棉籽粕	4	钙	0.8
菜籽粕	4	总磷	0.65
花生粕	4	可利用磷	0.4
DDGS——喷浆干酒糟	4	盐	0.37
猪油	2.9	赖氨酸	0.951
石粉	1.11	蛋氨酸	0.405
磷酸氢钙	0.86	蛋氨酸+胱氨酸	0.737
0.5%预混料	0.5	苏氨酸	0.728
盐	0.29	色氨酸	0.212
赖氨酸(98%)	0.22	代谢能/(千卡/千克)	3031
植酸酶	0.01		

配方 215（主要蛋白原料为豆粕、棉籽粕、菜籽粕、DDGS——喷浆干酒糟、花生粕、玉米蛋白粉）

原料名称	含量/%	原料名称	含量/%
玉米	59.4	植酸酶	0.01
大豆粕	13.3	氯化胆碱	0.08
次粉	4	营养素名称	营养含量/%
棉籽粕	4	粗蛋白	19.5
菜籽粕	4	钙	0.8
DDGS——喷浆干酒糟	4	总磷	0.65
花生粕	3	可利用磷	0.4
玉米蛋白粉(60%粗蛋白)	3	盐	0.37
猪油	2.04	赖氨酸	0.949
石粉	1.12	蛋氨酸	0.401
磷酸氢钙	0.91	蛋氨酸+胱氨酸	0.737
0.5%预混料	0.5	苏氨酸	0.717
赖氨酸(98%)	0.31	色氨酸	0.194
盐	0.24	代谢能/(千卡/千克)	3040
蛋氨酸(DL-Met)	0.09		

配方 216（主要蛋白原料为豆粕、棉籽粕、菜籽粕、花生粕、玉米蛋白粉、DDGS——喷浆干酒糟、肉骨粉）

原料名称	含量/%	原料名称	含量/%
玉米	62.23	蛋氨酸(DL-Met)	0.07
大豆粕	11.55	植酸酶	0.01
次粉	4	氯化胆碱	0.08
棉籽粕	3.5	营养素名称	营养含量/%
菜籽粕	3.5	粗蛋白	19.5
花生粕	3	钙	0.8
玉米蛋白粉(60%粗蛋白)	3	总磷	0.64
DDGS——喷浆干酒糟	3	可利用磷	0.4
肉骨粉	2.5	盐	0.37
猪油	1.25	赖氨酸	0.946
石粉	0.94	蛋氨酸	0.386
0.5%预混料	0.5	蛋氨酸+胱氨酸	0.735
磷酸氢钙	0.32	苏氨酸	0.705
赖氨酸(98%)	0.3	色氨酸	0.191
盐	0.25	代谢能/(千卡/千克)	3038

配方 217（主要蛋白原料为豆粕、菜籽粕、花生粕、玉米蛋白粉、

　　　　　DDGS——喷浆干酒糟）

原料名称	含量/%	原料名称	含量/%
玉米	60.59	植酸酶	0.01
大豆粕	17.6	氯化胆碱	0.08
次粉	4	营养素名称	营养含量/%
菜籽粕	4	粗蛋白	19.5
花生粕	3	钙	0.8
玉米蛋白粉(60%粗蛋白)	3	总磷	0.63
DDGS——喷浆干酒糟	3	可利用磷	0.4
猪油	1.58	盐	0.37
石粉	1.13	赖氨酸	0.949
磷酸氢钙	0.9	蛋氨酸	0.406
0.5%预混料	0.5	蛋氨酸+胱氨酸	0.737
盐	0.27	苏氨酸	0.736
赖氨酸(98%)	0.26	色氨酸	0.206
蛋氨酸(DL-Met)	0.08	代谢能/(千卡/千克)	3040

配方 218（主要蛋白原料为豆粕、菜籽粕、玉米蛋白粉、

　　　　　DDGS——喷浆干酒糟）

原料名称	含量/%	原料名称	含量/%
玉米	61.06	氯化胆碱	0.08
大豆粕	19.31	营养素名称	营养含量/%
次粉	4	粗蛋白	19.5
菜籽粕	4	钙	0.8
玉米蛋白粉(60%粗蛋白)	4	总磷	0.63
DDGS——喷浆干酒糟	3	可利用磷	0.4
猪油	1.44	盐	0.37
石粉	1.12	赖氨酸	0.949
磷酸氢钙	0.90	蛋氨酸	0.396
0.5%预混料	0.5	蛋氨酸+胱氨酸	0.737
盐	0.28	苏氨酸	0.757
赖氨酸(98%)	0.24	色氨酸	0.208
蛋氨酸(DL-Met)	0.06	代谢能/(千卡/千克)	3040
植酸酶	0.01		

配方 219（主要蛋白原料为豆粕、菜籽粕、玉米蛋白粉、DDGS——喷浆干酒糟、水解羽毛粉）

原料名称	含量/%	原料名称	含量/%
玉米	64.10	植酸酶	0.01
大豆粕	14.3	氯化胆碱	0.08
次粉	4	营养素名称	营养含量/%
菜籽粕	4	粗蛋白	19.5
玉米蛋白粉（60%粗蛋白）	4	钙	0.8
DDGS——喷浆干酒糟	3	总磷	0.62
水解羽毛粉	2.5	可利用磷	0.4
石粉	1.15	盐	0.37
磷酸氢钙	0.88	赖氨酸	0.949
猪油	0.83	蛋氨酸	0.364
0.5%预混料	0.5	蛋氨酸+胱氨酸	0.751
赖氨酸（98%）	0.34	苏氨酸	0.76
盐	0.27	色氨酸	0.186
蛋氨酸（DL-Met）	0.04	代谢能/（千卡/千克）	3040

配方 220（主要蛋白原料为豆粕、棉籽粕、玉米蛋白粉、DDGS——喷浆干酒糟、水解羽毛粉）

原料名称	含量/%	原料名称	含量/%
玉米	64.41	植酸酶	0.01
大豆粕	13.9	氯化胆碱	0.08
次粉	4	营养素名称	营养含量/%
棉籽粕	4	粗蛋白	19.5
玉米蛋白粉（60%粗蛋白）	4	钙	0.8
DDGS——喷浆干酒糟	3	总磷	0.62
水解羽毛粉	2.5	可利用磷	0.4
石粉	1.21	盐	0.37
磷酸氢钙	0.91	赖氨酸	0.949
猪油	0.81	蛋氨酸	0.364
0.5%预混料	0.5	蛋氨酸+胱氨酸	0.746
赖氨酸（98%）	0.34	苏氨酸	0.746
盐	0.28	色氨酸	0.184
蛋氨酸（DL-Met）	0.05	代谢能/（千卡/千克）	3040

配方 221（主要蛋白原料为豆粕、棉籽粕、菜籽粕、玉米蛋白粉、
　　　　DDGS——喷浆干酒糟、水解羽毛粉）

原料名称	含量/%	原料名称	含量/%
玉米	61.8	植酸酶	0.01
大豆粕	13.2	氯化胆碱	0.08
次粉	4	营养素名称	营养含量/%
棉籽粕	4	粗蛋白	19.5
菜籽粕	4	钙	0.8
玉米蛋白粉（60%粗蛋白）	3	总磷	0.64
DDGS——喷浆干酒糟	3	可利用磷	0.4
水解羽毛粉	2	盐	0.37
猪油	1.72	赖氨酸	0.949
石粉	1.17	蛋氨酸	0.364
磷酸氢钙	0.87	蛋氨酸＋胱氨酸	0.747
0.5%预混料	0.5	苏氨酸	0.747
赖氨酸（98%）	0.33	色氨酸	0.189
盐	0.27	代谢能/（千卡/千克）	3040
蛋氨酸（DL-Met）	0.05		

配方 222（主要蛋白原料为豆粕、棉籽粕、菜籽粕、花生粕、玉米蛋白粉、
　　　　DDGS——喷浆干酒糟、水解羽毛粉）

原料名称	含量/%	原料名称	含量/%
玉米	62.71	蛋氨酸（DL-Met）	0.06
大豆粕	11.63	植酸酶	0.01
次粉	4	氯化胆碱	0.08
棉籽粕	3	营养素名称	营养含量/%
菜籽粕	3	粗蛋白	19.5
花生粕	3	钙	0.8
玉米蛋白粉（60%粗蛋白）	3	总磷	0.63
DDGS——喷浆干酒糟	3	可利用磷	0.4
水解羽毛粉	2	盐	0.37
猪油	1.31	赖氨酸	0.949
石粉	1.18	蛋氨酸	0.367
磷酸氢钙	0.88	蛋氨酸＋胱氨酸	0.737
0.5%预混料	0.5	苏氨酸	0.725
赖氨酸（98%）	0.36	色氨酸	0.184
盐	0.28	代谢能/（千卡/千克）	3040

配方 223（主要蛋白原料为豆粕、棉籽粕、花生粕、玉米蛋白粉、DDGS——喷浆干酒糟、水解羽毛粉）

原料名称	含量/%	原料名称	含量/%
玉米	63.52	植酸酶	0.01
大豆粕	12.07	氯化胆碱	0.08
次粉	4	营养素名称	营养含量/%
棉籽粕	4	粗蛋白	19.5
花生粕	4	钙	0.8
玉米蛋白粉(60%粗蛋白)	3	总磷	0.62
DDGS——喷浆干酒糟	3	可利用磷	0.4
水解羽毛粉	2	盐	0.37
石粉	1.2	赖氨酸	0.949
猪油	1.01	蛋氨酸	0.377
磷酸氢钙	0.9	蛋氨酸+胱氨酸	0.737
0.5%预混料	0.5	苏氨酸	0.715
赖氨酸(98%)	0.35	色氨酸	0.183
盐	0.28	代谢能/(千卡/千克)	3040
蛋氨酸(DL-Met)	0.08		

配方 224（主要蛋白原料为去皮豆粕、棉粕、棉仁蛋白、玉米蛋白粉）

原料名称	含量/%	原料名称	含量/%
玉米	62.08	肉鸡多维多矿	0.30
次粉	5.00	5000单位植酸酶	0.01
DDGS——喷浆干酒糟	2.00	营养素名称	营养含量/%
油脂	0.78	粗蛋白	18.48
去皮豆粕	19.17	钙	0.80
棉粕	2.00	总磷	0.70
棉仁蛋白	2.00	可利用磷	0.37
玉米蛋白粉(60%粗蛋白)	2.00	盐	0.29
食盐	0.30	赖氨酸	1.0
石粉	1.21	蛋氨酸	0.43
磷酸氢钙	0.76	蛋氨酸+胱氨酸	0.8
氯化胆碱	0.08	苏氨酸	0.76
赖氨酸(65%)	0.21	代谢能/(千卡/千克)	2970
蛋氨酸	0.1		

配方 225（主要蛋白原料为去皮豆粕、棉粕、棉仁蛋白、
玉米蛋白粉、花生粕）

原料名称	含量/%	原料名称	含量/%
玉米	63.73	蛋氨酸	0.1
次粉	5.00	肉鸡多维多矿	0.30
DDGS——喷浆干酒糟	2.00	5000 单位植酸酶	0.01
油脂	0.80	营养素名称	营养含量/%
去皮豆粕	18.45	粗蛋白	18.46
棉粕	2.00	钙	0.80
棉仁蛋白	0.00	总磷	0.70
玉米蛋白粉(60%粗蛋白)	3.00	可利用磷	0.37
花生粕	2.00	盐	0.29
食盐	0.30	赖氨酸	1.0
石粉	1.19	蛋氨酸	0.44
磷酸氢钙	0.77	蛋氨酸+胱氨酸	0.8
氯化胆碱	0.08	苏氨酸	0.76
赖氨酸(65%)	0.27	代谢能/(千卡/千克)	2960

配方 226（主要蛋白原料为去皮豆粕、棉粕、棉仁蛋白、
玉米蛋白粉、花生粕、菜粕）

原料名称	含量/%	原料名称	含量/%
玉米	59.31	蛋氨酸	0.1
次粉	5.00	肉鸡多维多矿	0.30
DDGS——喷浆干酒糟	2.00	5000 单位植酸酶	0.01
油脂	0.80	营养素名称	营养含量/%
去皮豆粕	19.45	粗蛋白	18.28
棉粕	2.00	钙	0.80
棉仁蛋白	3.00	总磷	0.70
玉米蛋白粉(60%粗蛋白)	2.00	可利用磷	0.37
花生粕	3.00	盐	0.29
菜粕	0.50	赖氨酸	1.0
食盐	0.30	蛋氨酸	0.44
石粉	1.18	蛋氨酸+胱氨酸	0.8
磷酸氢钙	0.80	苏氨酸	0.76
氯化胆碱	0.08	代谢能/(千卡/千克)	2980
赖氨酸(65%)	0.17		

配方 227（主要蛋白原料为去皮豆粕、棉粕、玉米蛋白粉、花生粕）

原料名称	含量/%	原料名称	含量/%
玉米	62.8	蛋氨酸	0.1
次粉	5.00	肉鸡多维多矿	0.30
DDGS——喷浆干酒糟	2.00	5000 单位植酸酶	0.01
油脂	0.81	营养素名称	营养含量/%
去皮豆粕	18.29	粗蛋白	18.28
棉粕	2.00	钙	0.69
玉米蛋白粉（60%粗蛋白）	3.00	总磷	0.68
花生粕	3.00	可利用磷	0.36
食盐	0.30	盐	0.29
石粉	1.00	赖氨酸	0.99
磷酸氢钙	0.98	蛋氨酸	0.43
氯化胆碱	0.08	蛋氨酸＋胱氨酸	0.79
赖氨酸（65%）	0.33	苏氨酸	0.72
		代谢能/（千卡/千克）	2935

配方 228（主要蛋白原料为去皮豆粕、棉仁蛋白、
玉米蛋白粉、菜粕、花生粕）

原料名称	含量/%	原料名称	含量/%
玉米	61.64	蛋氨酸	0.1
次粉	5.00	肉鸡多维多矿	0.30
DDGS——喷浆干酒糟	2.00	5000 单位植酸酶	0.01
油脂	0.58	营养素名称	营养含量/%
去皮豆粕	17.69	粗蛋白	18.58
棉仁蛋白	2.00	钙	0.70
玉米蛋白粉（60%粗蛋白）	3.00	总磷	0.68
菜粕	2.00	可利用磷	0.36
花生粕	3.00	盐	0.29
食盐	0.30	赖氨酸	1.0
石粉	0.69	蛋氨酸	0.44
磷酸氢钙	0.98	蛋氨酸＋胱氨酸	0.8
氯化胆碱	0.08	苏氨酸	0.74
赖氨酸（65%）	0.33	代谢能/（千卡/千克）	2937

配方 229（主要蛋白原料为去皮豆粕、棉粕、棉仁蛋白、

玉米蛋白粉、花生粕）

原料名称	含量/%	原料名称	含量/%
玉米	61.96	蛋氨酸	0.1
次粉	5.00	肉鸡多维多矿	0.30
油脂	1.86	5000 单位植酸酶	0.01
去皮豆粕	18.62	营养素名称	营养含量/%
棉粕	2.00	粗蛋白	18.82
棉仁蛋白	2.00	钙	0.80
玉米蛋白粉（60%粗蛋白）	3.00	总磷	0.67
花生粕	2.50	可利用磷	0.36
食盐	0.30	盐	0.35
石粉	1.30	赖氨酸	0.987
磷酸氢钙	0.76	蛋氨酸	0.434
氯化胆碱	0.08	蛋氨酸+胱氨酸	0.79
赖氨酸（65%）	0.21	苏氨酸	0.74
		代谢能/(千卡/千克)	2976

配方 230（主要蛋白原料为去皮豆粕、棉粕、棉仁蛋白、

玉米蛋白粉、花生粕）

原料名称	含量/%	原料名称	含量/%
玉米	61.21	蛋氨酸	0.1
次粉	5.00	肉鸡多维多矿	0.30
DDGS——喷浆干酒糟	2.00	5000 单位植酸酶	0.01
油脂	0.06	营养素名称	营养含量/%
去皮豆粕	19.69	粗蛋白	19.52
棉粕	2.00	钙	0.75
棉仁蛋白	2.00	总磷	0.67
玉米蛋白粉（60%粗蛋白）	3.00	可利用磷	0.36
花生粕	2.00	盐	0.35
食盐	0.30	赖氨酸	0.988
石粉	1.21	蛋氨酸	0.44
磷酸氢钙	0.75	蛋氨酸+胱氨酸	0.8
氯化胆碱	0.08	苏氨酸	0.74
赖氨酸（65%）	0.29	代谢能/(千卡/千克)	2932

配方 231（主要蛋白原料为去皮豆粕、棉粕、棉仁蛋白、玉米蛋白粉、花生粕）

原料名称	含量/%	原料名称	含量/%
玉米	60.37	蛋氨酸	0.1
次粉	5.00	肉鸡多维多矿	0.30
DDGS——喷浆干酒糟	2.00	5000单位植酸酶	0.01
油脂	0.28	营养素名称	营养含量/%
去皮豆粕	19.45	粗蛋白	18.34
棉粕	2.00	钙	0.75
棉仁蛋白	2.00	总磷	0.67
玉米蛋白粉（60%粗蛋白）	3.00	可利用磷	0.35
花生粕	3.00	盐	0.35
食盐	0.30	赖氨酸	0.988
石粉	1.21	蛋氨酸	0.42
磷酸氢钙	0.67	蛋氨酸＋胱氨酸	0.78
氯化胆碱（60%）	0.08	苏氨酸	0.74
赖氨酸（65%）	0.23	代谢能/（千卡/千克）	2951

（八）玉米-小麦-豆粕型

配方 232（主要蛋白原料为豆粕）

原料名称	含量/%	营养素名称	营养含量/%
玉米	48.2	粗蛋白	19.4
大豆粕	30.41	钙	0.9
小麦	10	总磷	0.61
次粉	4	可利用磷	0.4
猪油	3.57	盐	0.37
磷酸氢钙	1.43	赖氨酸	0.948
石粉	1.36	蛋氨酸	0.402
0.5%预混料	0.5	蛋氨酸＋胱氨酸	0.736
盐	0.33	苏氨酸	0.777
蛋氨酸（DL-Met）	0.09	色氨酸	0.259
赖氨酸（98%）	0.03	代谢能/（千卡/千克）	3015
氯化胆碱	0.08		

（九）玉米-小麦-杂粮型

配方 233（主要蛋白原料为豆粕、棉籽粕）

原料名称	含量/%	营养素名称	营养含量/%
玉米	49.02	粗蛋白	19.1
大豆粕	25.62	钙	0.9
小麦	10	总磷	0.62
次粉	4	可利用磷	0.4
棉籽粕	4	盐	0.37
猪油	3.5	赖氨酸	0.935
磷酸氢钙	1.42	蛋氨酸	0.394
石粉	1.37	蛋氨酸+胱氨酸	0.731
0.5%预混料	0.5	苏氨酸	0.748
盐	0.33	色氨酸	0.247
蛋氨酸(DL-Met)	0.09	代谢能/(千卡/千克)	3003
赖氨酸(98%)	0.07		
氯化胆碱	0.08		

配方 234（主要蛋白原料为豆粕、棉籽粕、菜籽粕、水解羽毛粉）

原料名称	含量/%	原料名称	含量/%
玉米	49.11	氯化胆碱	0.08
大豆粕	19.34	营养素名称	营养含量/%
小麦	10	粗蛋白	19.4
次粉	4	钙	0.9
棉籽粕	4	总磷	0.63
菜籽粕	4	可利用磷	0.4
猪油	3.68	盐	0.37
水解羽毛粉	2	赖氨酸	0.948
磷酸氢钙	1.36	蛋氨酸	0.363
石粉	1.39	蛋氨酸+胱氨酸	0.75
0.5%预混料	0.5	苏氨酸	0.754
盐	0.29	色氨酸	0.227
赖氨酸(98%)	0.19	代谢能/(千卡/千克)	3000
蛋氨酸(DL-Met)	0.06		

配方 235（主要蛋白原料为豆粕、菜籽粕、水解羽毛粉）

原料名称	含量/%	原料名称	含量/%
玉米	50.0	氯化胆碱	0.08
大豆粕	23.0	营养素名称	营养含量/%
小麦	10	粗蛋白	19.4
次粉	4	钙	0.9
菜籽粕	4	总磷	0.61
猪油	3.2	可利用磷	0.4
水解羽毛粉	2	盐	0.37
磷酸氢钙	1.35	赖氨酸	0.949
石粉	1.38	蛋氨酸	0.366
0.5%预混料	0.5	蛋氨酸+胱氨酸	0.747
盐	0.28	苏氨酸	0.774
赖氨酸(98%)	0.15	色氨酸	0.235
蛋氨酸(DL-Met)	0.06	代谢能/(千卡/千克)	3002

配方 236（主要蛋白原料为豆粕、菜籽粕、花生粕、水解羽毛粉）

原料名称	含量/%	原料名称	含量/%
玉米	50.63	氯化胆碱	0.08
大豆粕	18.51	营养素名称	营养含量/%
小麦	10	粗蛋白	19.4
次粉	4	钙	0.9
菜籽粕	4	总磷	0.61
花生粕	4	可利用磷	0.4
猪油	2.96	盐	0.37
水解羽毛粉	2	赖氨酸	0.948
磷酸氢钙	1.36	蛋氨酸	0.369
石粉	1.39	蛋氨酸+胱氨酸	0.736
0.5%预混料	0.5	苏氨酸	0.736
盐	0.28	色氨酸	0.223
赖氨酸(98%)	0.22	代谢能/(千卡/千克)	3000
蛋氨酸(DL-Met)	0.07		

配方 237（主要蛋白原料为豆粕、棉籽粕、菜籽粕、花生粕、水解羽毛粉）

原料名称	含量/%	原料名称	含量/%
玉米	50.26	蛋氨酸（DL-Met）	0.08
大豆粕	14.5	氯化胆碱	0.08
小麦	10	营养素名称	营养含量/%
次粉	4	粗蛋白	19.3
棉籽粕	4	钙	0.9
菜籽粕	4	总磷	0.62
花生粕	4	可利用磷	0.4
猪油	3.38	盐	0.37
水解羽毛粉	2	赖氨酸	0.948
磷酸氢钙	1.36	蛋氨酸	0.363
石粉	1.3	蛋氨酸＋胱氨酸	0.737
0.5%预混料	0.5	苏氨酸	0.716
盐	0.28	色氨酸	0.215
赖氨酸（98%）	0.26	代谢能/（千卡/千克）	3010

配方 238（主要蛋白原料为豆粕、玉米蛋白粉、棉籽粕、菜籽粕、花生粕、水解羽毛粉）

原料名称	含量/%	原料名称	含量/%
玉米	54.1	蛋氨酸（DL-Met）	0.05
大豆粕	11.0	氯化胆碱	0.08
小麦	10	营养素名称	营养含量/%
次粉	4	粗蛋白	19.3
玉米蛋白粉（60%粗蛋白）	4	钙	0.9
棉籽粕	3	总磷	0.61
菜籽粕	3	可利用磷	0.4
花生粕	3	盐	0.37
水解羽毛粉	2	赖氨酸	0.948
猪油	1.77	蛋氨酸	0.363
磷酸氢钙	1.42	蛋氨酸＋胱氨酸	0.738
石粉	1.42	苏氨酸	0.705
0.5%预混料	0.5	色氨酸	0.194
赖氨酸（98%）	0.37	代谢能/（千卡/千克）	3010
盐	0.29		

配方 239（主要蛋白原料为豆粕、棉籽粕、菜籽粕、花生粕、玉米蛋白粉、水解羽毛粉）

原料名称	含量/%	原料名称	含量/%
玉米	55.01	盐	0.26
大豆粕	12.41	蛋氨酸（DL-Met）	0.05
小麦	10	氯化胆碱	0.08
次粉	3	营养素名称	营养含量/%
棉籽粕	3	粗蛋白	19.2
菜籽粕	3	钙	0.74
花生粕	3	总磷	0.50
玉米蛋白粉（60%粗蛋白）	3	可利用磷	0.4
猪油	2.15	盐	0.37
水解羽毛粉	2	赖氨酸	0.948
植酸酶	0.01	蛋氨酸	0.363
石粉	1.26	蛋氨酸+胱氨酸	0.747
磷酸氢钙	0.94	苏氨酸	0.702
0.5%预混料	0.5	色氨酸	0.194
赖氨酸（98%）	0.34	代谢能/（千卡/千克）	3028

配方 240（主要蛋白原料为豆粕、棉籽粕、花生粕、玉米蛋白粉、水解羽毛粉）

原料名称	含量/%	原料名称	含量/%
玉米	55.99	蛋氨酸（DL-Met）	0.06
大豆粕	14.71	氯化胆碱	0.08
小麦	10	营养素名称	营养含量/%
次粉	3	粗蛋白	19.2
棉籽粕	3	钙	0.78
花生粕	3	总磷	0.5
玉米蛋白粉（60%粗蛋白）	3	可利用磷	0.40
水解羽毛粉	2	盐	0.37
猪油	1.83	赖氨酸	0.948
磷酸氢钙	0.99	蛋氨酸	0.363
石粉	1.26	蛋氨酸+胱氨酸	0.739
0.5%预混料	0.5	苏氨酸	0.706
赖氨酸（98%）	0.31	色氨酸	0.199
盐	0.27	代谢能/（千卡/千克）	3028

配方 241（主要蛋白原料为豆粕、棉籽粕、花生粕、玉米蛋白粉、DDGS——喷浆干酒糟、水解羽毛粉）

原料名称	含量/%	原料名称	含量/%
玉米	54.61	盐	0.2
大豆粕	13.05	蛋氨酸（DL-Met）	0.06
小麦	10	氯化胆碱	0.08
次粉	3	营养素名称	营养含量/%
棉籽粕	3	粗蛋白	19.2
花生粕	3	钙	0.76
玉米蛋白粉（60%粗蛋白）	3	总磷	0.5
DDGS——喷浆干酒糟	3	可利用磷	0.40
水解羽毛粉	2	盐	0.37
植酸酶	0.01	赖氨酸	0.948
猪油	1.91	蛋氨酸	0.364
磷酸氢钙	1.03	蛋氨酸+胱氨酸	0.736
石粉	1.23	苏氨酸	0.709
0.5%预混料	0.5	色氨酸	0.186
赖氨酸（98%）	0.34	代谢能/（千卡/千克）	3030

配方 242（主要蛋白原料为豆粕、菜籽粕、花生粕、玉米蛋白粉）

原料名称	含量/%	原料名称	含量/%
玉米	54.41	盐	0.24
大豆粕	13.24	蛋氨酸（DL-Met）	0.05
小麦	10	氯化胆碱	0.08
次粉	3	营养素名称	营养含量/%
菜籽粕	3	粗蛋白	19.2
花生粕	3	钙	0.76
玉米蛋白粉（60%粗蛋白）	3	总磷	0.5
DDGS——喷浆干酒糟	3	可利用磷	0.40
水解羽毛粉	2	盐	0.37
植酸酶	0.01	赖氨酸	0.948
猪油	1.92	蛋氨酸	0.363
磷酸氢钙	1	蛋氨酸+胱氨酸	0.738
石粉	1.21	苏氨酸	0.719
0.5%预混料	0.5	色氨酸	0.188
赖氨酸（98%）	0.34	代谢能/（千卡/千克）	3030

（十）玉米-小麦-豆粕加酶型

配方 243（主要蛋白原料为豆粕、花生粕、玉米蛋白粉、水解羽毛粉）

原料名称	含量/%	原料名称	含量/%
玉米	47.1	小麦酶	0.01
小麦	20	氯化胆碱	0.08
大豆粕	15.50	营养素名称	营养含量/%
次粉	3	粗蛋白	19.3
花生粕	3	钙	0.9
玉米蛋白粉（60%粗蛋白）	3	总磷	0.6
水解羽毛粉	2.5	可利用磷	0.41
猪油	1.79	盐	0.37
磷酸氢钙	1.44	赖氨酸	0.948
石粉	1.4	蛋氨酸	0.369
0.5%预混料	0.5	蛋氨酸+胱氨酸	0.736
赖氨酸（98%）	0.32	苏氨酸	0.71
盐	0.3	色氨酸	0.207
蛋氨酸（DL-Met）	0.06	代谢能/（千卡/千克）	3030

配方 244（主要蛋白原料为去皮豆粕、棉粕、菜粕、玉米蛋白粉）

原料名称	含量/%	原料名称	含量/%
玉米	43.75	蛋氨酸	0.09
小麦	20.00	肉鸡多维多矿	0.30
次粉	5.00	小麦酶	0.01
油脂	2.50	营养素名称	营养含量/%
去皮豆粕	12.99	粗蛋白	18.5
棉粕	4.00	钙	0.6
菜粕	3.50	总磷	0.57
玉米蛋白粉（60%粗蛋白）	4.00	可利用磷	0.36
植酸酶	0.01	盐	0.38
食盐	0.30	赖氨酸	1.02
石粉	0.92	蛋氨酸	0.38
磷酸氢钙	0.92	蛋氨酸+胱氨酸	0.70
氯化胆碱	0.80	苏氨酸	0.60
赖氨酸（65%）	0.92	代谢能/（千卡/千克）	2955

配方 245（主要蛋白原料为去皮豆粕、棉粕、菜粕、玉米蛋白粉）

原料名称	含量/%	原料名称	含量/%
玉米	45.20	蛋氨酸	0.10
小麦	20.00	肉鸡多维多矿	0.30
次粉	5.00	小麦酶	0.01
油脂	2.50	营养素名称	营养含量/%
去皮豆粕	12.42	粗蛋白	18.75
棉粕	4.00	钙	0.76
菜粕	3.00	总磷	0.61
玉米蛋白粉（60%粗蛋白）	4.00	可利用磷	0.37
食盐	0.30	盐	0.35
石粉	1.01	赖氨酸	0.9
磷酸氢钙	1.30	蛋氨酸	0.39
氯化胆碱	0.08	蛋氨酸＋胱氨酸	0.70
赖氨酸（65%）	0.78	苏氨酸	0.60
		代谢能/（千卡/千克）	2987

配方 246（主要蛋白原料为去皮豆粕、棉粕、棉仁蛋白、玉米蛋白粉）

原料名称	含量/%	原料名称	含量/%
玉米	44.57	蛋氨酸	0.10
小麦	20.00	肉鸡多维多矿	0.30
次粉	5.00	小麦酶	0.01
油脂	2.50	营养素名称	营养含量/%
去皮豆粕	12.09	粗蛋白	18.75
棉粕	4.00	钙	0.76
棉仁蛋白	4.00	总磷	0.60
玉米蛋白粉（60%粗蛋白）	4.00	可利用磷	0.37
植酸酶	0.01	盐	0.35
食盐	0.30	赖氨酸	1.01
石粉	1.05	蛋氨酸	0.40
磷酸氢钙	1.28	蛋氨酸＋胱氨酸	0.70
氯化胆碱	0.08	苏氨酸	0.62
赖氨酸（65%）	0.72	代谢能/（千卡/千克）	2962

配方247（主要蛋白原料为去皮豆粕、棉粕、棉仁蛋白、
花生粕、玉米蛋白粉）

原料名称	含量/%	原料名称	含量/%
玉米	44.87	赖氨酸(65%)	0.37
小麦	20.00	蛋氨酸	0.10
次粉	5.00	肉鸡多维多矿	0.30
油脂	2.50	小麦酶	0.01
去皮豆粕	9.36	营养素名称	营养含量/%
棉粕	4.00	粗蛋白	18.65
棉仁蛋白	4.00	钙	0.68
花生粕	3.00	总磷	0.57
玉米蛋白粉(60%粗蛋白)	4.00	可利用磷	0.37
植酸酶	0.01	盐	0.37
食盐	0.30	赖氨酸	0.87
石粉	1.01	蛋氨酸	0.38
磷酸氢钙	1.08	蛋氨酸＋胱氨酸	0.68
氯化胆碱	0.08	苏氨酸	0.60
		代谢能/(千卡/千克)	2952

配方248（主要蛋白原料为去皮豆粕、棉粕、棉仁蛋白、
花生粕、玉米蛋白粉）

原料名称	含量/%	原料名称	含量/%
玉米	44.72	蛋氨酸	0.10
小麦	20.00	肉鸡多维多矿	0.30
次粉	5.00	小麦酶	0.01
油脂	2.50	营养素名称	营养含量/%
去皮豆粕	8.80	粗蛋白	18.75
棉粕	4.00	钙	0.76
棉仁蛋白	4.00	总磷	0.60
花生粕	3.00	可利用磷	0.37
玉米蛋白粉(60%粗蛋白)	4.00	盐	0.35
食盐	0.30	赖氨酸	1.07
石粉	1.06	蛋氨酸	0.38
磷酸氢钙	1.29	蛋氨酸＋胱氨酸	0.69
氯化胆碱	0.08	苏氨酸	0.59
赖氨酸(65%)	0.84	代谢能/(千卡/千克)	2962

配方 249（主要蛋白原料为去皮豆粕、棉粕、菜粕、玉米蛋白粉）

原料名称	含量/%	原料名称	含量/%
玉米	43.80	肉鸡多维多矿	0.30
小麦	20.00	小麦酶	0.01
次粉	5.00	营养素名称	营养含量/%
油脂	2.50	粗蛋白	18.83
去皮豆粕	14.22	钙	0.7
棉粕	4.00	总磷	0.59
菜粕	3.00	可利用磷	0.36
玉米蛋白粉(60%粗蛋白)	4.00	盐	0.32
食盐	0.30	赖氨酸	1.09
石粉	0.90	蛋氨酸	0.38
磷酸氢钙	1.06	蛋氨酸+胱氨酸	0.70
氯化胆碱	0.08	苏氨酸	0.61
赖氨酸(65%)	0.73	代谢能/(千卡/千克)	2955
蛋氨酸	0.10		

配方 250（主要蛋白原料为去皮豆粕、棉粕、菜粕、玉米蛋白粉）

原料名称	含量/%	原料名称	含量/%
玉米	44.63	蛋氨酸	0.10
小麦	20.00	肉鸡多维多矿	0.30
次粉	5.00	小麦酶	0.01
油脂	2.50	营养素名称	营养含量/%
去皮豆粕	13.47	粗蛋白	18.83
棉粕	4.00	钙	0.70
菜粕	3.00	总磷	0.59
玉米蛋白粉(60%粗蛋白)	4.00	可利用磷	0.37
食盐	0.30	盐	0.32
石粉	0.90	赖氨酸	0.940
磷酸氢钙	1.06	蛋氨酸	0.40
氯化胆碱	0.08	蛋氨酸+胱氨酸	0.72
赖氨酸(65%)	0.65	苏氨酸	0.62
		代谢能/(千卡/千克)	2980

配方 251（主要蛋白原料为去皮豆粕、菜粕、花生粕、玉米蛋白粉）

原料名称	含量/%	原料名称	含量/%
玉米	43.65	蛋氨酸	0.09
小麦	20.00	肉鸡多维多矿	0.30
次粉	5.00	小麦酶	0.01
油脂	2.50	营养素名称	营养含量/%
去皮豆粕	16.6	粗蛋白	18.86
菜粕	3.00	钙	0.78
花生粕	2.00	总磷	0.60
玉米蛋白粉(60%粗蛋白)	4.00	可利用磷	0.37
食盐	0.30	盐	0.30
石粉	0.92	赖氨酸	0.90
磷酸氢钙	1.30	蛋氨酸	0.38
氯化胆碱	0.08	蛋氨酸＋胱氨酸	0.70
赖氨酸(65%)	0.25	苏氨酸	0.62
		代谢能/(千卡/千克)	2955

配方 252（主要蛋白原料为去皮豆粕、棉粕、棉仁蛋白、菜粕、
花生粕、玉米蛋白粉）

原料名称	含量/%	原料名称	含量/%
玉米	45.03	赖氨酸(65%)	0.70
小麦	20.00	蛋氨酸	0.10
次粉	5.00	肉鸡多维多矿	0.30
油脂	2.50	小麦酶	0.01
去皮豆粕	7.12	营养素名称	营养含量/%
棉粕	4.00	粗蛋白	18.66
棉仁蛋白	4.00	钙	0.645
菜粕	2.00	总磷	0.5
花生粕	3.00	可利用磷	0.35
玉米蛋白粉(60%粗蛋白)	4.00	盐	0.38
植酸酶	0.01	赖氨酸	0.9
食盐	0.30	蛋氨酸	0.38
石粉	0.96	蛋氨酸＋胱氨酸	0.69
磷酸氢钙	0.90	苏氨酸	0.59
氯化胆碱	0.08	代谢能/(千卡/千克)	2958

配方 253（主要蛋白原料为去皮豆粕、棉粕、玉米蛋白粉、

DDGS——喷浆干酒糟）

原料名称	含量/%	原料名称	含量/%
玉米	38.18	肉鸡多维多矿	0.30
小麦	20.00	小麦酶	0.01
次粉	5.00	营养素名称	营养含量/%
DDGS——喷浆干酒糟	3.00	粗蛋白	20.80
油脂	1.80	钙	0.80
去皮豆粕	20.28	总磷	0.70
棉粕	4.00	可利用磷	0.44
玉米蛋白粉(60%粗蛋白)	4.00	盐	0.29
食盐	0.30	赖氨酸	1.10
石粉	0.74	蛋氨酸	0.50
磷酸氢钙	1.72	蛋氨酸＋胱氨酸	0.84
氯化胆碱	0.08	苏氨酸	0.72
赖氨酸(65%)	0.43	代谢能/(千卡/千克)	2886
蛋氨酸	0.17		

配方 254（主要蛋白原料为大豆粕、棉籽粕、玉米蛋白粉）

原料名称	含量/%	原料名称	含量/%
玉米	56.63	苏氨酸	0.17
小麦	10.00	植酸酶	0.01
DDGS——喷浆干酒糟	3.00	肉鸡多维多矿	0.30
油脂	1.85	营养素名称	营养含量/%
大豆粕	15.52	粗蛋白	18.7
棉籽粕	4.00	钙	0.52
菜籽粕	2.50	总磷	0.5
玉米蛋白粉(60%粗蛋白)	4.00	可利用磷	0.37
石粉	0.5	盐	0.28
食盐	0.28	赖氨酸	0.94
磷酸氢钙	0.60	蛋氨酸	0.46
氯化胆碱	0.08	蛋氨酸＋胱氨酸	0.78
赖氨酸(65%)	0.40	苏氨酸	0.80
蛋氨酸	0.16	代谢能/(千卡/千克)	2987

配方 255（主要蛋白原料为大豆粕、棉籽粕、菜籽粕、

玉米蛋白粉、棉仁蛋白）

原料名称	含量/%	原料名称	含量/%
玉米	56.70	苏氨酸	0.17
小麦	10.00	植酸酶	0.01
DDGS——喷浆干酒糟	3.00	肉鸡多维多矿	0.30
油脂	1.93	营养素名称	营养含量/%
大豆粕	12.73	粗蛋白	19.1
棉籽粕	4.00	钙	0.31
菜籽粕	2.50	总磷	0.59
玉米蛋白粉(60%粗蛋白)	4.00	可利用磷	0.37
棉仁蛋白	3.00	盐	0.27
食盐	0.28	赖氨酸	0.96
磷酸氢钙	0.70	蛋氨酸	0.48
氯化胆碱	0.08	蛋氨酸+胱氨酸	0.80
赖氨酸(65%)	0.44	苏氨酸	0.81
蛋氨酸	0.16	代谢能/(千卡/千克)	3000

配方 256（主要蛋白原料为大豆粕、棉籽粕、菜籽粕、

玉米蛋白粉、花生粕）

原料名称	含量/%	原料名称	含量/%
玉米	56.34	苏氨酸	0.17
小麦	10.00	植酸酶	0.01
DDGS——喷浆干酒糟	3.00	肉鸡多维多矿	0.30
油脂	1.99	营养素名称	营养含量/%
大豆粕	13.00	粗蛋白	19.1
棉籽粕	4.00	钙	0.31
菜籽粕	2.50	总磷	0.58
玉米蛋白粉(60%粗蛋白)	4.00	可利用磷	0.37
花生粕	3.00	盐	0.27
食盐	0.28	赖氨酸	0.96
磷酸氢钙	0.70	蛋氨酸	0.48
氯化胆碱	0.08	蛋氨酸+胱氨酸	0.80
赖氨酸(65%)	0.47	苏氨酸	0.80
蛋氨酸	0.16	代谢能/(千卡/千克)	3000

配方 257（主要蛋白原料为大豆粕、棉籽粕、菜籽粕、
玉米蛋白粉、花生粕）

原料名称	含量/%	原料名称	含量/%
玉米	48.36	苏氨酸	0.17
小麦	20.00	小麦酶	0.01
DDGS——喷浆干酒糟	3.00	植酸酶	0.01
油脂	2.35	肉鸡多维多矿	0.30
大豆粕	10.50	营养素名称	营养含量/%
棉籽粕	3.62	粗蛋白	18.7
菜籽粕	2.50	钙	0.37
玉米蛋白粉(60%粗蛋白)	4.00	总磷	0.58
石粉	0.4	可利用磷	0.37
花生粕	3.00	盐	0.28
食盐	0.28	赖氨酸	0.94
磷酸氢钙	0.70	蛋氨酸	0.47
氯化胆碱	0.08	蛋氨酸+胱氨酸	0.78
赖氨酸(65%)	0.56	苏氨酸	0.77
蛋氨酸	0.16	代谢能/(千卡/千克)	3015

配方 258（主要蛋白原料为大豆粕、DDGS——喷浆干酒糟、棉籽粕、
菜籽粕、玉米蛋白粉、棉仁蛋白、鱼粉）

原料名称	含量/%	原料名称	含量/%
玉米	49.17	苏氨酸	0.17
小麦	20.00	小麦酶	0.01
DDGS——喷浆干酒糟	3.00	植酸酶	0.01
油脂	2.27	肉鸡多维多矿	0.30
大豆粕	10.00	营养素名称	营养含量/%
棉籽粕	3.32	粗蛋白	18.6
菜籽粕	2.50	钙	0.53
玉米蛋白粉(60%粗蛋白)	4.00	总磷	0.6
棉仁蛋白	3.00	可利用磷	0.38
石粉	0.50	盐	0.28
食盐	0.28	赖氨酸	0.94
磷酸氢钙	0.70	蛋氨酸	0.45
氯化胆碱	0.08	蛋氨酸+胱氨酸	0.77
赖氨酸(65%)	0.53	苏氨酸	0.76
蛋氨酸	0.16	代谢能(千卡/千克)	3006

配方 259（主要蛋白原料为大豆粕、DDGS——喷浆干酒糟、棉籽粕、菜籽粕、玉米蛋白粉、棉仁蛋白、鱼粉、肉骨粉）

原料名称	含量/%	原料名称	含量/%
玉米	49.45	苏氨酸	0.17
小麦	20.00	小麦酶	0.01
DDGS——喷浆干酒糟	3.00	植酸酶	0.01
油脂	2.17	肉鸡多维多矿	0.30
大豆粕	11.00	营养素名称	营养含量/%
棉籽粕	2.15	粗蛋白	18.5
菜籽粕	2.50	钙	0.56
玉米蛋白粉（60%粗蛋白）	4.00	总磷	0.58
棉仁蛋白	3.00	可利用磷	0.38
石粉	0.50	盐	0.29
食盐	0.28	赖氨酸	0.94
磷酸氢钙	0.70	蛋氨酸	0.45
氯化胆碱	0.08	蛋氨酸+胱氨酸	0.76
赖氨酸（65%）	0.52	苏氨酸	0.76
蛋氨酸	0.16	代谢能/(千卡/千克)	3006

配方 260（主要蛋白原料为大豆粕、DDGS——喷浆干酒糟、棉籽粕、菜籽粕、玉米蛋白粉、棉仁蛋白、花生粕）

原料名称	含量/%	原料名称	含量/%
玉米	56.77	苏氨酸	0.17
小麦	10.00	植酸酶	0.01
DDGS——喷浆干酒糟	3.00	肉鸡多维多矿	0.30
油脂	1.96	营养素名称	营养含量/%
大豆粕	10.00	粗蛋白	19.1
棉籽粕	3.56	钙	0.31
菜籽粕	2.50	总磷	0.59
玉米蛋白粉（60%粗蛋白）	4.00	可利用磷	0.37
棉仁蛋白	3.00	盐	0.27
花生粕	3.00	赖氨酸	0.96
食盐	0.28	蛋氨酸	0.48
磷酸氢钙	0.70	蛋氨酸+胱氨酸	0.80
氯化胆碱	0.08	苏氨酸	0.80
赖氨酸（65%）	0.51	代谢能/(千卡/千克)	3000
蛋氨酸	0.16		

配方 261（主要蛋白原料为大豆粕、DDGS——喷浆干酒糟、棉籽粕、菜籽粕、玉米蛋白粉、花生粕）

原料名称	含量/%	原料名称	含量/%
玉米	56.68	苏氨酸	0.17
小麦	10.00	植酸酶	0.01
DDGS——喷浆干酒糟	3.00	肉鸡多维多矿	0.30
油脂	1.90	营养素名称	营养含量/%
大豆粕	12.26	粗蛋白	18.9
棉籽粕	4.00	钙	0.51
菜籽粕	2.50	总磷	0.57
玉米蛋白粉(60%粗蛋白)	4.00	可利用磷	0.37
石粉	0.50	盐	0.28
花生粕	3.00	赖氨酸	0.94
食盐	0.28	蛋氨酸	0.46
磷酸氢钙	0.70	蛋氨酸+胱氨酸	0.78
氯化胆碱	0.08	苏氨酸	0.78
赖氨酸(65%)	0.46	代谢能/(千卡/千克)	2984
蛋氨酸	0.16		

配方 262（主要蛋白原料为大豆粕、DDGS——喷浆干酒糟、菜籽粕、玉米蛋白粉、棉仁蛋白、花生粕）

原料名称	含量/%	原料名称	含量/%
玉米	49.75	苏氨酸	0.17
小麦	20.00	小麦酶	0.01
DDGS——喷浆干酒糟	3.00	植酸酶	0.01
油脂	2.09	肉鸡多维多矿	0.30
大豆粕	10.00	营养素名称	营养含量/%
菜籽粕	2.50	粗蛋白	18.5
玉米蛋白粉(60%粗蛋白)	4.00	钙	0.50
棉仁蛋白	3.00	总磷	0.57
石粉	0.5	可利用磷	0.37
花生粕	2.90	盐	0.28
食盐	0.28	赖氨酸	0.94
磷酸氢钙	0.70	蛋氨酸	0.45
氯化胆碱	0.08	蛋氨酸+胱氨酸	0.76
赖氨酸(65%)	0.55	苏氨酸	0.75
蛋氨酸	0.16	代谢能/(千卡/千克)	3006

配方 263（主要蛋白原料为大豆粕、菜籽粕、玉米蛋白粉、棉仁蛋白）

原料名称	含量/%	原料名称	含量/%
玉米	49.31	苏氨酸	0.17
小麦	20.00	小麦酶	0.01
DDGS——喷浆干酒糟	3.00	植酸酶	0.01
油脂	2.22	肉鸡多维多矿	0.30
大豆粕	10.00	营养素名称	营养含量/%
棉籽粕	2.74	粗蛋白	18.5
菜籽粕	2.50	钙	0.54
玉米蛋白粉(60%粗蛋白)	4.00	总磷	0.60
棉仁蛋白	3.00	可利用磷	0.39
石粉	0.50	盐	0.29
肉骨粉	0.50	赖氨酸	0.94
食盐	0.28	蛋氨酸	0.45
磷酸氢钙	0.70	蛋氨酸＋胱氨酸	0.77
氯化胆碱	0.08	苏氨酸	0.76
赖氨酸(65%)	0.52	代谢能/(千卡/千克)	3006
蛋氨酸	0.16		

配方 264（主要蛋白原料为去皮豆粕、棉粕、棉仁蛋白）

原料名称	含量/%	原料名称	含量/%
玉米	45.38	肉鸡多维多矿	0.30
小麦	20.00	小麦酶	0.01
次粉	5.00	营养素名称	营养含量/%
油脂	2.50	粗蛋白	18.83
去皮豆粕	15.65	钙	0.6
棉粕	4.00	总磷	0.62
棉仁蛋白	4.00	可利用磷	0.39
食盐	0.30	盐	0.32
石粉	0.84	赖氨酸	0.98
磷酸氢钙	1.17	蛋氨酸	0.39
氯化胆碱	0.08	蛋氨酸＋胱氨酸	0.69
赖氨酸(65%)	0.63	苏氨酸	0.60
蛋氨酸	0.14	代谢能/(千卡/千克)	2980

配方 265（主要蛋白原料为去皮豆粕、棉粕、肉骨粉）

原料名称	含量/%	原料名称	含量/%
玉米	44.96	肉鸡多维多矿	0.30
小麦	20.00	小麦酶	0.01
次粉	5.00	营养素名称	营养含量/%
油脂	2.50	粗蛋白	18.83
去皮豆粕	20.1	钙	0.62
棉粕	4.00	总磷	0.62
食盐	0.30	可利用磷	0.39
石粉	0.81	盐	0.32
磷酸氢钙	1.20	赖氨酸	1.0
氯化胆碱	0.08	蛋氨酸	0.40
赖氨酸（65%）	0.61	蛋氨酸+胱氨酸	0.70
蛋氨酸	0.13	苏氨酸	0.63
		代谢能/（千卡/千克）	2980

配方 266（主要蛋白原料为去皮豆粕、棉粕、玉米蛋白粉）

原料名称	含量/%	原料名称	含量/%
玉米	43.27	肉鸡多维多矿	0.30
小麦	20.00	小麦酶	0.01
次粉	5.00	营养素名称	营养含量/%
油脂	2.46	粗蛋白	18.89
去皮豆粕	17.76	钙	0.82
棉粕	4.00	总磷	0.65
玉米蛋白粉（60%粗蛋白）	4.00	可利用磷	0.40
食盐	0.30	盐	0.29
石粉	0.91	赖氨酸	0.92
磷酸氢钙	1.57	蛋氨酸	0.40
氯化胆碱	0.08	蛋氨酸+胱氨酸	0.72
赖氨酸（65%）	0.24	苏氨酸	0.65
蛋氨酸	0.10	代谢能/（千卡/千克）	2948

配方 267（主要蛋白原料为去皮豆粕、棉仁蛋白、玉米蛋白粉）

原料名称	含量/%	原料名称	含量/%
玉米	44.73	肉鸡多维多矿	0.30
小麦	20.00	小麦酶	0.01
次粉	5.00	营养素名称	营养含量/%
油脂	2.18	粗蛋白	18.89
去皮豆粕	16.65	钙	0.82
棉仁蛋白	4.00	总磷	0.62
玉米蛋白粉（60%粗蛋白）	4.00	可利用磷	0.38
食盐	0.30	盐	0.29
石粉	1.01	赖氨酸	0.90
磷酸氢钙	1.44	蛋氨酸	0.40
氯化胆碱	0.08	蛋氨酸+胱氨酸	0.72
赖氨酸（65%）	0.21	苏氨酸	0.65
蛋氨酸	0.09	代谢能/（千卡/千克）	2962

配方 268 （主要蛋白原料为去皮豆粕、玉米蛋白粉、花生粕）

原料名称	含量/%	原料名称	含量/%
玉米	44.31	肉鸡多维多矿	0.30
小麦	20.00	小麦酶	0.01
次粉	5.00	营养素名称	营养含量/%
油脂	2.21	粗蛋白	18.89
去皮豆粕	19.05	钙	0.82
玉米蛋白粉(60%粗蛋白)	4.00	总磷	0.62
花生粕	2.00	可利用磷	0.38
食盐	0.30	盐	0.29
石粉	0.98	赖氨酸	0.90
磷酸氢钙	1.48	蛋氨酸	0.40
氯化胆碱	0.08	蛋氨酸＋胱氨酸	0.72
赖氨酸(65%)	0.19	苏氨酸	0.65
蛋氨酸	0.09	代谢能/(千卡/千克)	2961

配方 269 （主要蛋白原料为去皮豆粕、棉粕、棉仁蛋白）

原料名称	含量/%	原料名称	含量/%
玉米	44.26	小麦酶	0.01
小麦	20.00	营养素名称	营养含量/%
次粉	5.00	粗蛋白	18.89
油脂	2.52	钙	0.32
去皮豆粕	18.49	总磷	0.55
棉粕	4.00	可利用磷	0.30
棉仁蛋白	4.00	盐	0.29
食盐	0.30	赖氨酸	0.92
磷酸氢钙	0.83	蛋氨酸	0.40
氯化胆碱	0.08	蛋氨酸＋胱氨酸	0.72
赖氨酸(65%)	0.09	苏氨酸	0.67
蛋氨酸	0.12	代谢能/(千卡/千克)	2947
肉鸡多维多矿	0.30		

配方 270 （主要蛋白原料为去皮豆粕、棉粕、玉米蛋白粉）

原料名称	含量/%	原料名称	含量/%
玉米	43.17	肉鸡多维多矿	0.30
小麦	20.00	小麦酶	0.01
次粉	5.00	营养素名称	营养含量/%
油脂	2.50	粗蛋白	18.89
去皮豆粕	17.57	钙	0.82
棉粕	4.00	总磷	0.65
玉米蛋白粉(60%粗蛋白)	4.25	可利用磷	0.40
食盐	0.30	盐	0.29
石粉	0.91	赖氨酸	0.92
磷酸氢钙	1.57	蛋氨酸	0.40
氯化胆碱	0.08	蛋氨酸＋胱氨酸	0.72
赖氨酸(65%)	0.24	苏氨酸	0.65
蛋氨酸	0.10	代谢能/(千卡/千克)	2948

配方 271（主要蛋白原料为去皮豆粕、玉米蛋白粉）

原料名称	含量/%	原料名称	含量/%
玉米	44.22	小麦酶	0.01
小麦	20.00	营养素名称	营养含量/%
次粉	5.00	粗蛋白	18.89
油脂	2.21	钙	0.82
去皮豆粕	21.21	总磷	0.62
玉米蛋白粉（60%粗蛋白）	4.00	可利用磷	0.38
食盐	0.30	盐	0.29
石粉	0.98	赖氨酸	0.90
磷酸氢钙	1.47	蛋氨酸	0.40
氯化胆碱	0.08	蛋氨酸＋胱氨酸	0.72
赖氨酸（65%）	0.13	苏氨酸	0.66
蛋氨酸	0.09	代谢能/（千卡/千克）	2961
肉鸡多维多矿	0.30		

配方 272（主要蛋白原料为去皮豆粕、棉仁蛋白、玉米蛋白粉、花生粕）

原料名称	含量/%	原料名称	含量/%
玉米	44.81	肉鸡多维多矿	0.30
小麦	20.00	小麦酶	0.01
次粉	5.00	营养素名称	营养含量/%
油脂	2.19	粗蛋白	18.89
去皮豆粕	14.49	钙	0.82
棉仁蛋白	4.00	总磷	0.62
玉米蛋白粉（60%粗蛋白）	4.00	可利用磷	0.38
花生粕	2.00	盐	0.29
食盐	0.30	赖氨酸	0.90
石粉	1.01	蛋氨酸	0.40
磷酸氢钙	1.44	蛋氨酸＋胱氨酸	0.72
氯化胆碱	0.08	苏氨酸	0.64
赖氨酸（65%）	0.27	代谢能/（千卡/千克）	2962
蛋氨酸	0.10		

配方 273（主要蛋白原料为去皮豆粕、棉粕、玉米蛋白粉、花生粕）

原料名称	含量/%	原料名称	含量/%
玉米	43.51	肉鸡多维多矿	0.30
小麦	20.00	小麦酶	0.01
次粉	5.00	营养素名称	营养含量/%
油脂	2.50	粗蛋白	18.89
去皮豆粕	17.67	钙	0.82
棉粕	1.89	总磷	0.62
玉米蛋白粉(60%粗蛋白)	4.00	可利用磷	0.38
花生粕	2.00	盐	0.29
食盐	0.30	赖氨酸	0.90
石粉	0.97	蛋氨酸	0.40
磷酸氢钙	1.46	蛋氨酸+胱氨酸	0.72
氯化胆碱	0.08	苏氨酸	0.65
赖氨酸(65%)	0.22	代谢能/(千卡/千克)	2958
蛋氨酸	0.09		

三、肉大鸡配合饲料配方

（一）玉米-豆粕型

配方 274（主要蛋白原料为豆粕）

原料名称	含量/%	营养素名称	营养含量/%
玉米	62.45	粗蛋白	17
大豆粕	25.31	钙	0.8
次粉	5	总磷	0.55
猪油	3.75	可利用磷	0.35
石粉	1.25	盐	0.35
磷酸氢钙	1.25	赖氨酸	0.852
0.5%预混料	0.5	蛋氨酸	0.322
盐	0.32	苏氨酸	0.697
赖氨酸(98%)	0.07	色氨酸	0.22
蛋氨酸(DL-Met)	0.04	代谢能/(千卡/千克)	3100
氯化胆碱	0.06		

配方 275（主要蛋白原料为豆粕）

原料名称	含量/%	营养素名称	营养含量/%
玉米	64.9	粗蛋白	16.7
大豆粕	23.89	钙	0.68
次粉	5	总磷	0.53
猪油	3.12	可利用磷	0.35
植酸酶	0.01	盐	0.35
石粉	1.23	赖氨酸	0.83
磷酸氢钙	0.96	蛋氨酸	0.31
0.5%预混料	0.5	苏氨酸	0.694
盐	0.28	色氨酸	0.211
赖氨酸(98%)	0.04	代谢能/(千卡/千克)	3090
蛋氨酸(DL-Met)	0.02		
氯化胆碱	0.06		

配方 276（主要蛋白原料为豆粕、DDGS——喷浆干酒糟、菜粕、棉粕）

原料名称	含量/%	原料名称	含量/%
玉米	64.51	蛋氨酸	0.07
次粉	5.00	苏氨酸	0.08
油脂	2.90	肉鸡多维多矿	0.30
DDGS——喷浆干酒糟	3.00	营养素名称	营养含量/%
豆粕	12.49	粗蛋白	17.10
菜粕	3.00	钙	0.48
棉粕	2.34	总磷	0.50
玉米蛋白粉(60%粗蛋白)	4.00	可利用磷	0.30
食盐	0.30	盐	0.30
石粉	0.55	赖氨酸	0.95
磷酸氢钙	0.87	蛋氨酸	0.40
氯化胆碱	0.06	蛋氨酸+胱氨酸	0.70
赖氨酸(65%)	0.53	苏氨酸	0.67
		代谢能/(千卡/千克)	3078

配方 277（主要蛋白原料为豆粕、DDGS——喷浆干酒糟、菜粕、花生粕、玉米蛋白粉、棉粕）

原料名称	含量/%	原料名称	含量/%
玉米	65.14	蛋氨酸	0.08
次粉	5.00	苏氨酸	0.10
油脂	2.75	肉鸡多维多矿	0.30
DDGS——喷浆干酒糟	3.00	营养素名称	营养含量/%
豆粕	9.34	粗蛋白	17.10
菜粕	3.00	钙	0.48
花生粕	3.00	总磷	0.50
玉米蛋白粉(60%粗蛋白)	4.00	可利用磷	0.30
棉粕	1.89	盐	0.30
食盐	0.30	赖氨酸	0.95
石粉	0.54	蛋氨酸	0.40
磷酸氢钙	0.90	蛋氨酸+胱氨酸	0.70
氯化胆碱	0.06	苏氨酸	0.66
赖氨酸(65%)	0.61	代谢能/(千卡/千克)	3078

配方 278（主要蛋白原料为豆粕、DDGS——喷浆干酒糟、棉粕、菜粕、花生粕、玉米蛋白粉）

原料名称	含量/%	原料名称	含量/%
玉米	64.47	蛋氨酸	0.07
次粉	5.00	苏氨酸	0.08
油脂	3.00	肉鸡多维多矿	0.30
DDGS——喷浆干酒糟	3.00	营养素名称	营养含量/%
豆粕	14.32	粗蛋白	17.10
棉粕	0.51	钙	0.48
菜粕	3.00	总磷	0.50
花生粕	0.00	可利用磷	0.30
玉米蛋白粉（60%粗蛋白）	4.00	盐	0.30
食盐	0.30	赖氨酸	0.94
石粉	0.54	蛋氨酸	0.40
磷酸氢钙	0.87	蛋氨酸＋胱氨酸	0.70
氯化胆碱	0.06	苏氨酸	0.67
赖氨酸（65%）	0.49	代谢能/（千卡/千克）	3098

配方 279（主要蛋白原料为豆粕、菜粕、棉粕、玉米蛋白粉）

原料名称	含量/%	原料名称	含量/%
玉米	65.31	苏氨酸	0.08
油脂	3.00	肉鸡多维多矿	0.30
次粉	5.00	营养素名称	营养含量/%
豆粕	12.12	粗蛋白	17.10
菜粕	3.00	钙	0.48
棉粕	4.80	总磷	0.50
玉米蛋白粉（60%粗蛋白）	4.00	可利用磷	0.30
食盐	0.30	盐	0.30
石粉	0.53	赖氨酸	0.96
磷酸氢钙	0.90	蛋氨酸	0.40
氯化胆碱	0.06	蛋氨酸＋胱氨酸	0.70
赖氨酸（65%）	0.52	苏氨酸	0.66
蛋氨酸	0.08	代谢能/（千卡/千克）	3098

配方 280（主要蛋白原料为去皮豆粕、DDGS——喷浆干酒糟、花生粕、玉米蛋白粉、棉粕）

原料名称	含量/%	原料名称	含量/%
玉米	66.46	蛋氨酸	0.09
油脂	2.39	苏氨酸	0.10
次粉	5.00	肉鸡多维多矿	0.30
DDGS——喷浆干酒糟	3.00	营养素名称	营养含量/%
去皮豆粕	8.67	粗蛋白	17.10
花生粕	3.00	钙	0.48
玉米蛋白粉(60%粗蛋白)	4.00	总磷	0.50
棉粕	4.50	可利用磷	0.30
食盐	0.30	盐	0.30
石粉	0.55	赖氨酸	0.95
磷酸氢钙	0.95	蛋氨酸	0.40
氯化胆碱	0.06	蛋氨酸＋胱氨酸	0.70
赖氨酸(65%)	0.63	苏氨酸	0.66
		代谢能/(千卡/千克)	3078

配方 281（主要蛋白原料为去皮豆粕、DDGS——喷浆干酒糟、花生粕、玉米蛋白粉、棉粕）

原料名称	含量/%	原料名称	含量/%
玉米	66.33	蛋氨酸	0.09
次粉	5.00	苏氨酸	0.10
油脂	2.46	肉鸡多维多矿	0.30
DDGS——喷浆干酒糟	3.00	营养素名称	营养含量/%
去皮豆粕	8.24	粗蛋白	17.10
花生粕	3.00	钙	0.48
玉米蛋白粉(60%粗蛋白)	4.00	总磷	0.50
棉粕	5.00	可利用磷	0.30
食盐	0.30	盐	0.30
石粉	0.55	赖氨酸	0.95
磷酸氢钙	0.94	蛋氨酸	0.40
氯化胆碱	0.06	蛋氨酸＋胱氨酸	0.70
赖氨酸(65%)	0.64	苏氨酸	0.66
		代谢能/(千卡/千克)	3078

（二）玉米-豆粕-杂粕型

配方 282（主要蛋白原料为豆粕、棉籽粕）

原料名称	含量/%	营养素名称	营养含量/%
玉米	61.46	粗蛋白	17.1
大豆粕	20.75	钙	0.8
次粉	5	总磷	0.56
棉籽粕	5	可利用磷	0.35
猪油	4.29	盐	0.35
石粉	1.28	赖氨酸	0.842
磷酸氢钙	1.22	蛋氨酸	0.317
0.5%预混料	0.5	苏氨酸	0.674
盐	0.30	色氨酸	0.21
赖氨酸(98%)	0.1	代谢能/(千卡/千克)	3100
蛋氨酸(DL-Met)	0.04		
氯化胆碱	0.06		

配方 283（主要蛋白原料为豆粕、棉籽粕、花生粕）

原料名称	含量/%	原料名称	含量/%
玉米	62.3	氯化胆碱	0.06
大豆粕	16.35	营养素名称	营养含量/%
次粉	5	·粗蛋白	17
棉籽粕	5	钙	0.79
猪油	4.14	总磷	0.55
花生粕	3.60	可利用磷	0.34
石粉	1.29	盐	0.35
磷酸氢钙	1.19	赖氨酸	0.864
0.5%预混料	0.5	蛋氨酸	0.322
盐	0.31	苏氨酸	0.633
赖氨酸(98%)	0.2	色氨酸	0.197
蛋氨酸(DL-Met)	0.06	代谢能/(千卡/千克)	3112

配方 284（主要蛋白原料为豆粕、棉籽粕、菜籽粕、花生粕）

原料名称	含量/%	原料名称	含量/%
玉米	61	氯化胆碱	0.06
大豆粕	14.07	营养素名称	营养含量/%
次粉	5	粗蛋白	17.1
棉籽粕	5	钙	0.79
猪油	4.5	总磷	0.57
菜籽粕	4	可利用磷	0.35
花生粕	2.9	盐	0.34
石粉	1.26	赖氨酸	0.841
磷酸氢钙	1.16	蛋氨酸	0.327
0.5%预混料	0.5	苏氨酸	0.639
盐	0.3	色氨酸	0.195
赖氨酸(98%)	0.19	代谢能/(千卡/千克)	3101
蛋氨酸(DL-Met)	0.06		

配方 285（主要蛋白原料为豆粕、棉籽粕、菜籽粕、花生粕、水解羽毛粉）

原料名称	含量/%	原料名称	含量/%
玉米	64.86	蛋氨酸（DL-Met）	0.05
大豆粕	11.2	氯化胆碱	0.06
次粉	4	营养素名称	营养含量/%
棉籽粕	4	粗蛋白	17
菜籽粕	4	钙	0.79
猪油	3.97	总磷	0.55
花生粕	2.42	可利用磷	0.35
水解羽毛粉	2	盐	0.34
石粉	1.31	赖氨酸	0.815
磷酸氢钙	1.13	蛋氨酸	0.309
0.5%预混料	0.5	苏氨酸	0.643
盐	0.27	色氨酸	0.177
赖氨酸（98%）	0.23	代谢能/（千卡/千克）	3109

配方 286（主要蛋白原料为豆粕、花生粕、菜籽粕、水解羽毛粉）

原料名称	含量/%	原料名称	含量/%
玉米	65.28	氯化胆碱	0.06
大豆粕	11.03	营养素名称	营养含量/%
花生粕	5	粗蛋白	17.1
次粉	4.5	钙	0.79
菜籽粕	4.5	总磷	0.54
猪油	3.6	可利用磷	0.34
水解羽毛粉	2.5	盐	0.34
石粉	1.3	赖氨酸	0.857
磷酸氢钙	1.11	蛋氨酸	0.318
0.5%预混料	0.5	苏氨酸	0.645
赖氨酸（98%）	0.3	色氨酸	0.175
盐	0.26	代谢能/（千卡/千克）	3123
蛋氨酸（DL-Met）	0.06		

配方 287（主要蛋白原料为豆粕、菜籽粕、花生粕、水解羽毛粉）

原料名称	含量/%	原料名称	含量/%
玉米	66.4	蛋氨酸（DL-Met）	0.05
大豆粕	13.64	氯化胆碱	0.06
次粉	5	营养素名称	营养含量/%
猪油	3.3	粗蛋白	17.3
菜籽粕	3.3	钙	0.61
花生粕	3.25	总磷	0.50
植酸酶		可利用磷	0.32
水解羽毛粉	2.5	盐	0.37
石粉	0.85	赖氨酸	0.843
0.5%预混料	0.5	蛋氨酸	0.317
磷酸氢钙	0.65	苏氨酸	0.654
盐	0.25	色氨酸	0.174
赖氨酸（98%）	0.25	代谢能/（千卡/千克）	3138

配方 288（主要蛋白原料为豆粕、棉籽粕、肉骨粉、
水解羽毛粉、花生粕）

原料名称	含量/%	原料名称	含量/%
玉米	66.42	蛋氨酸（DL-Met）	0.06
大豆粕	13.2	氯化胆碱	0.06
次粉	5	营养素名称	营养含量/%
棉籽粕	5	粗蛋白	17.0
猪油	3.45	钙	0.7
植酸酶	0.01	总磷	0.50
水解羽毛粉	2.5	可利用磷	0.34
花生粕	1.75	盐	0.35
石粉	0.79	赖氨酸	0.848
0.5%预混料	0.5	蛋氨酸	0.30
磷酸氢钙	0.79	苏氨酸	0.645
赖氨酸（98%）	0.25	色氨酸	0.172
盐	0.23	代谢能/（千卡/千克）	3134

配方 289（主要蛋白原料为豆粕、菜籽粕、棉籽粕、
水解羽毛粉、肉骨粉、花生粕）

原料名称	含量/%	原料名称	含量/%
玉米	65.71	蛋氨酸（DL-Met）	0.05
大豆粕	12.54	氯化胆碱	0.06
次粉	5	营养素名称	营养含量/%
菜籽粕	3.5	粗蛋白	17.1
猪油	3.48	钙	0.67
棉籽粕	3	总磷	0.53
水解羽毛粉	2.5	可利用磷	0.34
植酸酶	0.01	盐	0.37
花生粕	1.5	赖氨酸	0.810
石粉	0.9	蛋氨酸	0.312
磷酸氢钙	0.8	苏氨酸	0.654
0.5%预混料	0.5	色氨酸	0.173
盐	0.25	代谢能/（千卡/千克）	3117
赖氨酸（98%）	0.21		

配方 290（主要蛋白原料为豆粕、棉籽粕、菜籽粕、水解羽毛粉）

原料名称	含量/%	原料名称	含量/%
玉米	65.7	蛋氨酸（DL-Met）	0.05
大豆粕	12.5	氯化胆碱	0.06
次粉	5	营养素名称	营养含量/%
棉籽粕	4	粗蛋白	17.0
菜籽粕	4	钙	0.66
猪油	3.72	总磷	0.52
植酸酶	0.01	可利用磷	0.33
水解羽毛粉	2.5	盐	0.34
石粉	0.87	赖氨酸	0.840
0.5%预混料	0.5	蛋氨酸	0.312
磷酸氢钙	0.63	苏氨酸	0.654
赖氨酸（98%）	0.25	色氨酸	0.171
盐	0.22	代谢能/（千卡/千克）	3128

配方 291（主要蛋白原料为豆粕、菜粕、玉米胚芽粕、棉粕）

原料名称	含量/%	原料名称	含量/%
玉米	64.38	肉鸡多维多矿	0.05
DDGS——喷浆干酒糟	5.00	营养素名称	营养含量/%
豆粕	22.94	粗蛋白	17.12
菜粕	3.00	钙	0.50
玉米胚芽粕	3.00	总磷	0.51
棉粕	0.30	可利用磷	0.30
食盐	0.12	盐	0.30
石粉	0.30	赖氨酸	0.96
磷酸氢钙	0.50	蛋氨酸	0.41
氯化胆碱	0.06	蛋氨酸+胱氨酸	0.70
赖氨酸（65%）	0.06	苏氨酸	0.68
蛋氨酸	0.19	代谢能/（千卡/千克）	3100
苏氨酸	0.10		

配方 292（主要蛋白原料为去皮豆粕、菜粕、玉米蛋白粉、
玉米胚芽粕、棉仁蛋白）

原料名称	含量/%	原料名称	含量/%
玉米	63.24	蛋氨酸	0.08
次粉	4.28	苏氨酸	0.10
油脂	3.00	肉鸡多维多矿	0.30
DDGS——喷浆干酒糟	3.00	营养素名称	营养含量/%
去皮豆粕	8.48	粗蛋白	17.10
菜粕	3.00	钙	0.68
玉米蛋白粉（60%粗蛋白）	4.00	总磷	0.60
玉米胚芽粕	3.00	可利用磷	0.37
棉仁蛋白	4.50	盐	0.30
食盐	0.30	赖氨酸	0.95
石粉	0.75	蛋氨酸	0.40
磷酸氢钙	1.33	蛋氨酸+胱氨酸	0.70
氯化胆碱	0.06	苏氨酸	0.65
赖氨酸（65%）	0.58	代谢能/（千卡/千克）	3049

配方 293（主要蛋白原料为去皮豆粕、DDGS——喷浆干酒糟、菜粕、玉米蛋白粉、玉米胚芽粕、棉仁蛋白）

原料名称	含量/%	原料名称	含量/%
玉米	62.59	蛋氨酸	0.08
次粉	5.00	苏氨酸	0.10
油脂	3.00	肉鸡多维多矿	0.30
DDGS——喷浆干酒糟	3.00	营养素名称	营养含量/%
去皮豆粕	7.89	粗蛋白	17.10
菜粕	3.00	钙	0.68
玉米蛋白粉（60%粗蛋白）	4.00	总磷	0.60
玉米胚芽粕	3.00	可利用磷	0.37
棉仁蛋白	5.00	盐	0.30
食盐	0.30	赖氨酸	0.96
石粉	0.76	蛋氨酸	0.40
磷酸氢钙	1.33	蛋氨酸＋胱氨酸	0.70
氯化胆碱	0.06	苏氨酸	0.65
赖氨酸（65%）	0.59	代谢能/（千卡/千克）	3048

配方 294（蛋白原料为去皮豆粕、DDGS——喷浆干酒糟、棉粕、玉米胚芽粕、棉仁蛋白、肉骨粉、菜粕、玉米蛋白粉）

原料名称	含量/%	原料名称	含量/%
玉米	63.33	赖氨酸（65%）	0.69
次粉	5.00	蛋氨酸	0.09
油脂	2.87	苏氨酸	0.12
去皮豆粕	5.00	肉鸡多维多矿	0.30
DDGS——喷浆干酒糟	3.00	营养素名称	营养含量/%
棉粕	2.81	粗蛋白	17.05
玉米胚芽粕	3.00	钙	0.53
棉仁蛋白	5.00	总磷	0.52
植酸酶	0.01	可利用磷	0.30
菜粕	3.00	盐	0.30
玉米蛋白粉（60%粗蛋白）	4.00	赖氨酸	0.96
食盐	0.30	蛋氨酸	0.40
石粉	0.80	蛋氨酸＋胱氨酸	0.70
磷酸氢钙	0.63	苏氨酸	0.66
氯化胆碱	0.06	代谢能/（千卡/千克）	3048

配方 295（蛋白原料为去皮豆粕、DDGS——喷浆干酒糟、菜粕、玉米蛋白粉、棉粕、棉仁蛋白）

原料名称	含量/%	原料名称	含量/%
玉米	65.81	蛋氨酸	0.08
次粉	5.00	苏氨酸	0.11
油脂	2.35	肉鸡多维多矿	0.30
DDGS——喷浆干酒糟	3.00	营养素名称	营养含量/%
去皮豆粕	6.25	粗蛋白	17.10
菜粕	3.00	钙	0.57
玉米蛋白粉（60%粗蛋白）	4.00	总磷	0.52
棉粕	2.50	可利用磷	0.29
棉仁蛋白	5.00	盐	0.30
植酸酶	0.01	赖氨酸	0.96
食盐	0.30	蛋氨酸	0.40
石粉	0.82	蛋氨酸+胱氨酸	0.70
磷酸氢钙	0.79	苏氨酸	0.67
氯化胆碱	0.06	代谢能/（千卡/千克）	3049
赖氨酸（65%）	0.64		

配方 296（蛋白原料为去皮豆粕、DDGS——喷浆干酒糟、菜粕、花生粕、玉米蛋白粉、棉粕）

原料名称	含量/%	原料名称	含量/%
玉米	66.46	赖氨酸（65%）	0.70
次粉	5.00	蛋氨酸	0.08
DDGS——喷浆干酒糟	3.00	苏氨酸	0.12
油脂	2.13	肉鸡多维多矿	0.30
去皮豆粕	4.38	营养素名称	营养含量/%
菜粕	3.00	粗蛋白	17.10
花生粕	3.00	钙	0.57
玉米蛋白粉（60%粗蛋白）	4.00	总磷	0.52
棉粕	0.84	可利用磷	0.30
棉仁蛋白	5.00	盐	0.30
植酸酶	0.01	赖氨酸	0.96
食盐	0.30	蛋氨酸	0.40
石粉	0.82	蛋氨酸+胱氨酸	0.70
磷酸氢钙	0.81	苏氨酸	0.66
氯化胆碱	0.06	代谢能/（千卡/千克）	3048

配方 297（蛋白原料为去皮豆粕、DDGS——喷浆干酒糟、菜粕、花生粕、玉米蛋白粉、棉粕、棉仁蛋白）

原料名称	含量/%	原料名称	含量/%
玉米	66.15	赖氨酸（65%）	0.70
次粉	5.00	蛋氨酸	0.08
油脂	2.65	苏氨酸	0.12
DDGS——喷浆干酒糟	3.00	肉鸡多维多矿	0.30
去皮豆粕	4.38	营养素名称	营养含量/%
菜粕	3.00	粗蛋白	17.10
花生粕	3.00	钙	0.47
玉米蛋白粉（60%粗蛋白）	4.00	总磷	0.52
棉粕	0.90	可利用磷	0.30
棉仁蛋白	5.00	盐	0.30
食盐	0.30	赖氨酸	0.96
石粉	0.55	蛋氨酸	0.41
磷酸氢钙	0.81	蛋氨酸+胱氨酸	0.70
氯化胆碱	0.06	苏氨酸	0.66
		代谢能/（千卡/千克）	3078

配方 298（蛋白原料为去皮豆粕、DDGS——喷浆干酒糟、菜粕、花生粕、玉米蛋白粉、棉粕）

原料名称	含量/%	原料名称	含量/%
玉米	65.63	蛋氨酸	0.08
次粉	5.00	苏氨酸	0.11
油脂	2.74	肉鸡多维多矿	0.30
DDGS——喷浆干酒糟	3.00	营养素名称	营养含量/%
去皮豆粕	5.86	粗蛋白	17.11
菜粕	3.00	钙	0.48
花生粕	3.38	总磷	0.51
玉米蛋白粉（60%粗蛋白）	4.00	可利用磷	0.30
棉粕	4.50	盐	0.30
食盐	0.30	赖氨酸	0.95
石粉	0.51	蛋氨酸	0.40
磷酸氢钙	0.86	蛋氨酸+胱氨酸	0.70
氯化胆碱	0.06	苏氨酸	0.66
氯化胆碱	0.06	代谢能/（千卡/千克）	3082

配方 **299**（蛋白原料为去皮豆粕、DDGS——喷浆干酒糟、菜粕、花生粕、棉粕、玉米蛋白粉）

原料名称	含量/%	原料名称	含量/%
玉米	65.34	蛋氨酸	0.08
次粉	5.00	苏氨酸	0.10
油脂	2.83	肉鸡多维多矿	0.30
DDGS——喷浆干酒糟	3.00	营养素名称	营养含量/%
去皮豆粕	6.37	粗蛋白	17.10
菜粕	3.00	钙	0.49
花生粕	3.00	总磷	0.53
棉粕	4.50	可利用磷	0.30
玉米蛋白粉（60%粗蛋白）	4.00	盐	0.30
食盐	0.30	赖氨酸	0.95
石粉	0.53	蛋氨酸	0.40
磷酸氢钙	0.93	蛋氨酸+胱氨酸	0.70
氯化胆碱	0.06	苏氨酸	0.66
赖氨酸（65%）	0.66	代谢能/（千卡/千克）	3079

（三）玉米-豆粕加植酸酶型

配方 **300**（主要蛋白原料为豆粕）

原料名称	含量/%	营养素名称	营养含量/%
玉米	64.03	粗蛋白	17.2
大豆粕	25.37	钙	0.75
次粉	5	总磷	0.56
猪油	2.81	可利用磷	0.35
石粉	1.23	盐	0.35
磷酸氢钙	0.59	赖氨酸	0.85
0.5%预混料	0.5	蛋氨酸	0.32
盐	0.32	苏氨酸	0.703
赖氨酸（98%）	0.06	色氨酸	0.221
蛋氨酸（DL-Met）	0.03	代谢能/（千卡/千克）	3120
植酸酶	0.01		
氯化胆碱	0.06		

（四）玉米-杂粮加植酸酶型

配方 **301**（主要蛋白原料为豆粕、棉籽粕）

原料名称	含量/%	原料名称	含量/%
玉米	63.0	氯化胆碱	0.06
大豆粕	20.8	营养素名称	营养含量/%
次粉	5	粗蛋白	17.3
棉籽粕	5	钙	0.75
猪油	3.35	总磷	0.58
石粉	1.24	可利用磷	0.35
磷酸氢钙	0.58	盐	0.35
0.5%预混料	0.5	赖氨酸	0.85
盐	0.32	蛋氨酸	0.32
赖氨酸（98%）	0.1	苏氨酸	0.68
蛋氨酸（DL-Met）	0.04	色氨酸	0.212
植酸酶	0.01	代谢能/（千卡/千克）	3120

配方 302（主要蛋白原料为豆粕、菜籽粕）

原料名称	含量/%	原料名称	含量/%
玉米	62.8	氯化胆碱	0.06
大豆粕	21.1	营养素名称	营养含量/%
次粉	5	粗蛋白	17.2
菜籽粕	5	钙	0.75
猪油	3.34	总磷	0.58
石粉	1.2	可利用磷	0.35
磷酸氢钙	0.55	盐	0.35
0.5%预混料	0.5	赖氨酸	0.847
盐	0.3	蛋氨酸	0.318
赖氨酸（98%）	0.11	苏氨酸	0.694
蛋氨酸（DL-Met）	0.03	色氨酸	0.213
植酸酶	0.01	代谢能/（千卡/千克）	3120

配方 303（主要蛋白原料为豆粕、菜籽粕、花生粕）

原料名称	含量/%	原料名称	含量/%
玉米	64.2	氯化胆碱	0.06
大豆粕	14.21	营养素名称	营养含量/%
次粉	5	粗蛋白	17
菜籽粕	5	钙	0.74
花生粕	5	总磷	0.57
猪油	3.72	可利用磷	0.34
石粉	1.2	盐	0.34
磷酸氢钙	0.52	赖氨酸	0.853
0.5%预混料	0.5	蛋氨酸	0.316
盐	0.3	苏氨酸	0.624
赖氨酸（98%）	0.24	色氨酸	0.189
蛋氨酸（DL-Met）	0.05	代谢能/（千卡/千克）	3125
植酸酶	0.01		

配方 304（主要蛋白原料为豆粕、棉籽粕、菜籽粕、花生粕）

原料名称	含量/%	原料名称	含量/%
玉米	64.52	植酸酶	0.01
大豆粕	12.75	氯化胆碱	0.06
次粉	4	营养素名称	营养含量/%
猪油	4	粗蛋白	17
棉籽粕	4	钙	0.74
菜籽粕	4	总磷	0.58
花生粕	3.82	可利用磷	0.34
石粉	1.21	盐	0.35
磷酸氢钙	0.53	赖氨酸	0.848
0.5%预混料	0.5	蛋氨酸	0.313
盐	0.31	苏氨酸	0.618
赖氨酸（98%）	0.24	色氨酸	0.186
蛋氨酸（DL-Met）	0.05	代谢能/（千卡/千克）	3118

配方 305（主要蛋白原料为豆粕、棉籽粕、水解羽毛粉）

原料名称	含量/%	原料名称	含量/%
玉米	66.66	氯化胆碱	0.06
大豆粕	14.2	营养素名称	营养含量/%
次粉	5	粗蛋白	17
棉籽粕	5	钙	0.74
猪油	3.64	总磷	0.56
水解羽毛粉	2.5	可利用磷	0.35
石粉	1.28	盐	0.35
磷酸氢钙	0.55	赖氨酸	0.852
0.5%预混料	0.5	蛋氨酸	0.325
盐	0.28	苏氨酸	0.654
赖氨酸(98%)	0.25	色氨酸	0.179
蛋氨酸(DL-Met)	0.07	代谢能/(千卡/千克)	3136
植酸酶	0.01		

配方 306（主要蛋白原料为豆粕、菜籽粕、水解羽毛粉）

原料名称	含量/%	原料名称	含量/%
玉米	65.8	氯化胆碱	0.06
大豆粕	15.3	营养素名称	营养含量/%
次粉	5	粗蛋白	17.2
菜籽粕	5	钙	0.75
猪油	3.5	总磷	0.57
水解羽毛粉	2.5	可利用磷	0.35
石粉	1.24	盐	0.35
磷酸氢钙	0.53	赖氨酸	0.85
0.5%预混料	0.5	蛋氨酸	0.32
盐	0.27	苏氨酸	0.682
赖氨酸(98%)	0.23	色氨酸	0.186
蛋氨酸(DL-Met)	0.05	代谢能/(千卡/千克)	3120
植酸酶	0.01		

配方 307（主要蛋白原料为豆粕、菜籽粕、花生粕、水解羽毛粉）

原料名称	含量/%	原料名称	含量/%
玉米	65.81	植酸酶	0.01
大豆粕	11.1	氯化胆碱	0.06
次粉	5	营养素名称	营养含量/%
菜籽粕	5	粗蛋白	17.4
花生粕	4.07	钙	0.74
猪油	3.58	总磷	0.56
水解羽毛粉	2.5	可利用磷	0.34
石粉	1.25	盐	0.34
磷酸氢钙	0.5	赖氨酸	0.856
0.5%预混料	0.5	蛋氨酸	0.32
盐	0.3	苏氨酸	0.648
赖氨酸（98%）	0.26	色氨酸	0.175
蛋氨酸（DL-Met）	0.06	代谢能/（千卡/千克）	3140

配方 308（主要蛋白原料为豆粕、棉籽粕、菜籽粕、
水解羽毛粉、花生粕）

原料名称	含量/%	原料名称	含量/%
玉米	66.0	植酸酶	0.01
大豆粕	10.4	氯化胆碱	0.06
猪油	4.04	营养素名称	营养含量/%
次粉	4	粗蛋白	17.3
棉籽粕	4	钙	0.74
菜籽粕	4	总磷	0.57
水解羽毛粉	2.5	可利用磷	0.35
花生粕	2.1	盐	0.35
石粉	1.26	赖氨酸	0.851
磷酸氢钙	0.51	蛋氨酸	0.318
0.5%预混料	0.5	苏氨酸	0.647
赖氨酸（98%）	0.29	色氨酸	0.173
盐	0.27	代谢能/（千卡/千克）	3142
蛋氨酸（DL-Met）	0.06		

配方 309(主要蛋白原料为去皮豆粕、棉仁蛋白、棉粕、菜粕、玉米蛋白粉)

原料名称	含量/%	原料名称	含量/%
玉米	67.88	蛋氨酸	0.09
次粉	5.00	苏氨酸	0.12
DDGS——喷浆干酒糟	3.00	肉鸡多维多矿	0.30
油脂	1.80	植酸酶	0.01
去皮豆粕	3.87	营养素名称	营养含量/%
棉仁蛋白	5.00	粗蛋白	16.51
棉粕	3.50	钙	0.48
菜粕	3.00	总磷	0.57
玉米蛋白粉(60%粗蛋白)	4.00	可利用磷	0.36
食盐	0.30	盐	0.31
石粉	0.87	赖氨酸	0.80
磷酸氢钙	0.77	蛋氨酸	0.39
氯化胆碱	0.06	蛋氨酸+胱氨酸	0.68
赖氨酸(65%)	0.43	苏氨酸	0.66
		代谢能/(千卡/千克)	3052

配方 310(主要蛋白原料为去皮豆粕、棉粕、菜粕、玉米蛋白粉)

原料名称	含量/%	原料名称	含量/%
玉米	68.57	肉鸡多维多矿	0.30
次粉	5.00	植酸酶	0.01
油脂	1.61	营养素名称	营养含量/%
去皮豆粕	10.90	粗蛋白	16.84
棉粕	4.00	钙	0.60
菜粕	3.00	总磷	0.60
玉米蛋白粉(60%粗蛋白)	4.00	可利用磷	0.37
食盐	0.30	盐	0.29
石粉	0.94	赖氨酸	0.88
磷酸氢钙	0.72	蛋氨酸	0.41
氯化胆碱	0.06	蛋氨酸+胱氨酸	0.71
赖氨酸(65%)	0.39	苏氨酸	0.71
蛋氨酸	0.09	代谢能/(千卡/千克)	3059
苏氨酸	0.12		

配方 311（主要蛋白原料为去皮豆粕、棉粕、玉米蛋白粉）

原料名称	含量/%	原料名称	含量/%
玉米	69.58	肉鸡多维多矿	0.30
次粉	5.00	植酸酶	0.01
油脂	1.27	营养素名称	营养含量/%
去皮豆粕	13.21	粗蛋白	16.84
棉粕	4.00	钙	0.60
玉米蛋白粉(60%粗蛋白)	4.00	总磷	0.59
食盐	0.30	可利用磷	0.37
石粉	0.96	盐	0.29
磷酸氢钙	0.74	赖氨酸	0.88
氯化胆碱	0.06	蛋氨酸	0.40
赖氨酸(65%)	0.36	蛋氨酸+胱氨酸	0.70
蛋氨酸	0.09	苏氨酸	0.71
苏氨酸	0.12	代谢能/(千卡/千克)	3063

配方 312（主要蛋白原料为去皮豆粕、棉粕、玉米蛋白粉、花生粕）

原料名称	含量/%	原料名称	含量/%
玉米	69.73	肉鸡多维多矿	0.30
次粉	5.00	植酸酶	0.01
油脂	1.29	营养素名称	营养含量/%
去皮豆粕	8.90	粗蛋白	16.84
棉粕	4.00	钙	0.60
玉米蛋白粉(60%粗蛋白)	4.00	总磷	0.59
花生粕	4.00	可利用磷	0.37
食盐	0.30	盐	0.29
石粉	0.96	赖氨酸	0.88
磷酸氢钙	0.76	蛋氨酸	0.40
氯化胆碱	0.06	蛋氨酸+胱氨酸	0.69
赖氨酸(65%)	0.49	苏氨酸	0.68
蛋氨酸	0.09	代谢能/(千卡/千克)	3063
苏氨酸	0.12		

配方 313（主要蛋白原料为去皮豆粕、棉粕、花生粕）

原料名称	含量/%	营养素名称	营养含量/%
玉米	66.96	粗蛋白	16.83
次粉	5.00	钙	0.60
油脂	2.43	总磷	0.60
去皮豆粕	14.83	可利用磷	0.37
棉粕	4.00	盐	0.29
花生粕	4.00	赖氨酸	0.88
食盐	0.30	蛋氨酸	0.37
石粉	0.93	蛋氨酸＋胱氨酸	0.67
磷酸氢钙	0.74	苏氨酸	0.71
氯化胆碱	0.06	代谢能/(千卡/千克)	3048
赖氨酸(65%)	0.24		
蛋氨酸	0.09		
苏氨酸	0.12		
肉鸡多维多矿	0.30		
植酸酶	0.01		

配方 314（主要蛋白原料为去皮豆粕、棉粕、花生粕）

原料名称	含量/%	原料名称	含量/%
玉米	65.30	肉鸡多维多矿	0.30
次粉	5.00	植酸酶	0.01
DDGS——喷浆干酒糟	3.00	营养素名称	营养含量/%
油脂	2.69	粗蛋白	16.83
去皮豆粕	13.18	钙	0.60
棉粕	4.00	总磷	0.60
花生粕	4.00	可利用磷	0.37
食盐	0.30	盐	0.29
石粉	0.96	赖氨酸	0.88
磷酸氢钙	0.69	蛋氨酸	0.38
氯化胆碱	0.06	蛋氨酸＋胱氨酸	0.67
赖氨酸(65%)	0.31	苏氨酸	0.70
蛋氨酸	0.09	代谢能/(千卡/千克)	3045
苏氨酸	0.12		

配方 315（主要蛋白原料为去皮豆粕、棉粕、菜粕、

玉米蛋白粉、花生粕）

原料名称	含量/%	原料名称	含量/%
玉米	67.06	苏氨酸	0.12
次粉	5.00	肉鸡多维多矿	0.30
DDGS——喷浆干酒糟	3.00	植酸酶	0.01
油脂	1.88	营养素名称	营养含量/%
去皮豆粕	4.94	粗蛋白	16.83
棉粕	4.00	钙	0.60
菜粕	3.00	总磷	0.60
玉米蛋白粉（60%粗蛋白）	4.00	可利用磷	0.37
花生粕	4.00	盐	0.29
食盐	0.30	赖氨酸	0.88
石粉	0.97	蛋氨酸	0.41
磷酸氢钙	0.69	蛋氨酸+胱氨酸	0.71
氯化胆碱	0.06	苏氨酸	0.68
赖氨酸（65%）	0.58	代谢能/（千卡/千克）	3056
蛋氨酸	0.09		

配方 316（主要蛋白原料为去皮豆粕、棉粕、菜粕、

玉米蛋白粉、花生粕）

原料名称	含量/%	原料名称	含量/%
玉米	67.98	蛋氨酸	0.09
次粉	5.00	苏氨酸	0.12
DDGS——喷浆干酒糟	3.00	肉鸡多维多矿	0.30
油脂	1.62	植酸酶	0.01
去皮豆粕	4.55	营养素名称	营养含量/%
棉粕	4.00	粗蛋白	16.82
菜粕	3.00	钙	0.52
玉米蛋白粉（60%粗蛋白）	4.00	总磷	0.57
花生粕	4.00	可利用磷	0.35
食盐	0.30	盐	0.31
石粉	0.72	赖氨酸	0.86
磷酸氢钙	0.65	蛋氨酸	0.40
氯化胆碱	0.06	蛋氨酸+胱氨酸	0.68
赖氨酸（65%）	0.60	苏氨酸	0.66
		代谢能/（千卡/千克）	3057

配方 317 （主要蛋白原料为去皮豆粕、棉仁蛋白、棉粕、菜粕、玉米蛋白粉、花生粕）

原料名称	含量/%	原料名称	含量/%
玉米	69.14	蛋氨酸	0.09
次粉	5.00	苏氨酸	0.12
DDGS——喷浆干酒糟	3.00	肉鸡多维多矿	0.30
油脂	1.18	植酸酶	0.01
去皮豆粕	7.89	营养素名称	营养含量/%
棉仁蛋白	0.00	粗蛋白	16.82
棉粕	0.00	钙	0.52
菜粕	3.00	总磷	0.56
玉米蛋白粉（60%粗蛋白）	4.00	可利用磷	0.36
花生粕	4.00	盐	0.31
食盐	0.30	赖氨酸	0.87
石粉	0.70	蛋氨酸	0.40
磷酸氢钙	0.67	蛋氨酸＋胱氨酸	0.70
氯化胆碱	0.06	苏氨酸	0.66
赖氨酸（65%）	0.53	代谢能/（千卡/千克）	3063

配方 318 （主要蛋白原料为去皮豆粕、棉粕、菜粕、玉米蛋白粉）

原料名称	含量/%	原料名称	含量/%
玉米	66.91	苏氨酸	0.12
次粉	5.00	肉鸡多维多矿	0.30
DDGS——喷浆干酒糟	3.00	植酸酶	0.01
油脂	1.86	营养素名称	营养含量/%
去皮豆粕	9.26	粗蛋白	16.83
棉粕	4.00	钙	0.60
菜粕	3.00	总磷	0.60
玉米蛋白粉（60%粗蛋白）	4.00	可利用磷	0.37
食盐	0.30	盐	0.29
石粉	0.97	赖氨酸	0.88
磷酸氢钙	0.68	蛋氨酸	0.41
氯化胆碱	0.06	蛋氨酸＋胱氨酸	0.71
赖氨酸（65%）	0.45	苏氨酸	0.70
蛋氨酸	0.09	代谢能/（千卡/千克）	3056

配方 319（主要蛋白原料为去皮豆粕、棉粕、菜粕、
花生粕、玉米蛋白粉）

原料名称	含量/%	原料名称	含量/%
玉米	68.61	植酸酶	0.01
次粉	5.00	肉鸡多维多矿	0.30
油脂	1.76	营养素名称	营养含量/%
去皮豆粕	8.30	粗蛋白	16.98
棉粕	3.50	钙	0.52
菜粕	3.00	总磷	0.48
花生粕	3.00	可利用磷	0.26
玉米蛋白粉（60%粗蛋白）	4.00	盐	0.36
石粉	0.92	赖氨酸	0.88
磷酸氢钙	0.65	蛋氨酸	0.37
赖氨酸（65%）	0.51	蛋氨酸+胱氨酸	0.67
蛋氨酸	0.08	苏氨酸	0.56
盐	0.30	代谢能/(千卡/千克)	3088
氯化胆碱	0.06		

配方 320（主要蛋白原料为去皮豆粕、棉粕、菜粕、玉米蛋白粉）

原料名称	含量/%	原料名称	含量/%
玉米	68.50	植酸酶	0.01
次粉	5.00	肉鸡多维多矿	0.30
油脂	1.74	营养素名称	营养含量/%
去皮豆粕	11.54	粗蛋白	16.86
棉粕	3.50	钙	0.48
菜粕	3.00	总磷	0.48
玉米蛋白粉（60%粗蛋白）	4.00	可利用磷	0.35
石粉	0.82	盐	0.36
磷酸氢钙	0.73	赖氨酸	0.88
赖氨酸（65%）	0.42	蛋氨酸	0.37
蛋氨酸	0.08	蛋氨酸+胱氨酸	0.67
盐	0.30	苏氨酸	0.58
氯化胆碱	0.06	代谢能/(千卡/千克)	3085

配方 321（主要蛋白原料为去皮豆粕、棉粕、玉米蛋白粉）

原料名称	含量/%	原料名称	含量/%
玉米	69.54	植酸酶	0.01
次粉	5.00	肉鸡多维多矿	0.30
油脂	1.35	营养素名称	营养含量/%
去皮豆粕	13.48	粗蛋白	16.92
棉粕	4.00	钙	0.52
玉米蛋白粉(60%粗蛋白)	4.00	总磷	0.48
石粉	0.82	可利用磷	0.28
磷酸氢钙	0.62	盐	0.32
赖氨酸(65%)	0.43	赖氨酸	0.88
蛋氨酸	0.09	蛋氨酸	0.37
盐	0.30	蛋氨酸＋胱氨酸	0.67
氯化胆碱	0.06	苏氨酸	0.58
		代谢能/(千卡/千克)	3088

配方 322（主要蛋白原料为去皮豆粕、棉粕）

原料名称	含量/%	原料名称	含量/%
玉米	66.34	肉鸡多维多矿	0.30
次粉	5.00	营养素名称	营养含量/%
油脂	2.84	粗蛋白	16.92
去皮豆粕	19.47	钙	0.52
棉粕	4.00	总磷	0.48
石粉	0.80	可利用磷	0.27
磷酸氢钙	0.58	盐	0.32
赖氨酸(65%)	0.18	赖氨酸	0.88
蛋氨酸	0.12	蛋氨酸	0.37
盐	0.30	蛋氨酸＋胱氨酸	0.66
氯化胆碱	0.06	苏氨酸	0.60
植酸酶	0.01	代谢能/(千卡/千克)	3088

配方 323（主要蛋白原料为去皮豆粕、棉粕、玉米蛋白粉）

原料名称	含量/%	原料名称	含量/%
玉米	67.76	植酸酶	0.01
次粉	5.00	肉鸡多维多矿	0.30
油脂	1.69	营养素名称	营养含量/%
去皮豆粕	11.87	粗蛋白	16.92
棉粕	4.00	钙	0.52
玉米蛋白粉（60%粗蛋白）	4.00	总磷	0.48
石粉	0.85	可利用磷	0.27
磷酸氢钙	0.57	盐	0.32
赖氨酸（65%）	0.50	赖氨酸	0.88
蛋氨酸	0.09	蛋氨酸	0.37
盐	0.30	蛋氨酸+胱氨酸	0.66
DDGS——喷浆干酒糟	3.00	苏氨酸	0.58
氯化胆碱	0.06	代谢能/（千卡/千克）	3088

配方 324（主要蛋白原料为去皮豆粕、棉粕、玉米蛋白粉）

原料名称	含量/%	原料名称	含量/%
玉米	68.55	植酸酶	0.01
次粉	5.00	肉鸡多维多矿	0.30
油脂	1.35	营养素名称	营养含量/%
去皮豆粕	10.30	粗蛋白	16.8
棉粕	4.00	钙	0.5
玉米蛋白粉（60%粗蛋白）	4.00	总磷	0.52
石粉	0.89	可利用磷	0.32
磷酸氢钙	0.65	盐	0.41
赖氨酸（65%）	0.51	赖氨酸	0.87
蛋氨酸	0.08	蛋氨酸	0.37
肉骨粉	0	蛋氨酸+胱氨酸	0.66
盐	0.30	苏氨酸	0.58
DDGS——喷浆干酒糟	4.00	代谢能/（千卡/千克）	3080
氯化胆碱	0.06		

配方 325（主要蛋白原料为去皮豆粕、棉粕、玉米蛋白粉、

DDGS——喷浆干酒糟、棉仁蛋白）

原料名称	含量/%	原料名称	含量/%
玉米	67.92	氯化胆碱	0.06
次粉	5.00	植酸酶	0.01
油脂	1.76	肉鸡多维多矿	0.30
去皮豆粕	5.60	营养素名称	营养含量/%
棉粕	4.00	粗蛋白	16.8
玉米蛋白粉（60%粗蛋白）	4.00	钙	0.50
DDGS——喷浆干酒糟	4.00	总磷	0.52
棉仁蛋白	5.00	可利用磷	0.3
石粉	0.79	盐	0.38
磷酸氢钙	0.60	赖氨酸	0.88
赖氨酸（65%）	0.58	蛋氨酸	0.37
蛋氨酸	0.08	蛋氨酸＋胱氨酸	0.66
盐	0.30	苏氨酸	0.55
		代谢能/（千卡/千克）	3080

配方 326（主要蛋白原料为去皮豆粕、棉粕、菜粕、玉米蛋白粉）

原料名称	含量/%	原料名称	含量/%
玉米	67.43	氯化胆碱	0.06
次粉	5.00	植酸酶	0.01
油脂	1.79	肉鸡多维多矿	0.30
去皮豆粕	7.82	营养素名称	营养含量/%
棉粕	4.00	粗蛋白	16.54
菜粕	3.00	钙	0.52
玉米蛋白粉（60%粗蛋白）	4.00	总磷	0.51
石粉	0.90	可利用磷	0.3
磷酸氢钙	0.79	盐	0.40
赖氨酸（65%）	0.53	赖氨酸	0.88
蛋氨酸	0.07	蛋氨酸	0.37
盐	0.30	蛋氨酸＋胱氨酸	0.67
DDGS——喷浆干酒糟	4.00	苏氨酸	0.57
		代谢能/（千卡/千克）	3075

配方 327（主要蛋白原料为去皮豆粕、棉粕、玉米蛋白粉）

原料名称	含量/%	原料名称	含量/%
玉米	66.28	植酸酶	0.01
次粉	5.00	肉鸡多维多矿	0.30
油脂	2.36	营养素名称	营养含量/%
去皮豆粕	7.90	粗蛋白	17.00
棉粕	3.50	钙	0.60
玉米蛋白粉（60%粗蛋白）	4.00	总磷	0.50
棉仁蛋白	5.00	可利用磷	0.26
石粉	1.02	盐	0.30
磷酸氢钙	0.64	赖氨酸	0.90
赖氨酸（65%）	0.54	蛋氨酸	0.38
蛋氨酸	0.09	蛋氨酸＋胱氨酸	0.67
盐	0.30	苏氨酸	0.57
DDGS——喷浆干酒糟	3.00	代谢能/（千卡/千克）	3090
氯化胆碱	0.06		

配方 328（主要蛋白原料为去皮豆粕、棉粕、菜粕、玉米蛋白粉、DDGS——喷浆干酒糟）

原料名称	含量/%	原料名称	含量/%
玉米	66.85	氯化胆碱	0.06
次粉	5.00	植酸酶	0.01
油脂	2.51	肉鸡多维多矿	0.30
去皮豆粕	4.58	营养素名称	营养含量/%
棉粕	4.00	粗蛋白	16.82
菜粕	3.00	钙	0.52
花生粕	3.00	总磷	0.50
玉米蛋白粉（60%粗蛋白）	4.00	可利用磷	0.28
DDGS——喷浆干酒糟	4.00	盐	0.41
石粉	0.90	赖氨酸	0.82
磷酸氢钙	0.80	蛋氨酸	0.36
赖氨酸（65%）	0.62	蛋氨酸＋胱氨酸	0.66
蛋氨酸	0.07	苏氨酸	0.55
盐	0.30	代谢能/（千卡/千克）	3060

配方 329（主要蛋白原料为去皮豆粕、棉粕、菜粕、
玉米蛋白粉、棉仁蛋白）

原料名称	含量/%	原料名称	含量/%
玉米	67.03	氯化胆碱	0.06
次粉	5.00	植酸酶	0.01
油脂	2.47	肉鸡多维多矿	0.30
去皮豆粕	4.00	营养素名称	营养含量/%
棉粕	3.50	粗蛋白	17.00
菜粕	3.00	钙	0.60
花生粕	3.00	总磷	0.50
玉米蛋白粉（60%粗蛋白）	4.00	可利用磷	0.26
棉仁蛋白	5.00	盐	0.30
石粉	1.01	赖氨酸	0.90
磷酸氢钙	0.64	蛋氨酸	0.38
赖氨酸（65%）	0.59	蛋氨酸＋胱氨酸	0.68
蛋氨酸	0.09	苏氨酸	0.56
盐	0.30	代谢能/（千卡/千克）	3090

配方 330（主要蛋白原料为去皮豆粕、棉粕、菜粕、
玉米蛋白粉、棉仁蛋白）

原料名称	含量/%	原料名称	含量/%
玉米	65.14	氯化胆碱	0.06
次粉	5.00	植酸酶	0.01
油脂	2.80	肉鸡多维多矿	0.30
去皮豆粕	5.63	营养素名称	营养含量/%
棉粕	3.50	粗蛋白	17.00
菜粕	3.00	钙	0.60
玉米蛋白粉（60%粗蛋白）	4.00	总磷	0.50
棉仁蛋白	5.00	可利用磷	0.26
石粉	1.03	盐	0.30
磷酸氢钙	0.58	赖氨酸	0.90
赖氨酸（65%）	0.56	蛋氨酸	0.38
蛋氨酸	0.09	蛋氨酸＋胱氨酸	0.68
盐	0.30	苏氨酸	0.57
DDGS——喷浆干酒糟	3.00	代谢能/（千卡/千克）	3090

配方 331（主要蛋白原料为去皮豆粕、菜粕、棉仁蛋白）

原料名称	含量/%	原料名称	含量/%
玉米	66.08	植酸酶	0.01
次粉	5.00	肉鸡多维多矿	0.30
油脂	3.00	营养素名称	营养含量/%
去皮豆粕	15.27	粗蛋白	16.9
菜粕	3.00	钙	0.61
棉仁蛋白	5.00	总磷	0.51
石粉	0.85	可利用磷	0.28
磷酸氢钙	0.57	盐	0.32
赖氨酸(65%)	0.45	赖氨酸	0.988
蛋氨酸	0.11	蛋氨酸	0.37
盐	0.30	蛋氨酸＋胱氨酸	0.67
氯化胆碱	0.06	苏氨酸	0.59
		代谢能/(千卡/千克)	3088

配方 332（主要蛋白原料为去皮豆粕、棉粕、菜粕）

原料名称	含量/%	原料名称	含量/%
玉米	65.86	植酸酶	0.01
次粉	5.00	肉鸡多维多矿	0.30
油脂	3.00	营养素名称	营养含量/%
去皮豆粕	18.88	粗蛋白	16.94
棉粕	1.96	钙	0.52
菜粕	3.00	总磷	0.47
石粉	0.78	可利用磷	0.27
磷酸氢钙	0.57	盐	0.32
赖氨酸(65%)	0.17	赖氨酸	0.89
蛋氨酸	0.11	蛋氨酸	0.37
盐	0.30	蛋氨酸＋胱氨酸	0.67
氯化胆碱	0.06	苏氨酸	0.62
		代谢能/(千卡/千克)	3088

配方 333（主要蛋白原料为去皮豆粕、棉粕、玉米蛋白粉、

DDGS——喷浆干酒糟）

原料名称	含量/%	原料名称	含量/%
玉米	66.91	植酸酶	0.01
次粉	5.00	肉鸡多维多矿	0.30
油脂	1.96	营养素名称	营养含量/%
去皮豆粕	12.70	粗蛋白	17.00
棉粕	3.50	钙	0.60
玉米蛋白粉(60%粗蛋白)	4.00	总磷	0.50
DDGS——喷浆干酒糟	3.00	可利用磷	0.27
石粉	0.92	盐	0.30
磷酸氢钙	0.79	赖氨酸	0.90
赖氨酸(65%)	0.46	蛋氨酸	0.38
蛋氨酸	0.09	蛋氨酸+胱氨酸	0.68
盐	0.30	苏氨酸	0.59
氯化胆碱	0.06	代谢能/(千卡/千克)	3090

配方 334（主要蛋白原料为去皮豆粕、棉粕、菜粕、玉米蛋白粉）

原料名称	含量/%	原料名称	含量/%
玉米	67.67	植酸酶	0.01
次粉	5.00	肉鸡多维多矿	0.30
油脂	2.06	营养素名称	营养含量/%
去皮豆粕	8.79	粗蛋白	17.00
棉粕	3.50	钙	0.60
菜粕	3.00	总磷	0.50
花生粕	3.00	可利用磷	0.27
玉米蛋白粉(60%粗蛋白)	4.00	盐	0.30
石粉	0.91	赖氨酸	0.90
磷酸氢钙	0.79	蛋氨酸	0.38
赖氨酸(65%)	0.52	蛋氨酸+胱氨酸	0.69
蛋氨酸	0.09	苏氨酸	0.58
盐	0.30	代谢能/(千卡/千克)	3090
氯化胆碱	0.06		

配方335（主要蛋白原料为去皮豆粕、棉粕、菜粕、花生粕、玉米蛋白粉）

原料名称	含量/%	原料名称	含量/%
玉米	68.68	氯化胆碱	0.06
次粉	5.00	植酸酶	0.01
油脂	1.73	肉鸡多维多矿	0.30
去皮豆粕	8.38	营养素名称	营养含量/%
棉粕	3.50	粗蛋白	16.94
菜粕	3.00	钙	0.52
花生粕	3.00	总磷	0.47
玉米蛋白粉（60%粗蛋白）	4.00	可利用磷	0.27
石粉	0.83	盐	0.32
磷酸氢钙	0.58	赖氨酸	0.90
赖氨酸（65%）	0.54	蛋氨酸	0.38
蛋氨酸	0.09	蛋氨酸＋胱氨酸	0.68
盐	0.30	苏氨酸	0.58
		代谢能/（千卡/千克）	3088

配方336（主要蛋白原料为去皮豆粕、棉粕、菜粕、花生粕、玉米蛋白粉）

原料名称	含量/%	原料名称	含量/%
玉米	69.51	氯化胆碱	0.06
次粉	5.00	植酸酶	0.01
油脂	1.43	肉鸡多维多矿	0.30
去皮豆粕	7.89	营养素名称	营养含量/%
棉粕	3.50	粗蛋白	16.8
菜粕	3.00	钙	0.52
花生粕	3.00	总磷	0.50
玉米蛋白粉（60%粗蛋白）	4.00	可利用磷	0.28
石粉	0.85	盐	0.38
磷酸氢钙	0.54	赖氨酸	0.88
赖氨酸（65%）	0.53	蛋氨酸	0.37
蛋氨酸	0.08	蛋氨酸＋胱氨酸	0.67
盐	0.30	苏氨酸	0.57
		代谢能/（千卡/千克）	3085

配方 337（主要蛋白原料为去皮豆粕、棉粕、棉仁蛋白、菜粕、玉米蛋白粉）

原料名称	含量/%	原料名称	含量/%
玉米	66.54	肉鸡多维多矿	0.30
次粉	5.00	植酸酶	0.01
油脂	2.55	营养素名称	营养含量/%
去皮豆粕	8.85	粗蛋白	17.13
棉粕	4.00	钙	0.70
棉仁蛋白	3.00	总磷	0.62
菜粕	3.00	可利用磷	0.38
玉米蛋白粉（60%粗蛋白）	4.00	盐	0.29
食盐	0.30	赖氨酸	0.90
石粉	1.18	蛋氨酸	0.36
磷酸氢钙	0.76	蛋氨酸＋胱氨酸	0.67
氯化胆碱	0.06	苏氨酸	0.60
赖氨酸（65%）	0.42	代谢能/（千卡/千克）	3077
蛋氨酸	0.04		

配方 338（主要蛋白原料为去皮豆粕、棉粕、玉米蛋白粉）

原料名称	含量/%	原料名称	含量/%
玉米	68.04	肉鸡多维多矿	0.30
次粉	5.00	植酸酶	0.01
油脂	2.02	营养素名称	营养含量/%
去皮豆粕	15.18	粗蛋白	16.9
棉粕	4.00	钙	0.65
玉米蛋白粉（60%粗蛋白）	3.00	总磷	0.60
食盐	0.30	可利用磷	0.38
石粉	1.13	盐	0.37
磷酸氢钙	0.62	赖氨酸	0.90
氯化胆碱	0.06	蛋氨酸	0.35
赖氨酸（65%）	0.29	蛋氨酸＋胱氨酸	0.65
蛋氨酸	0.04	苏氨酸	0.60
		代谢能/（千卡/千克）	3042

配方 339（主要蛋白原料为去皮豆粕、棉粕、棉仁蛋白、玉米蛋白粉）

原料名称	含量/%	原料名称	含量/%
玉米	67.56	肉鸡多维多矿	0.30
次粉	5.00	植酸酶	0.01
油脂	2.21	营养素名称	营养含量/%
去皮豆粕	11.15	粗蛋白	17.14
棉粕	4.00	钙	0.70
棉仁蛋白	3.00	总磷	0.61
玉米蛋白粉（60%粗蛋白）	4.00	可利用磷	0.38
食盐	0.30	盐	0.29
石粉	1.20	赖氨酸	0.90
磷酸氢钙	0.78	蛋氨酸	0.36
氯化胆碱	0.06	蛋氨酸＋胱氨酸	0.66
赖氨酸（65%）	0.40	苏氨酸	0.60
蛋氨酸	0.04	代谢能/（千卡/千克）	3081

配方 340（主要蛋白原料为去皮豆粕、棉粕、菜粕、玉米蛋白粉）

原料名称	含量/%	原料名称	含量/%
玉米	66.15	肉鸡多维多矿	0.30
次粉	5.00	植酸酶	0.01
油脂	2.57	营养素名称	营养含量/%
去皮豆粕	12.27	粗蛋白	17.13
棉粕	4.00	钙	0.70
菜粕	3.00	总磷	0.61
玉米蛋白粉（60%粗蛋白）	4.00	可利用磷	0.38
食盐	0.30	盐	0.29
石粉	1.16	赖氨酸	0.90
磷酸氢钙	0.79	蛋氨酸	0.36
氯化胆碱	0.06	蛋氨酸＋胱氨酸	0.67
赖氨酸（65%）	0.36	苏氨酸	0.61
蛋氨酸	0.04	代谢能/（千卡/千克）	3077

配方 341（主要蛋白原料为去皮豆粕、棉仁蛋白、菜粕、玉米蛋白粉）

原料名称	含量/%	原料名称	含量/%
玉米	67.69	肉鸡多维多矿	0.30
次粉	5.00	植酸酶	0.01
油脂	2.11	营养素名称	营养含量/%
去皮豆粕	12.20	粗蛋白	17.14
棉仁蛋白	3.00	钙	0.70
菜粕	3.00	总磷	0.61
玉米蛋白粉(60%粗蛋白)	4.00	可利用磷	0.38
食盐	0.30	盐	0.29
石粉	1.16	赖氨酸	0.90
磷酸氢钙	0.79	蛋氨酸	0.36
氯化胆碱	0.06	蛋氨酸+胱氨酸	0.67
赖氨酸(65%)	0.35	苏氨酸	0.61
蛋氨酸	0.03	代谢能/(千卡/千克)	3083

配方 342（主要蛋白原料为去皮豆粕、棉粕、棉仁蛋白、玉米蛋白粉、花生粕）

原料名称	含量/%	原料名称	含量/%
玉米	67.67	肉鸡多维多矿	0.30
次粉	5.00	植酸酶	0.01
油脂	2.22	营养素名称	营养含量/%
去皮豆粕	7.91	粗蛋白	17.14
棉粕	4.00	钙	0.70
棉仁蛋白	3.00	总磷	0.61
玉米蛋白粉(60%粗蛋白)	4.00	可利用磷	0.38
花生粕	3.00	盐	0.29
食盐	0.30	赖氨酸	0.90
石粉	1.20	蛋氨酸	0.36
磷酸氢钙	0.80	蛋氨酸+胱氨酸	0.66
氯化胆碱	0.06	苏氨酸	0.58
赖氨酸(65%)	0.49	代谢能/(千卡/千克)	3081
蛋氨酸	0.05		

配方 343（主要蛋白原料为去皮豆粕、棉粕、棉仁蛋白、玉米蛋白粉、
花生粕、DDGS——喷浆干酒糟）

原料名称	含量/%	原料名称	含量/%
玉米	66.01	蛋氨酸	0.04
次粉	5.00	肉鸡多维多矿	0.30
油脂	2.48	植酸酶	0.01
去皮豆粕	6.27	营养素名称	营养含量/%
棉粕	4.00	粗蛋白	17.13
棉仁蛋白	3.00	钙	0.70
玉米蛋白粉（60%粗蛋白）	4.00	总磷	0.61
花生粕	3.00	可利用磷	0.38
DDGS——喷浆干酒糟	3.00	盐	0.29
食盐	0.30	赖氨酸	0.90
石粉	1.23	蛋氨酸	0.36
磷酸氢钙	0.75	蛋氨酸+胱氨酸	0.66
氯化胆碱	0.06	苏氨酸	0.57
赖氨酸（65%）	0.55	代谢能/(千卡/千克)	3078

配方 344（主要蛋白原料为去皮豆粕、棉粕、玉米蛋白粉、花生粕）

原料名称	含量/%	原料名称	含量/%
玉米	67.28	肉鸡多维多矿	0.30
次粉	5.00	植酸酶	0.01
油脂	2.24	营养素名称	营养含量/%
去皮豆粕	11.34	粗蛋白	17.13
棉粕	4.00	钙	0.70
玉米蛋白粉（60%粗蛋白）	4.00	总磷	0.61
花生粕	3.00	可利用磷	0.38
食盐	0.30	盐	0.29
石粉	1.18	赖氨酸	0.90
磷酸氢钙	0.82	蛋氨酸	0.36
氯化胆碱	0.06	蛋氨酸+胱氨酸	0.66
赖氨酸（65%）	0.43	苏氨酸	0.59
蛋氨酸	0.04	代谢能/(千卡/千克)	3081

配方 345（主要蛋白原料为去皮豆粕、棉粕、玉米蛋白粉、花生粕、DDGS——喷浆干酒糟）

原料名称	含量/%	原料名称	含量/%
玉米	64.93	肉鸡多维多矿	0.30
次粉	5.00	植酸酶	0.01
油脂	2.78	营养素名称	营养含量/%
去皮豆粕	11.17	粗蛋白	17.13
棉粕	4.00	钙	0.70
玉米蛋白粉(60%粗蛋白)	3.00	总磷	0.61
花生粕	3.00	可利用磷	0.38
DDGS——喷浆干酒糟	3.00	盐	0.29
食盐	0.30	赖氨酸	0.90
石粉	1.20	蛋氨酸	0.36
磷酸氢钙	0.77	蛋氨酸+胱氨酸	0.66
氯化胆碱	0.06	苏氨酸	0.59
赖氨酸(65%)	0.44	代谢能/(千卡/千克)	3074
蛋氨酸	0.05		

配方 346（主要蛋白原料为去皮豆粕、棉粕、玉米蛋白粉、DDGS——喷浆干酒糟）

原料名称	含量/%	原料名称	含量/%
玉米	65.75	肉鸡多维多矿	0.30
次粉	5.00	植酸酶	0.01
油脂	2.51	营养素名称	营养含量/%
去皮豆粕	14.01	粗蛋白	17.10
棉粕	4.00	钙	0.62
玉米蛋白粉(60%粗蛋白)	3.00	总磷	0.59
DDGS——喷浆干酒糟	3.00	可利用磷	0.39
食盐	0.30	盐	0.31
石粉	1.04	赖氨酸	0.89
磷酸氢钙	0.61	蛋氨酸	0.35
氯化胆碱	0.06	蛋氨酸+胱氨酸	0.65
赖氨酸(65%)	0.37	苏氨酸	0.59
蛋氨酸	0.04	代谢能/(千卡/千克)	3075

（五）玉米-玉米副产品型

配方 347（主要蛋白原料为豆粕、玉米蛋白粉、棉籽粕）

原料名称	含量/%	营养素名称	营养含量/%
玉米	66.71	粗蛋白	17.2
大豆粕	14.18	钙	0.74
次粉	5	总磷	0.54
玉米蛋白粉（60%粗蛋白）	5	可利用磷	0.34
猪油	2.79	盐	0.35
棉籽粕	2.71	赖氨酸	0.854
磷酸氢钙	1.27	蛋氨酸	0.322
石粉	1.15	苏氨酸	0.641
0.5%预混料	0.5	色氨酸	0.177
盐	0.32	代谢能/（千卡/千克）	3145
赖氨酸（98%）	0.29		
蛋氨酸（DL-Met）	0.02		
氯化胆碱	0.06		

配方 348（主要蛋白原料为豆粕、玉米蛋白粉、菜籽粕）

原料名称	含量/%	原料名称	含量/%
玉米	65.85	氯化胆碱	0.06
大豆粕	12.61	营养素名称	营养含量/%
次粉	5	粗蛋白	17.3
菜籽粕	5	钙	0.75
玉米蛋白粉（60%粗蛋白）	5	总磷	0.56
猪油	2.99	可利用磷	0.35
磷酸氢钙	1.24	盐	0.34
石粉	1.12	赖氨酸	0.851
0.5%预混料	0.5	蛋氨酸	0.32
盐	0.31	苏氨酸	0.647
赖氨酸（98%）	0.31	色氨酸	0.175
蛋氨酸（DL-Met）	0.01	代谢能/（千卡/千克）	3140

配方 349（主要蛋白原料为豆粕、玉米蛋白粉、棉籽粕、菜籽粕）

原料名称	含量/%	原料名称	含量/%
玉米	65.21	氯化胆碱	0.06
大豆粕	11.46	营养素名称	营养含量/%
次粉	5	粗蛋白	17.1
菜籽粕	4	钙	0.74
玉米蛋白粉(60%粗蛋白)	4	总磷	0.56
猪油	3.58	可利用磷	0.34
棉籽粕	3.2	盐	0.34
磷酸氢钙	1.22	赖氨酸	0.858
石粉	1.12	蛋氨酸	0.316
0.5%预混料	0.5	苏氨酸	0.63
赖氨酸(98%)	0.32	色氨酸	0.173
盐	0.31	代谢能/(千卡/千克)	3150
蛋氨酸(DL-Met)	0.02		

配方 350（主要蛋白原料为豆粕、玉米蛋白粉、DDGS——喷浆干酒糟）

原料名称	含量/%	原料名称	含量/%
玉米	66.62	氯化胆碱	0.06
大豆粕	12.24	营养素名称	营养含量/%
次粉	5	粗蛋白	17
玉米蛋白粉(60%粗蛋白)	5	钙	0.74
DDGS——喷浆干酒糟	5	总磷	0.54
猪油	2.46	可利用磷	0.35
磷酸氢钙	1.39	盐	0.43
石粉	1.07	赖氨酸	0.854
0.5%预混料	0.5	蛋氨酸	0.317
赖氨酸(98%)	0.36	苏氨酸	0.632
盐	0.29	色氨酸	0.152
蛋氨酸(DL-Met)	0.01	代谢能/(千卡/千克)	3146

配方 351（主要蛋白原料为豆粕、玉米蛋白粉、DDGS——喷浆干酒糟、棉籽粕）

原料名称	含量/%	原料名称	含量/%
玉米	65.4	氯化胆碱	0.06
大豆粕	11.43	营养素名称	营养含量/%
次粉	5	粗蛋白	17
玉米蛋白粉（60%粗蛋白）	4	钙	0.74
DDGS——喷浆干酒糟	4	总磷	0.55
棉籽粕	3.44	可利用磷	0.34
猪油	3.11	盐	0.35
磷酸氢钙	1.32	赖氨酸	0.854
石粉	1.1	蛋氨酸	0.315
0.5%预混料	0.5	苏氨酸	0.625
赖氨酸（98%）	0.34	色氨酸	0.157
盐	0.28	代谢能/（千卡/千克）	3145
蛋氨酸（DL-Met）	0.02		

配方 352（主要蛋白原料为豆粕、玉米蛋白粉、DDGS——喷浆干酒糟、菜籽粕）

原料名称	含量/%	原料名称	含量/%
玉米	64.4	氯化胆碱	0.06
大豆粕	10.7	营养素名称	营养含量/%
次粉	5	粗蛋白	17.1
菜籽粕	5	钙	0.74
玉米蛋白粉（60%粗蛋白）	4	总磷	0.55
DDGS——喷浆干酒糟	4	可利用磷	0.34
猪油（食用 NRC）	3.36	盐	0.35
磷酸氢钙	1.28	赖氨酸	0.842
石粉	1.06	蛋氨酸	0.315
0.5%预混料	0.5	苏氨酸	0.636
赖氨酸（98%）	0.34	色氨酸	0.157
盐	0.29	代谢能/（千卡/千克）	3147
蛋氨酸（DL-Met）	0.01		

配方 353（主要蛋白原料为豆粕、玉米蛋白粉、菜籽粕、

DDGS——喷浆干酒、糟棉籽粕）

原料名称	含量/%	原料名称	含量/%
玉米	63.43	蛋氨酸（DL-Met）	0.03
大豆粕	10.44	氯化胆碱	0.06
次粉	5	营养素名称	营养含量/%
菜籽粕	4	粗蛋白	17.1
DDGS——喷浆干酒糟	4	钙	0.74
猪油	3.67	总磷	0.56
玉米蛋白粉（60%粗蛋白）	3	可利用磷	0.35
棉籽粕	2.89	盐	0.41
磷酸氢钙	1.29	赖氨酸	0.85
石粉	1.07	蛋氨酸	0.324
0.5%预混料	0.5	苏氨酸	0.631
赖氨酸（98%）	0.33	色氨酸	0.16
盐	0.29	代谢能/（千卡/千克）	3130

配方 354（主要蛋白原料为豆粕、玉米蛋白粉、DDGS——喷浆干酒糟、

菜籽粕、水解羽毛粉）

原料名称	含量/%	原料名称	含量/%
玉米	67	蛋氨酸（DL-Met）	0.03
大豆粕	10	氯化胆碱	0.06
次粉	4	营养素名称	营养含量/%
DDGS——喷浆干酒糟	4	粗蛋白	17.2
猪油	3.0	钙	0.74
菜籽粕	3	总磷	0.54
玉米蛋白粉（60%粗蛋白）	3	可利用磷	0.35
水解羽毛粉	2.5	盐	0.34
磷酸氢钙	1.27	赖氨酸	0.848
石粉	1.11	蛋氨酸	0.321
0.5%预混料	0.5	苏氨酸	0.664
赖氨酸（98%）	0.36	色氨酸	0.15
盐	0.18	代谢能/（千卡/千克）	3150

（六）玉米-玉米副产品加植酸酶型

配方 355（主要蛋白原料为豆粕、玉米蛋白粉、棉籽粕）

原料名称	含量/%	原料名称	含量/%
玉米	68.2	氯化胆碱	0.06
大豆粕	13.48	营养素名称	营养含量/%
次粉	5	粗蛋白	17
玉米蛋白粉（60%粗蛋白）	5	钙	0.74
猪油	2.62	总磷	0.56
棉籽粕	2.6	可利用磷	0.34
石粉	1.24	盐	0.35
磷酸氢钙	0.64	赖氨酸	0.855
0.5%预混料	0.5	蛋氨酸	0.32
盐	0.32	苏氨酸	0.631
赖氨酸（98%）	0.31	色氨酸	0.173
蛋氨酸（DL-Met）	0.02	代谢能/（千卡/千克）	3160
植酸酶	0.01		

配方 356（主要蛋白原料为豆粕、玉米蛋白粉、菜籽粕）

原料名称	含量/%	原料名称	含量/%
玉米	67.04	胆碱	0.06
大豆粕	12.2	营养素名称	营养含量/%
次粉	5	粗蛋白	17.2
菜籽粕	5	钙	0.75
玉米蛋白粉（60%粗蛋白）	5	总磷	0.57
猪油	2.71	可利用磷	0.35
石粉	1.21	盐	0.35
磷酸氢钙	0.62	赖氨酸	0.852
0.5%预混料	0.5	蛋氨酸	0.32
盐	0.32	苏氨酸	0.643
赖氨酸（98%）	0.32	色氨酸	0.173
蛋氨酸（DL-Met）	0.01	代谢能/（千卡/千克）	3145
植酸酶	0.01		

配方 357（主要蛋白原料为豆粕、玉米蛋白粉、菜籽粕、棉籽粕）

原料名称	含量/%	原料名称	含量/%
玉米	67	植酸酶	0.01
大豆粕	10.05	氯化胆碱	0.06
棉籽粕	4.5	营养素名称	营养含量/%
次粉	4	粗蛋白	17.1
菜籽粕	4	钙	0.74
玉米蛋白粉(60%粗蛋白)	4	总磷	0.58
猪油	3.4	可利用磷	0.35
石粉	1.21	盐	0.34
磷酸氢钙	0.6	赖氨酸	0.852
0.5%预混料	0.5	蛋氨酸	0.324
赖氨酸(98%)	0.33	苏氨酸	0.622
盐	0.31	色氨酸	0.169
蛋氨酸(DL-Met)	0.03	代谢能/(千卡/千克)	3149

配方 358（主要蛋白原料为豆粕、玉米蛋白粉、菜籽粕、DDGS——喷浆干酒糟、棉籽粕）

原料名称	含量/%	原料名称	含量/%
玉米	65.27	植酸酶	0.01
大豆粕	10.4	氯化胆碱	0.06
菜籽粕	4	营养素名称	营养含量/%
玉米蛋白粉(60%粗蛋白)	4	粗蛋白	17.4
DDGS——喷浆干酒糟	4	钙	0.74
次粉	3.5	总磷	0.57
猪油	3.5	可利用磷	0.35
棉籽粕	2.37	盐	0.34
石粉	1.16	赖氨酸	0.847
磷酸氢钙	0.66	蛋氨酸	0.326
0.5%预混料	0.5	苏氨酸	0.643
赖氨酸(98%)	0.33	色氨酸	0.16
盐	0.22	代谢能/(千卡/千克)	3158
蛋氨酸(DL-Met)	0.02		

配方 359（主要蛋白原料为豆粕、玉米蛋白粉、菜籽粕、DDGS——喷浆干酒糟、棉籽粕、水解羽毛粉）

原料名称	含量/%	原料名称	含量/%
玉米	66.4	蛋氨酸（DL-Met）	0.03
大豆粕	8.46	植酸酶	0.01
次粉	4	氯化胆碱	0.06
玉米蛋白粉（60%粗蛋白）	3.5	营养素名称	营养含量/%
猪油	3.26	粗蛋白	17.3
菜籽粕	3	钙	0.75
DDGS——喷浆干酒糟	3	总磷	0.56
棉籽粕	2.8	可利用磷	0.35
水解羽毛粉	2.5	盐	0.35
石粉	1.23	赖氨酸	0.852
磷酸氢钙	0.61	蛋氨酸	0.324
0.5%预混料	0.5	苏氨酸	0.668
赖氨酸（98%）	0.36	色氨酸	0.154
盐	0.28	代谢能/（千卡/千克）	3158

配方 360（主要蛋白原料为豆粕、玉米蛋白粉、棉籽粕、DDGS——喷浆干酒糟、水解羽毛粉）

原料名称	含量/%	原料名称	含量/%
玉米	67.4	植酸酶	0.01
大豆粕	8.66	氯化胆碱	0.06
次粉	4	营养素名称	营养含量/%
棉籽粕	4	粗蛋白	17.3
玉米蛋白粉（60%粗蛋白）	4	钙	0.75
DDGS——喷浆干酒糟	3.5	总磷	0.56
猪油	2.78	可利用磷	0.35
水解羽毛粉	2.5	盐	0.35
石粉	1.24	赖氨酸	0.854
磷酸氢钙	0.67	蛋氨酸	0.323
0.5%预混料	0.5	苏氨酸	0.662
赖氨酸（98%）	0.37	色氨酸	0.15
盐	0.28	代谢能/（千卡/千克）	3153
蛋氨酸（DL-Met）	0.03		

配方 361（主要蛋白原料为豆粕、玉米蛋白粉、DDGS——喷浆干酒槽、菜籽粕、水解羽毛粉）

原料名称	含量/%	原料名称	含量/%
玉米	66.51	植酸酶	0.01
大豆粕	8.8	氯化胆碱	0.06
DDGS——喷浆干酒槽	4.21	营养素名称	营养含量/%
次粉	4	粗蛋白	17.3
菜籽粕	4	钙	0.75
玉米蛋白粉（60%粗蛋白）	4	总磷	0.56
猪油	2.9	可利用磷	0.35
水解羽毛粉	2.5	盐	0.35
石粉	1.22	赖氨酸	0.85
磷酸氢钙	0.63	蛋氨酸	0.314
0.5%预混料	0.5	苏氨酸	0.679
赖氨酸（98%）	0.37	色氨酸	0.15
盐	0.28	代谢能/（千卡/千克）	3159
蛋氨酸（DL-Met）	0.01		

配方 362（主要蛋白原料为豆粕、玉米蛋白粉、棉籽粕、菜籽粕、DDGS——喷浆干酒槽、水解羽毛粉）

原料名称	含量/%	原料名称	含量/%
玉米	66	蛋氨酸（DL-Met）	0.03
大豆粕	9.14	植酸酶	0.01
次粉	4	氯化胆碱	0.06
猪油	3.3	营养素名称	营养含量/%
棉籽粕	3	粗蛋白	17.2
菜籽粕	3	钙	0.75
玉米蛋白粉（60%粗蛋白）	3	总磷	0.57
DDGS——喷浆干酒槽	3	可利用磷	0.35
水解羽毛粉	2.5	盐	0.35
石粉	1.24	赖氨酸	0.85
磷酸氢钙	0.6	蛋氨酸	0.321
0.5%预混料	0.5	苏氨酸	0.671
赖氨酸（98%）	0.34	色氨酸	0.157
盐	0.28	代谢能/（千卡/千克）	3152

配方 363（主要蛋白原料为去皮豆粕、玉米蛋白粉）

原料名称	含量/%	原料名称	含量/%
玉米	70.27	肉鸡多维多矿	0.30
次粉	5.00	营养素名称	营养含量/%
油脂	0.80	粗蛋白	16.92
去皮豆粕	16.81	钙	0.54
玉米蛋白粉（60%粗蛋白）	4.00	总磷	0.47
石粉	0.76	可利用磷	0.28
磷酸氢钙	0.71	盐	0.32
赖氨酸（65%）	0.36	赖氨酸	0.90
蛋氨酸	0.08	蛋氨酸	0.38
盐	0.30	蛋氨酸＋胱氨酸	0.67
氯化胆碱	0.06	苏氨酸	0.60
植酸酶	0.01	代谢能/（千卡/千克）	3088

（七）玉米-小麦-杂粮型

配方 364（主要蛋白原料为豆粕、棉籽粕）

原料名称	含量/%	原料名称	含量/%
玉米	54.9	氯化胆碱	0.06
大豆粕	19.9	营养素名称	营养含量/%
小麦	10	粗蛋白	17
棉籽粕	5	钙	0.74
猪油	3.86	总磷	0.56
次粉	3	可利用磷	0.35
磷酸氢钙	1.19	盐	0.35
石粉	1.11	赖氨酸	0.847
0.5%预混料	0.5	蛋氨酸	0.317
盐	0.31	苏氨酸	0.659
赖氨酸（98%）	0.13	色氨酸	0.212
蛋氨酸（DL-Met）	0.04	代谢能/（千卡/千克）	3104

配方 365（主要蛋白原料为豆粕、棉籽粕、菜籽粕）

原料名称	含量/%	原料名称	含量/%
玉米	57.14	氯化胆碱	0.06
大豆粕	16.11	营养素名称	营养含量/%
小麦	10	粗蛋白	17
棉籽粕	5	钙	0.74
菜籽粕	5	总磷	0.57
猪油	3.51	可利用磷	0.35
磷酸氢钙	1.12	盐	0.35
石粉	1.1	赖氨酸	0.807
0.5%预混料	0.5	蛋氨酸	0.313
盐	0.3	苏氨酸	0.652
赖氨酸（98%）	0.13	色氨酸	0.203
蛋氨酸（DL-Met）	0.03	代谢能/（千卡/千克）	3085

配方 366（主要蛋白原料为豆粕、棉籽粕、菜籽粕、水解羽毛粉）

原料名称	含量/%	原料名称	含量/%
玉米	58.6	氯化胆碱	0.06
大豆粕	11.9	营养素名称	营养含量/%
小麦	10	粗蛋白	17.3
棉籽粕	5	钙	0.75
菜籽粕	5	总磷	0.56
猪油	3.63	可利用磷	0.35
水解羽毛粉	2.5	盐	0.35
石粉	1.15	赖氨酸	0.852
磷酸氢钙	1.09	蛋氨酸	0.324
0.5%预混料	0.5	苏氨酸	0.666
盐	0.26	色氨酸	0.185
赖氨酸（98%）	0.26	代谢能/（千卡/千克）	3105
蛋氨酸（DL-Met）	0.05		

配方 367（主要蛋白原料为豆粕、棉籽粕、菜籽粕、花生粕、水解羽毛粉）

原料名称	含量/%	原料名称	含量/%
玉米	58.6	蛋氨酸（DL-Met）	0.05
大豆粕	10.64	氯化胆碱	0.06
小麦	10	营养素名称	营养含量/%
猪油	3.93	粗蛋白	17.4
棉籽粕	4	钙	0.74
菜籽粕	4	总磷	0.55
花生粕	2.94	可利用磷	0.35
水解羽毛粉	2.5	盐	0.35
石粉	1.16	赖氨酸	0.851
磷酸氢钙	1.08	蛋氨酸	0.318
0.5%预混料	0.5	苏氨酸	0.649
赖氨酸（98%）	0.28	色氨酸	0.182
盐	0.26	代谢能/（千卡/千克）	3126

配方 368（主要蛋白原料为豆粕、棉籽粕、菜籽粕、水解羽毛粉）

原料名称	含量/%	原料名称	含量/%
玉米	62.30	蛋氨酸（DL-Met）	0.02
大豆粕	9.51	氯化胆碱	0.06
小麦	8.73	营养素名称	营养含量/%
玉米蛋白粉（60%粗蛋白）	4	粗蛋白	17.4
猪油	3.45	钙	0.74
棉籽粕	3	总磷	0.54
菜籽粕	3	可利用磷	0.34
水解羽毛粉	2.5	盐	0.35
石粉	1.17	赖氨酸	0.852
磷酸氢钙	1.14	蛋氨酸	0.319
0.5%预混料	0.5	苏氨酸	0.658
赖氨酸（98%）	0.35	色氨酸	0.167
盐	0.27	代谢能/（千卡/千克）	3161

配方 369（主要蛋白原料为豆粕、棉籽粕、玉米蛋白粉、菜籽粕、水解羽毛粉）

原料名称	含量/%	原料名称	含量/%
玉米	59.81	蛋氨酸（DL-Met）	0.03
小麦	10	氯化胆碱	0.06
大豆粕	9.55	营养素名称	营养含量/%
猪油	3.61	粗蛋白	17.5
玉米蛋白粉（60%粗蛋白）	3	钙	0.74
DDGS——喷浆干酒糟	3	总磷	0.54
棉籽粕	2.5	可利用磷	0.35
菜籽粕	2.5	盐	0.35
水解羽毛粉	2.5	赖氨酸	0.848
磷酸氢钙	1.19	蛋氨酸	0.325
石粉	1.13	苏氨酸	0.655
0.5%预混料	0.5	色氨酸	0.158
赖氨酸（98%）	0.35	代谢能/（千卡/千克）	3155
盐	0.27		

配方 370（主要蛋白原料为豆粕、棉籽粕、玉米蛋白粉、DDGS——喷浆干酒糟、水解羽毛粉）

原料名称	含量/%	原料名称	含量/%
玉米	60.24	蛋氨酸（DL-Met）	0.03
小麦	10	氯化胆碱	0.06
大豆粕	9.14	营养素名称	营养含量/%
棉籽粕	5	粗蛋白	17.3
猪油	3.54	钙	0.74
玉米蛋白粉（60%粗蛋白）	3	总磷	0.54
DDGS——喷浆干酒糟	3	可利用磷	0.35
水解羽毛粉	2.5	盐	0.35
磷酸氢钙	1.22	赖氨酸	0.854
石粉	1.14	蛋氨酸	0.32
0.5%预混料	0.5	苏氨酸	0.648
赖氨酸（98%）	0.36	色氨酸	0.157
盐	0.27	代谢能/（千卡/千克）	3150

配方 371（主要蛋白原料为豆粕、棉籽粕、玉米蛋白粉、
DDGS——喷浆干酒糟、水解羽毛粉）

原料名称	含量/%	原料名称	含量/%
玉米	62.32	蛋氨酸（DL-Met）	0.03
大豆粕	11.2	氯化胆碱	0.06
小麦	8.63	营养素名称	营养含量/%
猪油	3.33	粗蛋白	17.36
棉籽粕	3	钙	0.6
玉米蛋白粉(60%粗蛋白)	3	总磷	0.51
DDGS——喷浆干酒糟	3	可利用磷	0.36
水解羽毛粉	2.5	盐	0.39
石粉	0.97	赖氨酸	0.860
磷酸氢钙	0.82	蛋氨酸	0.325
0.5%预混料	0.5	苏氨酸	0.655
赖氨酸(98%)	0.35	色氨酸	0.157
盐	0.29	代谢能/(千卡/千克)	3166

配方 372（主要蛋白原料为豆粕、棉籽粕、菜籽粕、玉米蛋白粉、
DDGS——喷浆干酒糟、水解羽毛粉）

原料名称	含量/%	原料名称	含量/%
玉米	59.7	氯化胆碱	0.06
小麦	10	蛋氨酸（DL-Met）	0.02
大豆粕	9.16	植酸酶	0.01
猪油	3.65	营养素名称	营养含量/%
棉籽粕	3	粗蛋白	17.6
菜籽粕	3	钙	0.75
玉米蛋白粉(60%粗蛋白)	3	总磷	0.57
DDGS——喷浆干酒糟	3	可利用磷	0.35
水解羽毛粉	2.5	盐	0.34
石粉	1.2	赖氨酸	0.853
磷酸氢钙	0.59	蛋氨酸	0.319
0.5%预混料	0.5	苏氨酸	0.666
赖氨酸(98%)	0.35	色氨酸	0.161
盐	0.26	代谢能/(千卡/千克)	3160

配方 373（主要蛋白原料为豆粕、棉籽粕、菜籽粕）

原料名称	含量/%	原料名称	含量/%
玉米	57.03	氯化胆碱	0.06
大豆粕	15.8	营养素名称	营养含量/%
小麦	10	粗蛋白	17
棉籽粕	5	钙	0.74
菜籽粕	5	总磷	0.59
猪油	4.38	可利用磷	0.35
石粉	1.19	盐	0.35
0.5%预混料	0.5	赖氨酸	0.858
磷酸氢钙	0.49	蛋氨酸	0.323
盐	0.3	苏氨酸	0.65
赖氨酸（98%）	0.2	色氨酸	0.202
蛋氨酸（DL-Met）	0.04	代谢能/（千卡/千克）	3101
植酸酶	0.01		

配方 374（主要蛋白原料为豆粕、棉籽粕、菜籽粕）

原料名称	含量/%	原料名称	含量/%
玉米	58.17	植酸酶	0.01
大豆粕	12.6	氯化胆碱	0.06
小麦	10	营养素名称	营养含量/%
棉籽粕	5	粗蛋白	17
菜籽粕	5	钙	0.74
猪油	3.82	总磷	0.58
花生粕	2.59	可利用磷	0.34
石粉	1.19	盐	0.35
0.5%预混料	0.5	赖氨酸	0.84
磷酸氢钙	0.48	蛋氨酸	0.324
盐	0.3	苏氨酸	0.619
赖氨酸（98%）	0.23	色氨酸	0.192
蛋氨酸（DL-Met）	0.05	代谢能/（千卡/千克）	3115

配方 375（主要蛋白原料为豆粕、棉籽粕、菜籽粕、玉米蛋白粉）

原料名称	含量/%	原料名称	含量/%
玉米	58.9	氯化胆碱	0.06
小麦	10.0	营养素名称	营养含量/%
大豆粕	10.1	粗蛋白	17.5
菜籽粕	5	钙	0.74
玉米蛋白粉（60%粗蛋白）	5	总磷	0.57
棉籽粕	4.54	可利用磷	0.34
猪油	3.48	盐	0.35
石粉	1.25	赖氨酸	0.836
磷酸氢钙	0.54	蛋氨酸	0.312
0.5%预混料	0.5	苏氨酸	0.644
盐	0.32	色氨酸	0.171
赖氨酸（98%）	0.3	代谢能/（千卡/千克）	3155
植酸酶	0.01		

配方 376（主要蛋白原料为豆粕、棉籽粕、菜籽粕、
DDGS——喷浆干酒糟、玉米蛋白粉）

原料名称	含量/%	原料名称	含量/%
玉米	59.45	植酸酶	0.01
大豆粕	10.1	氯化胆碱	0.06
小麦	9.22	营养素名称	营养含量/%
玉米蛋白粉（60%粗蛋白）	4	粗蛋白	17.3
猪油	3.7	钙	0.75
棉籽粕	3.5	总磷	0.57
菜籽粕	3.5	可利用磷	0.34
DDGS——喷浆干酒糟	3.5	盐	0.36
石粉	1.19	赖氨酸	0.851
磷酸氢钙	0.6	蛋氨酸	0.32
0.5%预混料	0.5	苏氨酸	0.633
赖氨酸（98%）	0.34	色氨酸	0.164
盐	0.32	代谢能/（千卡/千克）	3155
蛋氨酸（DL-Met）	0.01		

配方 377（主要蛋白原料为豆粕、菜籽粕、花生粕、水解羽毛粉）

原料名称	含量/%	原料名称	含量/%
玉米	60.43	植酸酶	0.01
大豆粕	12.4	氯化胆碱	0.06
小麦	10	营养素名称	营养含量/%
菜籽粕	4	粗蛋白	17.1
花生粕	4	钙	0.74
猪油	3.8	总磷	0.55
水解羽毛粉	2.5	可利用磷	0.35
石粉	1.24	盐	0.35
0.5%预混料	0.5	赖氨酸	0.849
磷酸氢钙	0.47	蛋氨酸	0.319
赖氨酸(98%)	0.28	苏氨酸	0.648
盐	0.26	色氨酸	0.182
蛋氨酸(DL-Met)	0.05	代谢能/(千卡/千克)	3149

配方 378（主要蛋白原料为豆粕、棉籽粕、花生粕、水解羽毛粉）

原料名称	含量/%	原料名称	含量/%
玉米	60.55	植酸酶	0.01
大豆粕	11.74	氯化胆碱	0.06
小麦	10	营养素名称	营养含量/%
棉籽粕	5	粗蛋白	17
猪油	4.08	钙	0.74
花生粕	3.22	总磷	0.55
水解羽毛粉	2.5	可利用磷	0.34
石粉	1.28	盐	0.34
0.5%预混料	0.5	赖氨酸	0.835
磷酸氢钙	0.48	蛋氨酸	0.319
盐	0.26	苏氨酸	0.633
赖氨酸(98%)	0.26	色氨酸	0.179
蛋氨酸(DL-Met)	0.06	代谢能/(千卡/千克)	3162

配方 379（主要蛋白原料为豆粕、棉籽粕、玉米蛋白粉、水解羽毛粉）

原料名称	含量/%	原料名称	含量/%
玉米	64.01	植酸酶	0.01
大豆粕	10.02	氯化胆碱	0.06
小麦	9.57	营养素名称	营养含量/%
棉籽粕	4	粗蛋白	17.2
玉米蛋白粉（60%粗蛋白）	4	钙	0.75
猪油	2.82	总磷	0.55
水解羽毛粉	2.5	可利用磷	0.35
石粉	1.3	盐	0.36
磷酸氢钙	0.55	赖氨酸	0.849
0.5%预混料	0.5	蛋氨酸	0.323
赖氨酸（98%）	0.35	苏氨酸	0.645
盐	0.28	色氨酸	0.165
蛋氨酸（DL-Met）	0.03	代谢能/（千卡/千克）	3160

配方 380（主要蛋白原料为豆粕、菜籽粕、玉米蛋白粉、

DDGS——喷浆干酒糟、水解羽毛粉）

原料名称	含量/%	原料名称	含量/%
玉米	62	植酸酶	0.01
小麦	10	氯化胆碱	0.06
大豆粕	9.34	营养素名称	营养含量/%
菜籽粕	3.54	粗蛋白	17.2
玉米蛋白粉（60%粗蛋白）	3.5	钙	0.74
猪油	3.11	总磷	0.55
DDGS——喷浆干酒糟	3	可利用磷	0.34
水解羽毛粉	2.5	盐	0.35
石粉	1.21	赖氨酸	0.848
磷酸氢钙	0.56	蛋氨酸	0.321
0.5%预混料	0.5	苏氨酸	0.654
赖氨酸（98%）	0.38	色氨酸	0.154
盐	0.27	代谢能/（千卡/千克）	3165
蛋氨酸（DL-Met）	0.02		

配方 381（主要蛋白原料为豆粕、棉籽粕、菜籽粕、
DDGS——喷浆干酒糟、水解羽毛粉）

原料名称	含量/%	原料名称	含量/%
玉米	59.08	植酸酶	0.01
大豆粕	10.6	氯化胆碱	0.06
小麦	10	营养素名称	营养含量/%
猪油	3.92	粗蛋白	17
棉籽粕	4	钙	0.74
菜籽粕	4	总磷	0.57
DDGS——喷浆干酒糟	3	可利用磷	0.34
水解羽毛粉	2.5	盐	0.34
石粉	1.21	赖氨酸	0.845
磷酸氢钙	0.51	蛋氨酸	0.324
0.5%预混料	0.5	苏氨酸	0.654
赖氨酸（98%）	0.3	色氨酸	0.168
盐	0.26	代谢能/（千卡/千克）	3145
蛋氨酸（DL-Met）	0.05		

配方 382（主要蛋白原料为豆粕、玉米蛋白粉、
DDGS——喷浆干酒糟、水解羽毛粉）

原料名称	含量/%	原料名称	含量/%
玉米	63.05	植酸酶	0.01
小麦	10	氯化胆碱	0.06
大豆粕	9.42	营养素名称	营养含量/%
玉米蛋白粉（60%粗蛋白）	5	粗蛋白	17.3
DDGS——喷浆干酒糟	4	钙	0.74
水解羽毛粉	2.5	总磷	0.55
猪油	2.9	可利用磷	0.35
石粉	1.2	盐	0.35
磷酸氢钙	0.68	赖氨酸	0.84
0.5%预混料	0.5	蛋氨酸	0.32
赖氨酸（98%）	0.39	苏氨酸	0.654
盐	0.28	色氨酸	0.147
蛋氨酸（DL-Met）	0.01	代谢能/（千卡/千克）	3147

配方 383（主要蛋白原料为豆粕、DDGS——喷浆干酒糟、玉米蛋白粉）

原料名称	含量/%	原料名称	含量/%
玉米	63.85	蛋氨酸	0.07
小麦	2.00	苏氨酸	0.09
次粉	5.00	肉鸡多维多矿	0.30
油脂	2.68	营养素名称	营养含量/%
DDGS——喷浆干酒糟	3.00	粗蛋白	17.10
豆粕	10.85	钙	0.49
菜粕	3.00	总磷	0.50
花生粕	3.00	可利用磷	0.30
玉米蛋白粉(60%粗蛋白)	4.00	盐	0.30
食盐	0.30	赖氨酸	0.94
石粉	0.53	蛋氨酸	0.40
磷酸氢钙	0.90	蛋氨酸+胱氨酸	0.70
氯化胆碱	0.06	苏氨酸	0.66
赖氨酸(65%)	0.37	代谢能/(千卡/千克)	3078

（八）玉米-小麦-豆粕加木聚糖酶、植酸酶型

配方 384（主要蛋白原料为豆粕、DDGS——喷浆干酒糟、

玉米蛋白粉、水解羽毛粉）

原料名称	含量/%	原料名称	含量/%
玉米	52.82	木聚糖酶、植酸酶	0.02
小麦	20	氯化胆碱	0.06
大豆粕	11.01	营养素名称	营养含量/%
DDGS——喷浆干酒糟	5	粗蛋白	17.4
猪油	2.86	钙	0.74
玉米蛋白粉(60%粗蛋白)	2.78	总磷	0.55
水解羽毛粉	2.5	可利用磷	0.35
石粉	1.17	盐	0.35
磷酸氢钙	0.63	赖氨酸	0.852
0.5%预混料	0.5	蛋氨酸	0.32
赖氨酸(98%)	0.37	苏氨酸	0.649
盐	0.26	色氨酸	0.158
蛋氨酸(DL-Met)	0.02	代谢能/(千卡/千克)	3152

配方 385（主要蛋白原料为豆粕、棉籽粕、菜籽粕、水解羽毛粉）

原料名称	含量/%	原料名称	含量/%
玉米	51.4	木聚糖酶、植酸酶	0.02
小麦	20	氯化胆碱	0.06
大豆粕	10.01	营养素名称	营养含量/%
菜籽粕	5	粗蛋白	17.1
猪油	3.83	钙	0.74
棉籽粕	4.39	总磷	0.58
水解羽毛粉	2.5	可利用磷	0.34
石粉	1.2	盐	0.35
0.5%预混料	0.5	赖氨酸	0.864
磷酸氢钙	0.46	蛋氨酸	0.321
赖氨酸（98%）	0.33	苏氨酸	0.633
盐	0.25	色氨酸	0.18
蛋氨酸（DL-Met）	0.05	代谢能/（千卡/千克）	3159

配方 386（主要蛋白原料为去皮豆粕、棉粕、菜粕、
花生粕、玉米蛋白粉、肉骨粉）

原料名称	含量/%	原料名称	含量/%
玉米	45.02	蛋氨酸	0.05
小麦	30.00	肉鸡多维多矿	0.30
油脂	3.00	木聚糖酶、植酸酶	0.02
去皮豆粕	4.70	营养素名称	营养含量/%
棉粕	3.00	粗蛋白	17.09
菜粕	3.00	钙	0.70
花生粕	3.00	总磷	0.60
玉米蛋白粉（60%粗蛋白）	3.00	可利用磷	0.39
肉骨粉	3.01	盐	0.34
食盐	0.30	赖氨酸	0.90
石粉	0.88	蛋氨酸	0.36
磷酸氢钙	0.09	蛋氨酸+胱氨酸	0.65
氯化胆碱	0.06	苏氨酸	0.54
赖氨酸（65%）	0.56	代谢能/（千卡/千克）	3071

配方 387（主要蛋白原料为去皮豆粕、棉粕、玉米蛋白粉）

原料名称	含量/%	原料名称	含量/%
玉米	39.93	肉鸡多维多矿	0.30
小麦	30.00	木聚糖酶、植酸酶	0.02
次粉	5.00	营养素名称	营养含量/%
油脂	3.43	粗蛋白	16.9
去皮豆粕	12.06	钙	0.62
棉粕	4.00	总磷	0.58
玉米蛋白粉（60%粗蛋白）	3.00	可利用磷	0.37
食盐	0.30	盐	0.37
石粉	0.88	赖氨酸	0.88
磷酸氢钙	0.55	蛋氨酸	0.35
氯化胆碱	0.06	蛋氨酸+胱氨酸	0.67
赖氨酸（65%）	0.42	苏氨酸	0.55
蛋氨酸	0.05	代谢能/（千卡/千克）	3055

配方 388（主要蛋白原料为去皮豆粕、棉粕、玉米蛋白粉、

DDGS——喷浆干酒糟）

原料名称	含量/%	原料名称	含量/%
玉米	38.95	肉鸡多维多矿	0.30
小麦	30.00	木聚糖酶、植酸酶	0.02
次粉	5.00	营养素名称	营养含量/%
油脂	3.41	粗蛋白	16.86
去皮豆粕	8.95	钙	0.62
棉粕	4.00	总磷	0.62
玉米蛋白粉（60%粗蛋白）	4.00	可利用磷	0.39
DDGS——喷浆干酒糟	3.00	盐	0.37
食盐	0.30	赖氨酸	0.88
石粉	0.82	蛋氨酸	0.35
磷酸氢钙	0.61	蛋氨酸+胱氨酸	0.63
氯化胆碱	0.06	苏氨酸	0.54
赖氨酸（65%）	0.54	代谢能/（千卡/千克）	3060
蛋氨酸	0.04		

配方 389（主要蛋白原料为去皮豆粕、棉粕、玉米蛋白粉、DDGS——喷浆干酒糟）

原料名称	含量/%	原料名称	含量/%
玉米	37.18	肉鸡多维多矿	0.30
小麦	30.00	木聚糖酶、植酸酶	0.02
次粉	5.00	营养素名称	营养含量/%
油脂	3.90	粗蛋白	17.07
去皮豆粕	9.81	钙	0.70
棉粕	4.00	总磷	0.61
玉米蛋白粉(60%粗蛋白)	4.00	可利用磷	0.38
DDGS——喷浆干酒糟	3.00	盐	0.29
食盐	0.30	赖氨酸	0.90
石粉	1.15	蛋氨酸	0.36
磷酸氢钙	0.70	蛋氨酸+胱氨酸	0.65
氯化胆碱	0.06	苏氨酸	0.56
赖氨酸(65%)	0.53	代谢能/(千卡/千克)	3059
蛋氨酸	0.05		

配方 390（主要蛋白原料为去皮豆粕、棉粕、玉米蛋白粉、DDGS——喷浆干酒糟、棉籽蛋白）

原料名称	含量/%	原料名称	含量/%
玉米	37.86	蛋氨酸	0.05
小麦	30.00	肉鸡多维多矿	0.30
次粉	5.00	木聚糖酶、植酸酶	0.02
油脂	3.77	营养素名称	营养含量/%
去皮豆粕	7.23	粗蛋白	17.08
棉粕	3.00	钙	0.70
玉米蛋白粉(60%粗蛋白)	4.00	总磷	0.61
DDGS——喷浆干酒糟	3.00	可利用磷	0.38
棉籽蛋白	3.00	盐	0.29
食盐	0.30	赖氨酸	0.90
石粉	1.17	蛋氨酸	0.36
磷酸氢钙	0.68	蛋氨酸+胱氨酸	0.65
氯化胆碱	0.06	苏氨酸	0.55
赖氨酸(65%)	0.57	代谢能/(千卡/千克)	3061

配方 391（主要蛋白原料为去皮豆粕、花生粕、玉米蛋白粉、DDGS——喷浆干酒糟、棉籽蛋白）

原料名称	含量/%	原料名称	含量/%
玉米	43.74	肉鸡多维多矿	0.30
小麦	30.00	木聚糖酶、植酸酶	0.02
油脂	3.00	营养素名称	营养含量/%
去皮豆粕	6.92	粗蛋白	17.09
花生粕	3.00	钙	0.70
玉米蛋白粉（60%粗蛋白）	4.00	总磷	0.60
DDGS——喷浆干酒糟	3.00	可利用磷	0.38
棉籽蛋白	3.00	盐	0.29
食盐	0.30	赖氨酸	0.96
石粉	1.14	蛋氨酸	0.36
磷酸氢钙	0.74	蛋氨酸＋胱氨酸	0.64
氯化胆碱	0.06	苏氨酸	0.54
赖氨酸（65%）	0.73	代谢能/（千卡/千克）	3071
蛋氨酸	0.05		

配方 392（主要蛋白原料为去皮豆粕、棉粕、花生粕、玉米蛋白粉）

原料名称	含量/%	原料名称	含量/%
玉米	44.37	肉鸡多维多矿	0.30
小麦	30.00	木聚糖酶、植酸酶	0.02
油脂	3.00	营养素名称	营养含量/%
去皮豆粕	10.83	粗蛋白	17.09
棉粕	1.66	钙	0.70
花生粕	3.00	总磷	0.60
玉米蛋白粉（60%粗蛋白）	4.00	可利用磷	0.38
食盐	0.30	盐	0.29
石粉	1.10	赖氨酸	0.90
磷酸氢钙	0.80	蛋氨酸	0.36
氯化胆碱	0.06	蛋氨酸＋胱氨酸	0.65
赖氨酸（65%）	0.51	苏氨酸	0.55
蛋氨酸	0.05	代谢能/（千卡/千克）	3071

配方 393（主要蛋白原料为去皮豆粕、棉粕、玉米蛋白粉）

原料名称	含量/%	原料名称	含量/%
玉米	43.32	肉鸡多维多矿	0.30
小麦	30.00	木聚糖酶、植酸酶	0.02
次粉	1.55	营养素名称	营养含量/%
油脂	3.00	粗蛋白	17.03
去皮豆粕	12.36	钙	0.65
棉粕	3.00	总磷	0.62
玉米蛋白粉(60%粗蛋白)	4.00	可利用磷	0.39
食盐	0.30	盐	0.31
石粉	0.94	赖氨酸	0.88
磷酸氢钙	0.64	蛋氨酸	0.38
氯化胆碱	0.06	蛋氨酸+胱氨酸	0.64
赖氨酸(65%)	0.46	苏氨酸	0.55
蛋氨酸	0.05	代谢能/(千卡/千克)	3068

配方 394（主要蛋白原料为去皮豆粕、棉粕、花生粕、玉米蛋白粉）

原料名称	含量/%	原料名称	含量/%
玉米	42.53	肉鸡多维多矿	0.30
小麦	30.00	木聚糖酶、植酸酶	0.02
次粉	2.98	营养素名称	营养含量/%
油脂	3.00	粗蛋白	17.00
去皮豆粕	8.73	钙	0.60
棉粕	3.00	总磷	0.63
花生粕	3.00	可利用磷	0.39
玉米蛋白粉(60%粗蛋白)	4.00	盐	0.32
食盐	0.30	赖氨酸	0.88
石粉	0.81	蛋氨酸	0.35
磷酸氢钙	0.64	蛋氨酸+胱氨酸	0.64
氯化胆碱	0.06	苏氨酸	0.53
赖氨酸(65%)	0.57	代谢能/(千卡/千克)	3067
蛋氨酸	0.05		

配方 395（主要蛋白原料为去皮豆粕、DDGS——喷浆干酒糟、菜粕、花生粕、玉米蛋白粉）

原料名称	含量/%	原料名称	含量/%
玉米	45.40	苏氨酸	0.12
小麦	25.00	肉鸡多维多矿	0.30
次粉	5.00	木聚糖酶、植酸酶	0.02
DDGS——喷浆干酒糟	3.00	小麦酶	0.01
油	2.37	营养素名称	营养含量/%
去皮豆粕	5.31	粗蛋白	16.73
菜粕	3.00	钙	0.52
花生粕	4.00	总磷	0.58
玉米蛋白粉（60%粗蛋白）	4.00	可利用磷	0.37
食盐	0.30	盐	0.31
石粉	0.86	赖氨酸	0.86
磷酸氢钙	0.52	蛋氨酸	0.39
氯化胆碱	0.06	蛋氨酸＋胱氨酸	0.68
赖氨酸（65%）	0.64	苏氨酸	0.63
蛋氨酸	0.09	代谢能/（千卡/千克）	3040

配方 396（主要蛋白原料为去皮豆粕、DDGS——喷浆干酒糟、菜粕、花生粕、玉米蛋白粉、棉粕）

原料名称	含量/%	原料名称	含量/%
玉米	40.28	苏氨酸	0.12
小麦	25.00	肉鸡多维多矿	0.30
次粉	5.00	木聚糖酶、植酸酶	0.02
DDGS——喷浆干酒糟	3.00	小麦酶	0.01
油	3.05	营养素名称	营养含量/%
去皮豆粕	6.67	粗蛋白	16.79
菜粕	3.00	钙	0.60
花生粕	3.00	总磷	0.60
玉米蛋白粉（60%粗蛋白）	4.00	可利用磷	0.37
棉粕	4.00	盐	0.29
食盐	0.30	赖氨酸	0.88
石粉	0.92	蛋氨酸	0.40
磷酸氢钙	0.63	蛋氨酸＋胱氨酸	0.70
氯化胆碱	0.06	苏氨酸	0.67
赖氨酸（65%）	0.56	代谢能/（千卡/千克）	3040
蛋氨酸	0.09		

配方 397（主要蛋白原料为去皮豆粕、DDGS——喷浆干酒糟、菜粕、棉粕）

原料名称	含量/%	原料名称	含量/%
玉米	43.68	苏氨酸	0.12
小麦	25.00	肉鸡多维多矿	0.30
次粉	5.00	木聚糖酶、植酸酶	0.02
DDGS——喷浆干酒糟	1.27	小麦酶	0.01
油	2.79	营养素名称	营养含量/%
去皮豆粕	8.31	粗蛋白	16.79
菜粕	3.00	钙	0.60
玉米蛋白粉(60%粗蛋白)	4.00	总磷	0.60
棉粕	4.00	可利用磷	0.37
食盐	0.30	盐	0.29
石粉	0.89	赖氨酸	0.88
磷酸氢钙	0.67	蛋氨酸	0.39
氯化胆碱	0.06	蛋氨酸+胱氨酸	0.68
赖氨酸(65%)	0.49	苏氨酸	0.67
蛋氨酸	0.09	代谢能/(千卡/千克)	3048

配方 398（主要蛋白原料为去皮豆粕、DDGS——喷浆干酒糟、菜粕、花生粕、玉米蛋白粉、棉粕）

原料名称	含量/%	原料名称	含量/%
玉米	42.41	苏氨酸	0.12
小麦	25.00	肉鸡多维多矿	0.30
次粉	5.00	木聚糖酶、植酸酶	0.02
DDGS——喷浆干酒糟	3.00	小麦酶	0.01
油	3.07	营养素名称	营养含量/%
去皮豆粕	3.36	粗蛋白	16.73
菜粕	3.00	钙	0.52
花生粕	4.00	总磷	0.57
玉米蛋白粉(60%粗蛋白)	4.00	可利用磷	0.36
棉粕	4.00	盐	0.29
食盐	0.30	赖氨酸	0.87
石粉	0.93	蛋氨酸	0.39
磷酸氢钙	0.65	蛋氨酸+胱氨酸	0.68
氯化胆碱	0.06	苏氨酸	0.63
赖氨酸(65%)	0.68	代谢能/(千卡/千克)	3036
蛋氨酸	0.09		

配方 399（主要蛋白原料为去皮豆粕、DDGS——喷浆干酒糟、菜粕、
花生粕、玉米蛋白粉、棉粕）

原料名称	含量/%	原料名称	含量/%
玉米	44.46	苏氨酸	0.12
小麦	25.00	肉鸡多维多矿	0.30
次粉	5.00	木聚糖酶、植酸酶	0.02
DDGS——喷浆干酒糟	3.00	小麦酶	0.01
油	2.81	营养素名称	营养含量/%
去皮豆粕	1.96	粗蛋白	16.73
菜粕	3.00	钙	0.52
花生粕	4.00	总磷	0.49
玉米蛋白粉(60%粗蛋白)	4.00	可利用磷	0.37
棉粕	4.00	盐	0.31
食盐	0.30	赖氨酸	0.87
石粉	0.87	蛋氨酸	0.39
磷酸氢钙	0.50	蛋氨酸+胱氨酸	0.67
氯化胆碱	0.06	苏氨酸	0.63
赖氨酸(65%)	0.70	代谢能/(千卡/千克)	3040
蛋氨酸	0.09		

配方 400（主要蛋白原料为去皮豆粕、棉粕、菜粕、花生粕、玉米蛋白粉）

原料名称	含量/%	原料名称	含量/%
玉米	40.67	肉鸡多维多矿	0.30
小麦	30.00	氯化胆碱	0.60
次粉	5.00	木聚糖酶、植酸酶	0.02
油脂	3.00	营养素名称	营养含量/%
去皮豆粕	7.01	粗蛋白	16.78
棉粕	1.12	钙	0.50
菜粕	3.00	总磷	0.50
花生粕	3.00	可利用磷	0.28
玉米蛋白粉(60%粗蛋白)	4.00	盐	0.38
盐	0.30	赖氨酸	0.89
石粉	0.76	蛋氨酸	0.37
磷酸氢钙	0.52	蛋氨酸+胱氨酸	0.66
赖氨酸(65%)	0.61	苏氨酸	0.53
蛋氨酸	0.09	代谢能/(千卡/千克)	3082

配方 401（主要蛋白原料为去皮豆粕、棉粕、菜粕、玉米蛋白粉）

原料名称	含量/%	原料名称	含量/%
玉米	41.05	肉鸡多维多矿	0.30
小麦	30.00	氯化胆碱	0.06
次粉	5.00	木聚糖酶、植酸酶	0.02
油脂	3.00	营养素名称	营养含量/%
去皮豆粕	10.16	粗蛋白	16.78
棉粕	1.23	钙	0.50
菜粕	3.00	总磷	0.50
玉米蛋白粉（60%粗蛋白）	4.00	可利用磷	0.28
盐	0.30	盐	0.38
石粉	0.76	赖氨酸	0.88
磷酸氢钙	0.51	蛋氨酸	0.37
赖氨酸（65%）	0.52	蛋氨酸+胱氨酸	0.66
蛋氨酸	0.09	苏氨酸	0.55
		代谢能/（千卡/千克）	3082

配方 402（主要蛋白原料为去皮豆粕、棉粕、玉米蛋白粉）

原料名称	含量/%	原料名称	含量/%
玉米	41.04	氯化胆碱	0.06
小麦	30.00	木聚糖酶、植酸酶	0.02
次粉	5.00	营养素名称	营养含量/%
油脂	3.00	粗蛋白	16.94
去皮豆粕	12.13	钙	0.52
棉粕	2.20	总磷	0.48
玉米蛋白粉（60%粗蛋白）	4.00	可利用磷	0.28
盐	0.30	盐	0.32
石粉	0.75	赖氨酸	0.90
磷酸氢钙	0.58	蛋氨酸	0.38
赖氨酸（65%）	0.52	蛋氨酸+胱氨酸	0.67
蛋氨酸	0.10	苏氨酸	0.55
肉鸡多维多矿	0.30	代谢能/（千卡/千克）	3085

配方 403（主要蛋白原料为去皮豆粕、玉米蛋白粉）

原料名称	含量/%	原料名称	含量/%
玉米	41.75	木聚糖酶、植酸酶	0.02
小麦	30.00	营养素名称	营养含量/%
次粉	5.00	粗蛋白	16.94
油脂	2.70	钙	0.52
去皮豆粕	13.95	总磷	0.47
玉米蛋白粉（60%粗蛋白）	4.00	可利用磷	0.29
盐	0.30	盐	0.32
石粉	0.71	赖氨酸	0.88
磷酸氢钙	0.63	蛋氨酸	0.37
赖氨酸（65%）	0.48	蛋氨酸+胱氨酸	0.66
蛋氨酸	0.10	苏氨酸	0.55
肉鸡多维多矿	0.30	代谢能/（千卡/千克）	3088
氯化胆碱	0.06		

配方 404（主要蛋白原料为去皮豆粕）

原料名称	含量/%	原料名称	含量/%
玉米	42.91	木聚糖酶、植酸酶	0.02
小麦	30.00	营养素名称	营养含量/%
次粉	5.00	粗蛋白	16.94
油脂	3.00	钙	0.54
去皮豆粕	16.03	总磷	0.48
盐	0.30	可利用磷	0.28
石粉	0.69	盐	0.32
磷酸氢钙	0.66	赖氨酸	0.92
赖氨酸（65%）	0.89	蛋氨酸	0.38
蛋氨酸	0.14	蛋氨酸+胱氨酸	0.63
肉鸡多维多矿	0.30	苏氨酸	0.52
氯化胆碱	0.06	代谢能/（千卡/千克）	3122

配方 405（主要蛋白原料为去皮豆粕、玉米蛋白粉、DDGS——喷浆干酒糟）

原料名称	含量/%	原料名称	含量/%
玉米	40.07	氯化胆碱	0.06
小麦	30.00	木聚糖酶、植酸酶	0.02
次粉	5.00	营养素名称	营养含量/%
油脂	3.00	粗蛋白	16.94
去皮豆粕	12.20	钙	0.54
玉米蛋白粉(60%粗蛋白)	4.00	总磷	0.48
DDGS——喷浆干酒糟	3.00	可利用磷	0.29
盐	0.30	盐	0.32
石粉	0.74	赖氨酸	0.92
磷酸氢钙	0.59	蛋氨酸	0.37
赖氨酸(65%)	0.62	蛋氨酸＋胱氨酸	0.65
蛋氨酸	0.10	苏氨酸	0.54
肉鸡多维多矿	0.30	代谢能/(千卡/千克)	3088

配方 406（主要蛋白原料为去皮豆粕、棉粕、玉米蛋白粉、DDGS——喷浆干酒糟）

原料名称	含量/%	原料名称	含量/%
玉米	39.88	氯化胆碱	0.06
小麦	30.00	木聚糖酶、植酸酶	0.02
次粉	5.00	营养素名称	营养含量/%
油脂	3.00	粗蛋白	16.78
去皮豆粕	9.27	钙	0.52
棉粕	2.16	总磷	0.50
玉米蛋白粉(60%粗蛋白)	4.00	可利用磷	0.28
DDGS——喷浆干酒糟	4.00	盐	0.41
盐	0.30	赖氨酸	0.88
石粉	0.81	蛋氨酸	0.37
磷酸氢钙	0.52	蛋氨酸＋胱氨酸	0.65
赖氨酸(65%)	0.59	苏氨酸	0.54
蛋氨酸	0.09	代谢能/(千卡/千克)	3080
肉鸡多维多矿	0.30		

配方 407（主要蛋白原料为去皮豆粕、玉米蛋白粉、
DDGS——喷浆干酒糟、棉仁蛋白）

原料名称	含量/%	原料名称	含量/%
玉米	40.39	氯化胆碱	0.06
小麦	30.00	木聚糖酶、植酸酶	0.02
次粉	5.00	营养素名称	营养含量/%
油脂	3.00	粗蛋白	16.78
去皮豆粕	5.91	钙	0.56
玉米蛋白粉（60%粗蛋白）	4.00	总磷	0.52
DDGS——喷浆干酒糟	4.00	可利用磷	0.28
棉仁蛋白	5.00	盐	0.41
盐	0.30	赖氨酸	0.84
石粉	0.88	蛋氨酸	0.37
磷酸氢钙	0.53	蛋氨酸＋胱氨酸	0.64
赖氨酸（65%）	0.52	苏氨酸	0.52
蛋氨酸	0.09	代谢能/（千卡/千克）	3080
肉鸡多维多矿	0.30		

配方 408（主要蛋白原料为去皮豆粕、玉米蛋白粉、
DDGS——喷浆干酒糟）

原料名称	含量/%	原料名称	含量/%
玉米	40.00	氯化胆碱	0.06
小麦	30.00	木聚糖酶、植酸酶	0.02
次粉	5.00	营养素名称	营养含量/%
油脂	3.00	粗蛋白	16.75
去皮豆粕	8.33	钙	0.60
菜粕	3.00	总磷	0.52
玉米蛋白粉（60%粗蛋白）	4.00	可利用磷	0.28
DDGS——喷浆干酒糟	4.00	盐	0.41
盐	0.30	赖氨酸	0.80
石粉	0.78	蛋氨酸	0.37
磷酸氢钙	0.61	蛋氨酸＋胱氨酸	0.65
赖氨酸（65%）	0.52	苏氨酸	0.54
蛋氨酸	0.08	代谢能/（千卡/千克）	3080
肉鸡多维多矿	0.30		

配方 409（主要蛋白原料为去皮豆粕、玉米蛋白粉、DDGS——喷浆干酒糟、棉仁蛋白）

原料名称	含量/%	原料名称	含量/%
玉米	41.33	氯化胆碱	0.06
小麦	30.00	木聚糖酶、植酸酶	0.02
次粉	5.00	营养素名称	营养含量/%
油脂	3.00	粗蛋白	16.94
去皮豆粕	6.07	钙	0.60
玉米蛋白粉（60%粗蛋白）	4.00	总磷	0.50
DDGS——喷浆干酒糟	3.00	可利用磷	0.28
棉仁蛋白	5.00	盐	0.32
盐	0.30	赖氨酸	0.85
石粉	0.84	蛋氨酸	0.37
磷酸氢钙	0.57	蛋氨酸+胱氨酸	0.64
赖氨酸（65%）	0.40	苏氨酸	0.50
蛋氨酸	0.11	代谢能/（千卡/千克）	3086
肉鸡多维多矿	0.30		

配方 410（主要蛋白原料为去皮豆粕、菜粕、花生粕、棉仁蛋白、玉米蛋白粉）

原料名称	含量/%	原料名称	含量/%
玉米	42.57	肉鸡多维多矿	0.30
小麦	30.00	氯化胆碱	0.06
次粉	5.00	木聚糖酶、植酸酶	0.02
油脂	3.00	营养素名称	营养含量/%
去皮豆粕	1.81	粗蛋白	16.94
菜粕	3.00	钙	0.60
花生粕	3.00	总磷	0.50
棉仁蛋白	5.00	可利用磷	0.27
玉米蛋白粉（60%粗蛋白）	4.00	盐	0.32
盐	0.30	赖氨酸	0.83
石粉	0.82	蛋氨酸	0.37
磷酸氢钙	0.57	蛋氨酸+胱氨酸	0.65
赖氨酸（65%）	0.44	苏氨酸	0.48
蛋氨酸	0.11	代谢能/（千卡/千克）	3088

配方 411（主要蛋白原料为去皮豆粕、菜粕、玉米蛋白粉、
DDGS——喷浆干酒糟、棉仁蛋白）

原料名称	含量/%	原料名称	含量/%
玉米	42.20	肉鸡多维多矿	0.30
小麦	30.00	氯化胆碱	0.06
次粉	5.00	木聚糖酶、植酸酶	0.02
油脂	3.00	营养素名称	营养含量/%
去皮豆粕	2.36	粗蛋白	16.94
菜粕	3.00	钙	0.60
玉米蛋白粉（60%粗蛋白）	4.00	总磷	0.50
DDGS——喷浆干酒糟	3.00	可利用磷	0.27
棉仁蛋白	5.00	盐	0.32
盐	0.30	赖氨酸	0.758
石粉	0.84	蛋氨酸	0.37
磷酸氢钙	0.63	蛋氨酸+胱氨酸	0.65
赖氨酸（65%）	0.18	苏氨酸	0.48
蛋氨酸	0.11	代谢能/（千卡/千克）	3085

配方 412（主要蛋白原料为去皮豆粕、菜粕、棉仁蛋白）

原料名称	含量/%	原料名称	含量/%
玉米	44.85	氯化胆碱	0.06
小麦	30.00	木聚糖酶、植酸酶	0.02
次粉	5.00	营养素名称	营养含量/%
油脂	3.00	粗蛋白	16.94
去皮豆粕	6.68	钙	0.54
菜粕	3.00	总磷	0.48
棉仁蛋白	5.00	可利用磷	0.28
盐	0.30	盐	0.32
石粉	0.79	赖氨酸	0.80
磷酸氢钙	0.50	蛋氨酸	0.37
赖氨酸（65%）	0.35	蛋氨酸+胱氨酸	0.63
蛋氨酸	0.15	苏氨酸	0.47
肉鸡多维多矿	0.30	代谢能/（千卡/千克）	3088

配方 413（主要蛋白原料为去皮豆粕、玉米蛋白粉、DDGS——喷浆干酒糟）

原料名称	含量/%	原料名称	含量/%
玉米	40.27	氯化胆碱	0.06
小麦	30.00	木聚糖酶、植酸酶	0.02
次粉	5.00	营养素名称	营养含量/%
油脂	3.00	粗蛋白	16.94
去皮豆粕	12.20	钙	0.54
玉米蛋白粉（60%粗蛋白）	4.00	总磷	0.48
DDGS——喷浆干酒糟	3.00	可利用磷	0.29
盐	0.30	盐	0.32
石粉	0.74	赖氨酸	0.82
磷酸氢钙	0.59	蛋氨酸	0.37
赖氨酸（65%）	0.42	蛋氨酸＋胱氨酸	0.65
蛋氨酸	0.10	苏氨酸	0.54
肉鸡多维多矿	0.30	代谢能/（千卡/千克）	3088

配方 414（主要蛋白原料为去皮豆粕、菜粕、玉米蛋白粉）

原料名称	含量/%	原料名称	含量/%
玉米	40.94	氯化胆碱	0.06
小麦	30.00	木聚糖酶、植酸酶	0.02
次粉	5.00	营养素名称	营养含量/%
油脂	3.00	粗蛋白	16.94
去皮豆粕	11.54	钙	0.54
菜粕	3.00	总磷	0.48
玉米蛋白粉（60%粗蛋白）	4.00	可利用磷	0.28
盐	0.30	盐	0.32
石粉	0.72	赖氨酸	0.90
磷酸氢钙	0.58	蛋氨酸	0.37
赖氨酸（65%）	0.44	蛋氨酸＋胱氨酸	0.66
蛋氨酸	0.10	苏氨酸	0.55
肉鸡多维多矿	0.30	代谢能/（千卡/千克）	3088

配方 415（主要蛋白原料为去皮豆粕、菜粕、花生粕、玉米蛋白粉）

原料名称	含量/%	原料名称	含量/%
玉米	41.29	氯化胆碱	0.06
小麦	30.00	木聚糖酶、植酸酶	0.02
次粉	5.00	营养素名称	营养含量/%
油脂	3.00	粗蛋白	16.94
去皮豆粕	7.95	钙	0.54
菜粕	3.00	总磷	0.48
花生粕	3.00	可利用磷	0.28
玉米蛋白粉(60%粗蛋白)	4.00	盐	0.32
盐	0.30	赖氨酸	0.87
石粉	0.72	蛋氨酸	0.37
磷酸氢钙	0.60	蛋氨酸+胱氨酸	0.66
赖氨酸(65%)	0.66	苏氨酸	0.53
蛋氨酸	0.10	代谢能/(千卡/千克)	3088
肉鸡多维多矿	0.30		

爱维茵（Avain）肉用仔鸡（混合雏）营养需要见表 3-2。

表 3-2　爱维茵（Avain）肉用仔鸡（混合雏）营养需要

营养素名称	育雏期(0～21 天)	后期(22 日龄至出售)
粗蛋白/%	22～24	20.5～22
代谢能/(千卡/千克)	3090～3300	3200～3420
能量与蛋白质之比	71～75	64～64.3
钙/%	0.95～1.1	0.85～1.00
可利用磷/%	0.45～0.50	0.40～0.50
盐/%	0.37	0.35
精氨酸/%	1.31～1.40	1.20～1.29
赖氨酸/%	1.20～1.29	1.05～1.15
蛋氨酸/%	0.48～0.52	0.46～0.50
蛋氨酸+胱氨酸/%	0.89～0.95	0.81～0.87
色氨酸/%	0.22～0.24	0.20～0.22
苏氨酸/%	0.70～0.80	0.65～0.74

1. 育雏期饲料配方

配方 416（主要蛋白原料为豆粕、玉米蛋白粉、DDGS——喷浆干酒糟）

原料名称	含量/%	营养素名称	营养含量/%
玉米	52.74	粗蛋白	22
大豆粕	30.45	钙	0.95
玉米蛋白粉(60%粗蛋白)	5	总磷	0.66
油脂	4.35	可利用磷	0.43
DDGS——喷浆干酒糟	3	盐	0.37
磷酸氢钙	1.9	赖氨酸	1.2
石粉	1.23	蛋氨酸	0.524
0.5%预混料	0.5	蛋氨酸+胱氨酸	0.89
赖氨酸(98%)	0.31	苏氨酸	0.894
盐	0.28	色氨酸	0.263
蛋氨酸(DL-Met)	0.15	代谢能/(千卡/千克)	3090
氯化胆碱	0.1		

配方 417（主要蛋白原料为豆粕、棉籽粕、玉米蛋白粉）

原料名称	含量/%	营养素名称	营养含量/%
玉米	53.64	粗蛋白	22
大豆粕	29.28	钙	0.95
玉米蛋白粉(60%粗蛋白)	5	总磷	0.67
油脂	4.57	可利用磷	0.43
棉籽粕	3	盐	0.37
磷酸氢钙	1.84	赖氨酸	1.2
石粉	1.28	蛋氨酸	0.515
0.5%预混料	0.5	蛋氨酸+胱氨酸	0.89
盐	0.33	苏氨酸	0.875
赖氨酸(98%)	0.31	色氨酸	0.268
蛋氨酸(DL-Met)	0.15	代谢能/(千卡/千克)	3090
氯化胆碱	0.1		

配方 418（主要蛋白原料为豆粕、玉米蛋白粉、菜籽粕）

原料名称	含量/%	营养素名称	营养含量/%
玉米	53.35	粗蛋白	22
大豆粕	29.6	钙	0.95
玉米蛋白粉（60%粗蛋白）	5	总磷	0.67
油脂	4.6	可利用磷	0.43
菜籽粕	3	盐	0.37
磷酸氢钙	1.84	赖氨酸	1.2
石粉	1.25	蛋氨酸	0.512
0.5%预混料	0.5	蛋氨酸＋胱氨酸	0.89
盐	0.33	苏氨酸	0.886
赖氨酸（98%）	0.31	色氨酸	0.27
蛋氨酸（DL-Met）	0.13	代谢能/（千卡/千克）	3090
氯化胆碱	0.1		

配方 419（主要蛋白原料为豆粕、玉米蛋白粉、花生粕、菜籽粕）

原料名称	含量/%	营养素名称	营养含量/%
玉米	54.15	粗蛋白	22
大豆粕	27.06	钙	0.95
玉米蛋白粉（60%粗蛋白）	5	总磷	0.66
油脂	4.26	可利用磷	0.43
花生粕	3	盐	0.37
菜籽粕	2	赖氨酸	1.2
磷酸氢钙	1.82	蛋氨酸	0.525
石粉	1.27	蛋氨酸＋胱氨酸	0.89
0.5%预混料	0.5	苏氨酸	0.858
赖氨酸（98%）	0.35	色氨酸	0.262
盐	0.33	代谢能/（千卡/千克）	3090
蛋氨酸（DL-Met）	0.16		
氯化胆碱	0.1		

配方 420（主要蛋白原料为豆粕、棉籽粕、玉米蛋白粉、花生粕、DDGS——喷浆干酒糟）

原料名称	含量/%	原料名称	含量/%
玉米	53.13	氯化胆碱	0.1
大豆粕	26.9	营养素名称	营养含量/%
玉米蛋白粉（60%粗蛋白）	5	粗蛋白	22
油脂	4.4	钙	0.95
棉籽粕	2	总磷	0.66
花生粕	2	可利用磷	0.43
DDGS——喷浆干酒糟	2	盐	0.37
磷酸氢钙	1.85	赖氨酸	1.2
石粉	1.27	蛋氨酸	0.526
0.5%预混料	0.5	蛋氨酸+胱氨酸	0.89
赖氨酸（98%）	0.35	苏氨酸	0.862
盐	0.33	色氨酸	0.256
蛋氨酸（DL-Met）	0.16	代谢能/（千卡/千克）	3090

配方 421（主要蛋白原料为豆粕、棉籽粕、玉米蛋白粉、水解羽毛粉）

原料名称	含量/%	营养素名称	营养含量/%
玉米	56.34	粗蛋白	22
大豆粕	26.17	钙	0.95
玉米蛋白粉（60%粗蛋白）	5	总磷	0.65
油脂	3.97	可利用磷	0.43
棉籽粕	2	盐	0.37
水解羽毛粉	2	赖氨酸	1.2
磷酸氢钙	1.79	蛋氨酸	0.481
石粉	1.34	蛋氨酸+胱氨酸	0.89
0.5%预混料	0.5	苏氨酸	0.881
赖氨酸（98%）	0.37	色氨酸	0.252
盐	0.3	代谢能/（千卡/千克）	3090
蛋氨酸（DL-Met）	0.12		
氯化胆碱	0.1		

配方 422（主要蛋白原料为豆粕、玉米蛋白粉、菜籽粕、花生粕、水解羽毛粉）

原料名称	含量/%	原料名称	含量/%
玉米	56.49	氯化胆碱	0.1
大豆粕	24.15	营养素名称	营养含量/%
玉米蛋白粉(60%粗蛋白)	5	粗蛋白	22
油脂	3.84	钙	0.95
菜籽粕	2	总磷	0.65
花生粕	2	可利用磷	0.43
水解羽毛粉	2	盐	0.37
磷酸氢钙	1.77	赖氨酸	1.2
石粉	1.33	蛋氨酸	0.485
0.5%预混料	0.5	蛋氨酸+胱氨酸	0.89
赖氨酸(98%)	0.41	苏氨酸	0.868
盐	0.3	色氨酸	0.247
蛋氨酸(DL-Met)	0.12	代谢能/(千卡/千克)	3090

配方 423（主要蛋白原料为豆粕、棉籽粕、玉米蛋白粉）

原料名称	含量/%	营养素名称	营养含量/%
玉米	55.62	粗蛋白	20.6
大豆粕	29.58	钙	0.8
玉米蛋白粉(60%粗蛋白)	5	总磷	0.58
油脂	3.96	可利用磷	0.40
棉籽粕	2	盐	0.37
磷酸氢钙	1.36	赖氨酸	1.16
石粉	1.13	蛋氨酸	0.505
0.5%预混料	0.5	蛋氨酸+胱氨酸	0.88
赖氨酸(98%)	0.31	苏氨酸	0.866
盐	0.31	色氨酸	0.261
蛋氨酸(DL-Met)	0.13	代谢能/(千卡/千克)	3086
氯化胆碱	0.1		

配方 424（主要蛋白原料为豆粕、玉米蛋白粉、菜籽粕、花生粕）

原料名称	含量/%	营养素名称	营养含量/%
玉米	55.78	粗蛋白	21.6
大豆粕	27.56	钙	0.8
玉米蛋白粉(60%粗蛋白)	5	总磷	0.58
油脂	3.82	可利用磷	0.40
菜籽粕	2	盐	0.37
花生粕	2	赖氨酸	1.16
磷酸氢钙	1.34	蛋氨酸	0.510
石粉	1.12	蛋氨酸＋胱氨酸	0.88
0.5%预混料	0.5	苏氨酸	0.853
赖氨酸(98%)	0.34	色氨酸	0.255
盐	0.3	代谢能/(千卡/千克)	3086
蛋氨酸(DL-Met)	0.14		
氯化胆碱	0.1		

配方 425（主要蛋白原料为豆粕、棉籽粕、菜籽粕、花生粕、水解羽毛粉）

原料名称	含量/%	原料名称	含量/%
玉米	51.34	氯化胆碱	0.1
大豆粕	30.45	**营养素名称**	**营养含量/%**
油脂	5.89	粗蛋白	22
棉籽粕	2	钙	0.95
菜籽粕	2	总磷	0.67
花生粕	2	可利用磷	0.43
水解羽毛粉	2	盐	0.37
磷酸氢钙	1.74	赖氨酸	1.2
石粉	1.28	蛋氨酸	0.484
0.5%预混料	0.5	蛋氨酸＋胱氨酸	0.89
盐	0.29	苏氨酸	0.895
赖氨酸(98%)	0.25	色氨酸	0.278
蛋氨酸(DL-Met)	0.15	代谢能/(千卡/千克)	3090

配方 426（主要蛋白原料为豆粕、棉籽粕、花生粕、水解羽毛粉、
DDGS——喷浆干酒糟）

原料名称	含量/%	原料名称	含量/%
玉米	50.85	氯化胆碱	0.1
大豆粕	31.03	营养素名称	营养含量/%
油脂	5.75	粗蛋白	22
棉籽粕	2	钙	0.95
花生粕	2	总磷	0.66
水解羽毛粉	2	可利用磷	0.43
DDGS——喷浆干酒糟	2	盐	0.37
磷酸氢钙	1.79	赖氨酸	1.2
石粉	1.27	蛋氨酸	0.492
0.5%预混料	0.5	蛋氨酸+胱氨酸	0.89
盐	0.3	苏氨酸	0.901
赖氨酸（98%）	0.25	色氨酸	0.273
蛋氨酸（DL-Met）	0.16	代谢能/（千卡/千克）	3090

配方 427（主要蛋白原料为豆粕、菜籽粕、花生粕、水解羽毛粉、
DDGS——喷浆干酒糟）

原料名称	含量/%	原料名称	含量/%
玉米	50.66	氯化胆碱	0.1
大豆粕	31.24	营养素名称	营养含量/%
油脂	5.77	粗蛋白	22
菜籽粕	2	钙	0.95
花生粕	2	总磷	0.66
水解羽毛粉	2	可利用磷	0.43
DDGS——喷浆干酒糟	2	盐	0.37
磷酸氢钙	1.79	赖氨酸	1.2
石粉	1.25	蛋氨酸	0.49
0.5%预混料	0.5	蛋氨酸+胱氨酸	0.89
盐	0.29	苏氨酸	0.908
赖氨酸（98%）	0.25	色氨酸	0.274
蛋氨酸（DL-Met）	0.15	代谢能/（千卡/千克）	3090

配方 428（主要蛋白原料为豆粕、棉籽粕、菜籽粕、花生粕、水解羽毛粉）

原料名称	含量/%	营养素名称	营养含量/%
玉米	51.34	粗蛋白	22
大豆粕	30.45	钙	0.95
油脂	5.89	总磷	0.67
棉籽粕	2	可利用磷	0.43
菜籽粕	2	盐	0.37
花生粕	2	赖氨酸	1.2
水解羽毛粉	2	蛋氨酸	0.484
磷酸氢钙	1.74	蛋氨酸+胱氨酸	0.89
石粉	1.28	苏氨酸	0.895
0.5%预混料	0.5	色氨酸	0.278
盐	0.29	代谢能/(千卡/千克)	3090
赖氨酸(98%)	0.25		
蛋氨酸(DL-Met)	0.15		
氯化胆碱	0.1		

配方 429（主要蛋白原料为豆粕、棉籽粕、花生粕）

原料名称	含量/%	营养素名称	营养含量/%
玉米	50.83	粗蛋白	21.9
大豆粕	35.74	钙	0.84
油脂	5.81	总磷	0.63
棉籽粕	2	可利用磷	0.41
花生粕	2	盐	0.37
磷酸氢钙	1.36	赖氨酸	1.1
石粉	1.07	蛋氨酸	0.506
0.5%预混料	0.5	蛋氨酸+胱氨酸	0.88
盐	0.3	苏氨酸	0.904
蛋氨酸(DL-Met)	0.16	色氨酸	0.296
赖氨酸(98%)	0.12	代谢能/(千卡/千克)	3092
氯化胆碱	0.1		

配方 430（主要蛋白原料为豆粕、菜籽粕、花生粕）

原料名称	含量/%	营养素名称	营养含量/%
玉米	50.63	粗蛋白	21.9
大豆粕	35.96	钙	0.84
油脂	5.82	总磷	0.63
菜籽粕	2	可利用磷	0.41
花生粕	2	盐	0.37
磷酸氢钙	1.36	赖氨酸	1.1
石粉	1.05	蛋氨酸	0.504
0.5%预混料	0.5	蛋氨酸+胱氨酸	0.87
盐	0.3	苏氨酸	0.910
蛋氨酸(DL-Met)	0.15	色氨酸	0.28
赖氨酸(98%)	0.13	代谢能/(千卡/千克)	3092
氯化胆碱	0.1		

配方 431（主要蛋白原料为豆粕、花生粕、棉粕、DDGS——喷浆干酒糟）

原料名称	含量/%	营养素名称	营养含量/%
玉米	50.5	粗蛋白	21.8
大豆粕	34.3	钙	0.84
油脂	5.53	总磷	0.63
花生粕	2	可利用磷	0.41
棉粕	2	盐	0.37
DDGS——喷浆干酒糟	2	赖氨酸	1.1
磷酸氢钙	1.38	蛋氨酸	0.517
石粉	1.05	蛋氨酸+胱氨酸	0.88
0.5%预混料	0.5	苏氨酸	0.890
盐	0.3	色氨酸	0.285
蛋氨酸(DL-Met)	0.18	代谢能/(千卡/千克)	3078
赖氨酸(98%)	0.16		
氯化胆碱	0.1		

配方 432（主要蛋白原料为豆粕、棉籽粕、菜籽粕、花生粕）

原料名称	含量/%	营养素名称	营养含量/%
玉米	50.27	粗蛋白	21.9
大豆粕	34.1	钙	0.84
油脂	6.03	总磷	0.65
棉籽粕	2	可利用磷	0.41
菜籽粕	2	盐	0.37
花生粕	2	赖氨酸	1.1
磷酸氢钙	1.34	蛋氨酸	0.500
石粉	1.06	蛋氨酸＋胱氨酸	0.88
0.5%预混料	0.5	苏氨酸	0.900
盐	0.3	色氨酸	0.292
蛋氨酸（DL-Met）	0.16	代谢能/（千卡/千克）	3092
赖氨酸（98%）	0.14		
氯化胆碱	0.1		

配方 433（主要蛋白原料为豆粕、棉籽粕、菜籽粕、花生粕、
DDGS——喷浆干酒糟）

原料名称	含量/%	原料名称	含量/%
玉米	49.58	氯化胆碱	0.1
大豆粕	32.79	**营养素名称**	**营养含量/%**
油脂	5.96	粗蛋白	21.8
棉籽粕	2	钙	0.84
菜籽粕	2	总磷	0.63
花生粕	2	可利用磷	0.41
DDGS——喷浆干酒糟	2	盐	0.37
磷酸氢钙	1.34	赖氨酸	1.18
石粉	1.06	蛋氨酸	0.510
0.5%预混料	0.5	蛋氨酸＋胱氨酸	0.88
盐	0.3	苏氨酸	0.880
赖氨酸（98%）	0.2	色氨酸	0.280
蛋氨酸（DL-Met）	0.17	代谢能/（千卡/千克）	3085

2. 后期饲料配方

配方 434（主要蛋白原料为豆粕、花生粕、玉米蛋白粉）

原料名称	含量/%	营养素名称	营养含量/%
玉米	58.64	粗蛋白	20.5
大豆粕	22.35	钙	0.85
花生粕	5	总磷	0.6
玉米蛋白粉（60%粗蛋白）	5	可利用磷	0.42
油脂	4.92	盐	0.35
磷酸氢钙	1.58	赖氨酸	1.05
石粉	1.2	蛋氨酸	0.467
0.5%预混料	0.5	蛋氨酸＋胱氨酸	0.8
盐	0.32	苏氨酸	0.764
赖氨酸（98%）	0.29	色氨酸	0.229
蛋氨酸（DL-Met）	0.13	代谢能/（千卡/千克）	3200
氯化胆碱	0.08		

配方 435（主要蛋白原料为豆粕、棉籽粕、花生粕）

原料名称	含量/%	营养素名称	营养含量/%
玉米	53.22	粗蛋白	20.5
大豆粕	26.77	钙	0.85
油脂	7.16	总磷	0.6
花生粕	5	可利用磷	0.4
棉籽粕	4	盐	0.35
磷酸氢钙	1.41	赖氨酸	1.05
石粉	1.24	蛋氨酸	0.463
0.5%预混料	0.5	蛋氨酸＋胱氨酸	0.8
盐	0.31	苏氨酸	0.778
蛋氨酸（DL-Met）	0.16	色氨酸	0.255
赖氨酸（98%）	0.15	代谢能/（千卡/千克）	3200
氯化胆碱	0.08		

配方 436（主要蛋白原料为豆粕、菜籽粕、玉米蛋白粉）

原料名称	含量/%	营养素名称	营养含量/%
玉米	56.45	粗蛋白	20.5
大豆粕	23.83	钙	0.85
油脂	5.82	总磷	0.6
菜籽粕	5	可利用磷	0.4
玉米蛋白粉（60%粗蛋白）	5	盐	0.35
磷酸氢钙	1.44	赖氨酸	1.05
石粉	1.21	蛋氨酸	0.46
0.5%预混料	0.5	蛋氨酸+胱氨酸	0.822
盐	0.32	苏氨酸	0.804
赖氨酸（98%）	0.26	色氨酸	0.237
蛋氨酸（DL-Met）	0.1	代谢能/（千卡/千克）	3200
氯化胆碱	0.08		

配方 437（主要蛋白原料为豆粕、棉籽粕、菜籽粕）

原料名称	含量/%	营养素名称	营养含量/%
玉米	50.76	粗蛋白	20.5
大豆粕	27.34	钙	0.85
油脂	8.18	总磷	0.62
棉籽粕	5	可利用磷	0.4
菜籽粕	5	盐	0.35
磷酸氢钙	1.36	赖氨酸	1.05
石粉	1.2	蛋氨酸	0.46
0.5%预混料	0.5	蛋氨酸+胱氨酸	0.828
盐	0.31	苏氨酸	0.813
蛋氨酸（DL-Met）	0.14	色氨酸	0.261
赖氨酸（98%）	0.12	代谢能/（千卡/千克）	3200
氯化胆碱	0.08		

配方 438（主要蛋白原料为豆粕、棉籽粕、菜籽粕、玉米蛋白粉）

原料名称	含量/%	营养素名称	营养含量/%
玉米	55.5	粗蛋白	20.5
大豆粕	19.19	钙	0.85
油脂	6.35	总磷	0.62
棉籽粕	5	可利用磷	0.4
菜籽粕	5	盐	0.35
玉米蛋白粉(60%粗蛋白)	5	赖氨酸	1.05
磷酸氢钙	1.43	蛋氨酸	0.46
石粉	1.22	蛋氨酸＋胱氨酸	0.83
0.5%预混料	0.5	苏氨酸	0.779
盐	0.31	色氨酸	0.226
赖氨酸(98%)	0.31	代谢能/(千卡/千克)	3200
蛋氨酸(DL-Met)	0.11		
氯化胆碱	0.08		

配方 439（主要蛋白原料为豆粕、棉籽粕、花生粕、玉米蛋白粉）

原料名称	含量/%	营养素名称	营养含量/%
玉米	57.77	粗蛋白	20.5
大豆粕	17.69	钙	0.85
油脂	5.43	总磷	0.6
棉籽粕	5	可利用磷	0.4
花生粕	5	盐	0.35
玉米蛋白粉(60%粗蛋白)	5	赖氨酸	1.05
磷酸氢钙	1.47	蛋氨酸	0.46
石粉	1.27	蛋氨酸＋胱氨酸	0.801
0.5%预混料	0.5	苏氨酸	0.739
赖氨酸(98%)	0.34	色氨酸	0.219
盐	0.32	代谢能/(千卡/千克)	3200
蛋氨酸(DL-Met)	0.13		
氯化胆碱	0.08		

配方 440（主要蛋白原料为豆粕、玉米蛋白粉、

DDGS——喷浆干酒糟）

原料名称	含量/%	营养素名称	营养含量/%
玉米	55.23	粗蛋白	20.5
大豆粕	25.25	钙	0.85
油脂	5.49	总磷	0.6
玉米蛋白粉（60%粗蛋白）	5	可利用磷	0.41
DDGS——喷浆干酒糟	5	盐	0.35
磷酸氢钙	1.62	赖氨酸	1.05
石粉	1.14	蛋氨酸	0.46
0.5%预混料	0.5	蛋氨酸＋胱氨酸	0.802
盐	0.33	苏氨酸	0.816
赖氨酸（98%）	0.26	色氨酸	0.224
蛋氨酸（DL-Met）	0.1	代谢能/（千卡/千克）	3200
氯化胆碱	0.08		

配方 441（主要蛋白原料为豆粕、菜籽粕、DDGS——喷浆

干酒糟、水解羽毛粉）

原料名称	含量/%	营养素名称	营养含量/%
玉米	51.71	粗蛋白	20.5
大豆粕	24.68	钙	0.85
油脂	7.31	总磷	0.6
菜籽粕	5	可利用磷	0.4
DDGS——喷浆干酒糟	5	盐	0.35
水解羽毛粉	2.5	赖氨酸	1.05
磷酸氢钙	1.41	蛋氨酸	0.46
石粉	1.18	蛋氨酸＋胱氨酸	0.855
0.5%预混料	0.5	苏氨酸	0.853
盐	0.27	色氨酸	0.231
赖氨酸（98%）	0.22	代谢能/（千卡/千克）	3200
蛋氨酸（DL-Met）	0.14		
氯化胆碱	0.08		

配方 442（主要蛋白原料为豆粕、玉米蛋白粉、

DDGS——喷浆干酒糟、水解羽毛粉）

原料名称	含量/%	营养素名称	营养含量/%
玉米	57.76	粗蛋白	20.5
大豆粕	20.66	钙	0.85
玉米蛋白粉（60%粗蛋白）	5	总磷	0.6
DDGS——喷浆干酒糟	5	可利用磷	0.42
油脂	4.95	盐	0.35
水解羽毛粉	2.5	赖氨酸	1.05
磷酸氢钙	1.64	蛋氨酸	0.46
石粉	1.15	蛋氨酸＋胱氨酸	0.844
0.5%预混料	0.5	苏氨酸	0.825
赖氨酸（98%）	0.35	色氨酸	0.204
盐	0.28	代谢能/（千卡/千克）	3200
蛋氨酸（DL-Met）	0.11		
氯化胆碱	0.08		

配方 443（主要蛋白原料为豆粕、棉籽粕、菜籽粕、水解羽毛粉）

原料名称	含量/%	营养素名称	营养含量/%
玉米	53.35	粗蛋白	20.5
大豆粕	22.74	钙	0.85
油脂	7.62	总磷	0.61
棉籽粕	5	可利用磷	0.4
菜籽粕	5	盐	0.35
水解羽毛粉	2.5	赖氨酸	1.05
磷酸氢钙	1.33	蛋氨酸	0.46
石粉	1.25	蛋氨酸＋胱氨酸	0.869
0.5%预混料	0.5	苏氨酸	0.823
盐	0.27	色氨酸	0.241
赖氨酸（98%）	0.21	代谢能/（千卡/千克）	3200
蛋氨酸（DL-Met）	0.15		
氯化胆碱	0.08		

配方 444（主要蛋白原料为豆粕、棉籽粉、花生粕、

玉米蛋白粉、水解羽毛粉）

原料名称	含量/%	营养素名称	营养含量/%
玉米	60.12	粗蛋白	20.6
大豆粕	13.28	钙	0.85
棉籽粕	5	总磷	0.6
花生粕	5	可利用磷	0.41
玉米蛋白粉(60%粗蛋白)	5	盐	0.35
油脂	4.91	赖氨酸	1.05
水解羽毛粉	2.5	蛋氨酸	0.46
磷酸氢钙	1.49	蛋氨酸+胱氨酸	0.843
石粉	1.28	苏氨酸	0.751
0.5%预混料	0.5	色氨酸	0.2
赖氨酸(98%)	0.43	代谢能/(千卡/千克)	3200
盐	0.28		
蛋氨酸(DL-Met)	0.14		
氯化胆碱	0.08		

配方 445（主要蛋白原料为豆粕、玉米蛋白粉、花生粕）

原料名称	含量/%	营养素名称	营养含量/%
玉米	59.99	粗蛋白	20.4
大豆粕	24.67	钙	0.73
玉米蛋白粉(60%粗蛋白)	5	总磷	0.58
油脂	4.65	可利用磷	0.41
花生粕	2.5	盐	0.35
磷酸氢钙	1.01	赖氨酸	1.02
石粉	0.98	蛋氨酸	0.44
0.5%预混料	0.5	蛋氨酸+胱氨酸	0.820
盐	0.29		
赖氨酸(98%)	0.22	苏氨酸	0.790
蛋氨酸(DL-Met)	0.1	色氨酸	0.232
氯化胆碱	0.08	代谢能/(千卡/千克)	3206
植酸酶	0.01		

配方 446（主要蛋白原料为豆粕、棉籽粕、花生粕、玉米蛋白粉）

原料名称	含量/%	原料名称	含量/%
玉米	59.97	氯化胆碱	0.08
大豆粕	16.92	营养素名称	营养含量/%
棉籽粕	5	粗蛋白	20.3
花生粕	5	钙	0.75
玉米蛋白粉(60%粗蛋白)	5	总磷	0.6
油脂	4.79	可利用磷	0.41
植酸酶	0.01	盐	0.35
石粉	1.05	赖氨酸	1.01
磷酸氢钙	0.93	蛋氨酸	0.44
0.5%预混料	0.5	蛋氨酸+胱氨酸	0.812
赖氨酸(98%)	0.36	苏氨酸	0.721
盐	0.28	色氨酸	0.207
蛋氨酸(DL-Met)	0.13	代谢能/(千卡/千克)	3196

配方 447（主要蛋白原料为豆粕、玉米蛋白粉、花生粕、

DDGS——喷浆干酒糟）

原料名称	含量/%	原料名称	含量/%
玉米	58.29	氯化胆碱	0.08
大豆粕	18.92	营养素名称	营养含量/%
花生粕	5	粗蛋白	20.2
玉米蛋白粉(60%粗蛋白)	5	钙	0.75
DDGS——喷浆干酒糟	4.92	总磷	0.58
油脂	4.5	可利用磷	0.40
植酸酶	0.01	盐	0.35
磷酸氢钙	1.1	赖氨酸	1.02
石粉	0.92	蛋氨酸	0.44
0.5%预混料	0.5	蛋氨酸+胱氨酸	0.785
赖氨酸(98%)	0.36	苏氨酸	0.750
盐	0.29	色氨酸	0.198
蛋氨酸(DL-Met)	0.12	代谢能/(千卡/千克)	3196

配方 448（主要蛋白原料为豆粕、菜籽粕、玉米蛋白粉、DDGS——喷浆干酒糟）

原料名称	含量/%	原料名称	含量/%
玉米	56.08	氯化胆碱	0.08
大豆粕	20.35	营养素名称	营养含量/%
油脂	5.39	粗蛋白	20.2
菜籽粕	5	钙	0.75
玉米蛋白粉（60%粗蛋白）	5	总磷	0.58
DDGS——喷浆干酒糟	5	可利用磷	0.4
植酸酶	0.01	盐	0.35
石粉	0.95	赖氨酸	1.01
磷酸氢钙	0.93	蛋氨酸	0.44
0.5%预混料	0.5	蛋氨酸+胱氨酸	0.822
赖氨酸（98%）	0.33	苏氨酸	0.790
盐	0.28	色氨酸	0.203
蛋氨酸（DL-Met）	0.1	代谢能/（千卡/千克）	3196

第三节　国外参考配方

一、系列 1：品种 Cobb × Cobb

数据来自：Plultry Science，2005，84：1406-1417。

项　　目	配方 449	配方 450	配方 451
成分/%			
玉米	54.38	54.71	54.71
豆粕（去皮）	37.45	37.45	37.45
豆油	3.96	3.96	3.96
含碘食盐	0.44	0.44	0.44
DL-蛋氨酸	0.18	0.18	0.18
维生素预混料[1]	0.25	0.25	0.25
微量元素预混料[2]	0.08	0.08	0.08
矿物质含量（石粉/磷酸二氢钙）	3.26	2.93	2.93
营养成分理论值[3]			
代谢能/（千卡/千克）	3200	3200	3200
粗蛋白/%	23.00	23.00	23.00

　①维生素预混料包含（每千克日粮）维生素 B_1 2.4 毫克；烟酸 44 毫克；维生素 B_2 4.4 毫克；D-泛酸钙 12 毫克；维生素 B_{12} 12.0 微克；盐酸吡哆醇 2.7 毫克；D-生物素 0.11 毫克；叶酸 0.55 毫克；维生素 K_3 3.34 毫克；氯化胆碱 220 毫克；维生素 D_3 1100 国际单位；维生素 A 5500 国际单位；维生素 E 11 国际单位；乙氧喹（抗氧化剂）150 毫克。

　②微量元素预混料包含（每千克日粮）锰 60 毫克；铁 30 毫克；锌 50 毫克；铜 5 毫克；碘 1.5 毫克；硒 0.3 毫克。

　③来自 NRC（1994）。

二、系列 2：品种 Cobb 肉鸡

数据来自：Plultry Science，2002，81：1172-1183。

项　目	0～3 周[①]			4～6 周[①]		
	配方452(T_1)	配方453(T_2)	配方454(T_3)	配方455(T_1)	配方456(T_2)	配方457(T_3)
日粮组成/%						
玉米	53.21	53.35	53.68	62	62.17	62.36
豆粕(粗蛋白:48%)	37.43	37.52	37.64	29.11	29.18	29.27
碳酸钙	4.51	4.51	4.51	4.51	4.51	4.53
磷酸二氢钙	1.12	1.47	1.94	1.05	1.41	1.86
盐	1.94	1.36	0.58	1.59	0.99	0.24
DL-蛋氨酸(99%)	0.29	0.29	0.15	0.29	0.29	0.29
微量元素预混剂[②]	0.15	0.15	0.15	0.1	0.1	0.1
维生素预混剂[③]	0.35	0.35	0.35	0.35	0.35	0.35
西莱特(硅粒制剂)[④]	1	1	1	1	1	1
酶他富 500/(单位/千克日粮)[⑤]	—	500	500	—	500	500
营养成分						
计算值/%						
代谢能/(千卡/千克)	3010	3010	3010	3025	3025	3025
粗蛋白(N×6.25)	22.3	22.3	22.3	19	19	19
赖氨酸	1.25	1.25	1.25	1.04	1.04	1.04
蛋氨酸＋胱氨酸	0.88	0.88	0.88	0.76	0.76	0.76
钙	0.99	0.99	0.99	0.87	0.87	0.87
总磷	0.71	0.61	0.49	0.62	0.52	0.4
非植酸磷	0.45	0.35	0.22	0.37	0.27	0.14
实际分析值/%						
粗蛋白(N×6.25)	22.1	22.08	22.19	18.66	18.88	18.67
钙	1.29	1.19	1.19	1.14	1.04	1.12
总磷	0.81	0.71	0.58	0.76	0.64	0.52
镁	0.2	0.19	0.2	0.18	0.18	0.18
锌/(毫克/千克)	100	92	91	112	101	92

① 对照组鸡（T_1）从 1 日龄至 3 周龄（育雏期）饲喂 0.45% 非植酸磷（npp），3～6 周龄（生长肥育期）饲喂 0.37% 不添加植酸酶。T_2 组非植酸磷水平各阶段降低 0.1%，T_3 组各阶段降低 0.13%，在此基础上添加 500 单位植酸酶/千克日粮。

② 矿物质元素预混料每千克日粮含锰，55 毫克；铁，80 毫克；铜，5 毫克；硒，0.1 毫克；碘，0.18 毫克。

③ 维生素预混料每千克日粮含维生素 A，8250 国际单位；维生素 D_3，1000 国际单位；维生素 E，11 国际单位；维生素 K，1.1 毫克；维生素 B_{12}，11.5 微克；核黄素，5.5 毫克；泛酸钙，11 毫克；烟酸，53.3 毫克；氯化胆碱，1020 毫克；叶酸，0.75 毫克；生物素，0.25 毫克；甲基牛扁亭碱，125 毫克；DL-蛋氨酸，500 毫克。

④ 西莱特公司，LOMPOC，CA。

⑤ 酶他富 500（BASF 公司，Mt. Olive，NJ）作为微生物来源植酸酶提供 500 单位植酸酶/千克日粮。

上述配方的生长性能表现如下表所示。

项　目	0～3周	3～6周	0～6周
体增重/克			
1	631	1880	2511
2	635	1894	1894
3	536	1695	1695
饲料消耗/克			
1	890	3389	4279
2	897	3393	4290
3	806	3131	3937
饲料效率/(克/克)			
1	1.41	1.80	1.70
2	1.41	1.79	1.70
3	1.50	1.85	1.76

三、系列 3：品种 Ross 肉公鸡

数据来自：Plultry Science，2006，85：1923-1931。

项　目	前期(1～21天)		后期(22～42天)	
	配方(1) 458	配方(2) 459	配方(1) 460	配方(2) 461
成分/%				
小麦	33.18	35.85	49.85	52.57
豆粕(47%粗蛋白)	33.45	32.56	27.3	26.41
玉米	22	22	11.3	12.41
鱼粉	4.01	4.01	1.87	1.87
豆油	4.48	3.72	4.68	4.84
动物脂肪			1.67	0.61
碳酸钙	0.83	0.76	0.87	0.82
磷酸钙	1.34	0.39	1.36	0.5
氯化钠	0.1	0.1	0.3	0.3
DL-蛋氨酸	0.34	0.33	0.3	0.29
L-赖氨酸(98%)	0.3	0.3	0.31	0.3

续表

项　目	前期(1~21天)		后期(22~42天)	
	配方(1) 458	配方(2) 459	配方(1) 460	配方(2) 461
L-苏氨酸	0.03	0.03	0.03	0.03
氯化胆碱	0.09	0.09	0.07	0.07
维生素预混料①	0.05	0.05	0.05	0.05
矿物元素预混料②	0.1	0.1	0.1	0.1
木聚糖	0.03	0.03	0.03	0.03
植酸酶/(单位/千克)		600		600
营养组成				
理论值/%				
代谢能/(千卡/千克)	2850	2850	3000	3000
粗蛋白	23.87	23.73	20.82	20.68
赖氨酸	1.45	1.45	1.22	1.22
蛋氨酸+胱氨酸	1.09	1.09	0.95	0.95
苏氨酸	0.92	0.92	0.79	0.79
钙	1	0.82	0.9	0.74
总磷	0.82	0.61	0.73	0.54
有效磷	0.5	0.28	0.45	0.26
分析值(以干物质计)/%				
粗蛋白(N×6.25)	26.32	25.75	22.26	22.17
钙	1.45	1.2	1.26	1.06
总磷	0.96	0.68	0.79	0.61

① 维生素预混料每千克日粮含量，前期为维生素 A 15000 国际单位、维生素 D_3 5000 国际单位、维生素 E 80 毫克、维生素 K 5 毫克、硫胺素 3 毫克、核黄素 10 毫克、维生素 B_6 5 毫克、维生素 B_{12} 0.02 毫克、烟酸 70 毫克、叶酸 2 毫克、生物素 0.4 毫克、泛酸钙 20mg；后期为维生素 A9000 国际单位、维生素 D_3 3000 国际单位、维生素 E48 毫克、维生素 K3 毫克、硫胺素 1.8 毫克、核黄素 6 毫克、维生素 B_6 3 毫克、维生素 B_{12} 0.012 毫克、烟酸 42 毫克、叶酸 1.2 毫克、生物素 0.24 毫克、泛酸钙 12 毫克。

② 矿物质元素预混料每千克日粮含量，前期为锰 120 毫克、锌 100 毫克、铁 80 毫克、铜 20 毫克、硒 0.3 毫克、碘 2 毫克、钴 0.5 毫克；后期为锰 100 毫克、锌 80 毫克、铁 30 毫克、铜 15 毫克、硒 0.3 毫克、碘 2 毫克、钴 0.2 毫克。

注：上述配方在笼养条件下，配方（1）和（2）在 21 日龄及 42 日龄体重分别为 960g、938g 和 2979g、2885g。

四、系列 4：品种 Cobb × Cobb

数据来自：Plultry Science，2006，85：999-1007。

项　目	0～14 天	14～35 天	35～42 天
	配方 462	配方 463	配方 464
成分组成/%			
玉米	60.5	59.23	72.22
豆粕（47%粗蛋白）	30.68	29.42	16.71
豆油	4.62	5.29	5.83
磷酸氢钙	1.66	1.2	1.27
石粉	1	0.86	0.83
水解羽毛粉		2	0.6
纤维素			0.5
玉蜀黍淀粉			0.5
盐	0.57	0.53	0.47
DL-蛋氨酸	0.27	0.38	0.24
矿物质预混料	0.25	0.25	0.25
维生素预混料	0.25	0.25	0.25
赖氨酸（98%）		0.2	0.42
苏氨酸		0.18	0.29
氯化胆碱，70%	0.13	0.13	0.14
维生素 E（20000 国际单位/千克）	0.05	0.05	0.05
一水硫酸锌	0.02	0.02	0.02
营养成分计算值			
代谢能/（千卡/千克）	3239	3250	3240
粗蛋白/%	19.7	20.7	17.6
蛋氨酸/%	0.6	0.65	0.5

注：生产性能指标为 42 天，体重 2200 克。

五、系列 5：Ross-308

数据来自：Plultry Science，2006，84：1860-1867。

项　目	0～28 日龄	项　目	0～28 日龄
	配方 465		配方 465
成分含量/%		营养成分	
玉米	61.25	理论值/%	
豆粕（48%粗蛋白）	32.29	总磷	0.68
豆油	1.31	蛋氨酸	0.55
盐	0.41	总含硫氨基酸	0.91
赖氨酸（98%）	0.06	赖氨酸	1.2
DL-蛋氨酸	0.21	脂肪	4.11
石粉	1.19	粗纤维	2.61
磷酸二氢钙	1.48	钠	0.18
维生素-矿物质预混料	0.3	分析值/%	
氧化铬	1.5	氮	3.52
营养成分		粗蛋白（N×6.25）	22
理论值/%		干物质 DM	92.4
粗蛋白	21.5	钙	0.99
代谢能/（千卡/千克）	3050	磷	0.68
钙	0.9	总能/（千卡/千克）	4195

注：1. 矿物质元素预混料每千克日粮含锰 66.06 毫克、锌 44.1 毫克、铁 44.1 毫克、铜 4.44 毫克、硒 0.3 毫克、碘 1.11 毫克。

2. 维生素预混料每千克日粮含维生素 A 5484 国际单位、维生素 D_3 2643 国际单位、维生素 E 11 国际单位、维生素 K_3 4.38 毫克、核黄素 5.49 毫克、泛酸钙 11 毫克、烟酸 44.1 毫克、胆碱 771 毫克、维生素 B_6 3.3 毫克、维生素 B_{12} 13.2 微克、生物素 55.2 微克、叶酸 990 微克、硫胺素 2.2 毫克。

3. 上述配方 28 日龄体重 1079.6 克，采食量 1559 克，饲料转化率为 1.447。

六、系列 6：品种 Arbor Acres

数据来自：Animal Feed Science and Technology，2004. 117：295-303。

项　目	前期	后期	项　目	前期	后期
	配方 466	配方 467		配方 466	配方 467
成分组成/%			营养成分		
玉米	44. 64	47. 71	理论值/%		
豆粕（44%粗蛋白）	27. 01	24. 01	代谢能/（兆焦/千克）	12. 97	13. 18
全脂大豆，37%	19. 68	20. 06	粗蛋白	22. 7	21. 8
豆油	5	5	赖氨酸	1. 29	1. 22
石粉	1. 51	1. 29	蛋氨酸＋胱氨酸	0. 81	0. 78
盐	0. 3	0. 3	钙	1	0. 9
DL-蛋氨酸	0. 1	0. 09	非植酸磷	0. 45	0. 4
磷酸氢钙	1. 46	1. 24	总磷	0. 72	0. 67
维生素预混料	0. 05	0. 05	分析值/%		
矿物质预混料	0. 25	0. 25	粗蛋白	22. 1	20. 82
			钙	0. 91	0. 82
			总磷	0. 71	0. 66

注：1. 维生素预混料每千克日粮含维生素 A 15000 国际单位、维生素 D_3 3000 国际单位、维生素 E 30 毫克、维生素 K 4 毫克、核黄素 8 毫克、维生素 B_6 5 毫克、维生素 B_{12} 0.025 毫克、泛酸钙 19 毫克、烟酸 50 毫克、叶酸 1.5 毫克、生物素 0.06 毫克。

2. 矿物质元素预混料每千克日粮含锰 90 毫克（$MnSO_4 \cdot H_2O$）、锌 68.4 毫克（ZnO）、铁 90 毫克（$FeSO_4 \cdot H_2O$）、铜 10.8 毫克（$CuSO_4 \cdot 5H_2O$）、硒 0.18 毫克（Na_2SeO_3）、钴 0.2555 毫克（$CoCO_3$）。

上述配方生长性能指标如下表所示。

项　目	0～3 周	4～6 周	0～6 周
体增重/克	689	1239	1928
采食量/克	980	2368	3348
料重比/（克/克）	1. 42	1. 91	1. 73

七、系列 7：品种 Ross×Ross，品种 Peterson×Arbor Acres

数据来自：Plultry Science，2006，84：1860-1867。

项　目	0～18 天	18～53 天
	配方 468	配方 469
成分组成/%		
黄玉米	57.34	59.97
豆粕(48%去皮)	33.48	30.65
动物脂肪	3.15	5.38
禽副产品	3	
碘化盐	0.21	0.4
DL-蛋氨酸	0.19	0.07
维生素预混料	0.25	0.25
微量元素预混料	0.05	0.08
脱氟磷酸盐	1.54	1.72
石粉	0.79	1.41
莫能菌素-60		0.08
杆菌肽 BMD-60		0.01
理论分析值		
代谢能/(千卡/千克)	3200	3200
分析值/%		
蛋白	22.66	20.22

注：1. 矿物质元素预混料每千克日粮含锰 66 毫克、锌 50 毫克、铁 30 毫克、铜 5 毫克、碘 1.5 毫克。

2. 维生素预混料每千克日粮含维生素 A 5500 国际单位、维生素 D_3 1100 国际单位、维生素 E 11 国际单位、维生素 K_3 1.1 毫克、核黄素 4.4 毫克、泛酸钙 12 毫克、烟酸 44 毫克、胆碱 220 毫克、维生素 B_6 2.2 毫克、维生素 B_{12} 6.6 微克、生物素 0.11 毫克、叶酸 0.55 毫克、硫胺素 1.1 毫克、乙氧喹（抗氧化剂）125 毫克。

上述配方不同品种生产性能如下表所示。

日龄(天)	Ross×Ross			Peterson×Arbor Acres		
	体重/千克	采食量/千克	饲料转化率	体重/千克	采食量/千克	饲料转化率
18	0.67	0.8	1.2	0.66	0.8	1.21
32	1.75	2.63	1.5	1.67	2.53	1.52
39	2.29	3.8	1.66	2.12	3.59	1.69
46	2.88	5.1	1.77	2.66	4.81	1.81
53	3.37	6.45	1.91	3.11	6.27	2.01

第四章 肉鸡添加剂及其他类饲料配方

第一节 添加剂配方

一、1%预混料配方

1%预混料有效成分主要包括复合多维素、微量元素、胆碱（50%）及药物添加剂成分，有时添加部分诱食剂、防腐剂等辅助成分，最后加入载体混合而成。1%预混料可以直接配制，也可以先计算全价料再将上述成分单独列出。

1%预混料又称为肉鸡饲料的核心料，在生产工艺中要求混合均匀度高（CV<5%），生产中一般采用双轴式桨叶混合机，混合时间在60~90秒。生产中要测定具体的最佳混合时间，混合时间不足或超时都会造成有效成分混合不均匀。1%预混料配方见表4-1。

表 4-1　1%预混料配方

原　料	肉小鸡	肉中鸡	肉大鸡
	0~3周	4~6周	7~出栏
	配方470	配立471	配方472
维生素	40.00	30.00	20.00
微量元素	300.00	260.00	200.00
50%氯化胆碱	100.00	80.00	60.00
载体	560.00	630.00	720.00
合计	1000.00	1000.0	1000.0

注：表中数据仅提供一种比例关系。

二、5％预混料配方

具体见表 4-2。

表 4-2　5％预混料配方

原　料	小鸡	中鸡	大鸡
	配方 473	配方 474	配方 475
	配比/％	配比/％	配比/％
肉鸡维生素	5.00	4.60	4.20
肉鸡微量元素	40.00	38.00	34.00
50％氯化胆碱	18.00	14.00	10.00
蛋氨酸	20.50	10.00	3.60
甜菜碱盐酸盐	6.80	3.60	1.20
10％杆菌肽锌	10.00	10.00	
1％地克珠利		4.00	
玉米芯粉	380.00	380.00	380.00
磷酸氢钙	300.00	260.00	200.00
石粉	150.00	150.00	200.00
食盐	30.00	30.00	30.00
小苏打	30.00	30.00	30.00
香味剂	0.25	0.25	0.25
抗氧化剂	0.25	0.25	0.25
次粉	9.20	65.30	106.50
合计	1000.00	1000.00	1000.00

注：表中数据仅提供一种比例关系。

第二节　全价配合饲料配方

根据生产上常用的配方类型，在此列举了五大类型配方。这里特别指出，以下配方未经指出，各数值均为百分含量。

一、玉米-豆粕型

玉米-豆粕型配方为生产上最常用配方类型，玉米、豆粕均为常规饲料原料，此类饲料的饲料报酬高。

配方 476～478

原料名称	小鸡(配方476)	中鸡(配方477)	大鸡(配方478)
玉米/%	55	56	56
小麦麸/%	0	0	4.61
次粉/%	2.4	3	6
豆粕/%	37	35.3	28
磷酸氢钙/%	1.5	1.6	1.4
石粉/%	1.8	1.3	1.2
食盐/%	0.3	0.3	0.3
1%预混料添加剂/%	1	1	1
蛋氨酸/%	0.1	0.1	0.05
油/%	0.9	1.4	1.44
营养水平			
代谢能/(兆卡/千克)	2.93	3.1	3.16
粗蛋白/%	20.57	19.9	18.12
钙/%	1.07	0.92	0.82
磷/%	0.61	0.62	0.61
蛋氨酸/%	0.43	0.42	0.35

配方 479～481

原料名称	小鸡(配方479)	中鸡(配方480)	大鸡(配方481)
玉米/%	53	60	61
小麦麸/%	0	0	4.7
次粉/%	3.6	2	7
豆粕/%	38	32.7	22.1
磷酸氢钙/%	1.6	1.8	1.5
石粉/%	1.5	1.2	1.15
食盐/%	0.3	0.3	0.3
1%预混料添加剂/%	1	1	1
蛋氨酸/%	0.1	0.1	0.07
油/%	0.9	0.9	1.2

续表

原料名称	小鸡(配方479)	中鸡(配方480)	大鸡(配方481)
营养水平			
代谢能/(兆卡/千克)	2.89	3	3.11
粗蛋白/%	20.85	19.07	15.94
钙/%	0.99	0.91	0.81
磷/%	0.63	0.65	0.6
蛋氨酸/%	0.44	0.42	0.34

配方 482～485

原料名称	小鸡 (1～28日龄) (配方482)	中鸡 (29～42日龄) (配方483)	大鸡 (43～49日龄) (配方484)	出售前7天 (配方485)
玉米/%	55	60	65	65
次粉/%	7.1	7	6.79	7.82
豆粕/%	33	28	23	22
磷酸氢钙/%	1.5	1.5	1.5	1.5
石粉/%	1.5	1.5	1.5	1.5
食盐/%	0.3	0.3	0.3	0.3
1%预混料添加剂/%	1	1	1	1
蛋氨酸/%	0.13	0.12	0.13	0.1
油/%	0.47	0.58	0.78	0.78
营养水平				
代谢能/(兆卡/千克)	2.92	2.99	3.11	3.12
粗蛋白/%	19.9	18.08	16.24	15.95
钙/%	0.96	0.95	0.93	0.93
磷/%	0.62	0.61	0.59	0.59
蛋氨酸/%	0.45	0.42	0.41	0.37

配方 486～489

原料名称	小鸡 (1～28天) (配方486)	中鸡 (29～56天) (配方487)	大鸡57～ 出售前7天 (配方488)	出售前7天 (配方489)
玉米/%	55	55	56	56
小麦麸/%	0	0	4.66	4.66
次粉/%	9.78	9.78	6	6

续表

原料名称	小鸡 (1～28 天) (配方 486)	中鸡 (29～56 天) (配方 487)	大鸡 57～ 出售前 7 天 (配方 488)	出售前 7 天 (配方 489)
豆粕/%	30	30	28	28
磷酸氢钙/%	1.7	1.7	1.4	1.4
石粉/%	1.7	1.7	1.2	1.2
食盐/%	0.3	0.3	0.3	0.3
1%预混料添加剂/%	1	1	1	1
蛋氨酸/%	0.12	0.12	0	0
油/%	0.4	0.4	1.44	1.44
营养水平				
代谢能/(兆卡/千克)	2.91	3.06	3.17	3.17
粗蛋白/%	18.99	19.39	18.14	18.14
钙/%	1.07	1.07	0.82	0.82
磷/%	0.65	0.66	0.61	0.61
蛋氨酸/%	0.43	0.44	0.29	0.29

配方 490～493

原料名称	小鸡 (1～28 天) (配方 490)	中鸡 (29～70 天) (配方 491)	大鸡 71～ 出售前 7 天 (配方 492)	出售前 7 天 (配方 493)
玉米/%	55	56	56	56
小麦麸/%	0	0	4.66	4.66
次粉/%	2.5	3	6	6
豆粕/%	37	35.3	28	28
磷酸氢钙/%	1.5	1.6	1.4	1.4
石粉/%	1.8	1.3	1.2	1.2
食盐/%	0.2	0.3	0.3	0.3
1%预混料添加剂/%	1	1	1	1
蛋氨酸/%	0.1	0.1	0	0
油/%	0.9	1.4	1.44	1.44
营养水平				
代谢能/(兆卡/千克)	2.94	3.1	3.17	3.17
粗蛋白/%	20.57	19.9	18.14	18.14
钙/%	1.07	0.92	0.82	0.82
磷/%	0.61	0.62	0.61	0.61
蛋氨酸/%	0.43	0.42	0.3	0.3

配方 494～497

原料名称	小鸡 （1～28 天） （配方 494）	中鸡 （29～70 天） （配方 495）	大鸡 71～ 出售前 7 天 （配方 496）	出售前 7 天 （配方 497）
玉米/%	55	56	56	56
小麦麸/%	0	0	4.66	4.66
次粉/%	2.5	3	6	6
豆粕/%	37	35.3	28	28
磷酸氢钙/%	1.5	1.6	1.4	1.4
石粉/%	1.8	1.3	1.2	1.2
食盐/%	0.2	0.3	0.3	0.3
1%预混料添加剂/%	1	1	1	1
蛋氨酸/%	0.1	0.1	0	0
油/%	0.9	1.4	1.44	1.44
营养水平				
代谢能/(兆卡/千克)	2.94	3.1	3.17	3.17
粗蛋白/%	20.57	19.9	18.14	18.14
钙/%	1.07	0.92	0.82	0.82
磷/%	0.61	0.62	0.61	0.61
蛋氨酸/%	0.43	0.42	0.3	0.3

二、小麦-豆粕型

配方 498～500

原料名称	小鸡（配方 498）	中鸡（配方 499）	大鸡（配方 500）
小麦	42	45	48
小麦麸	2.2	2.2	5
次粉	25	26.45	27.9
豆粕	25	21	14
磷酸氢钙	1.4	1.2	1
石粉	1.8	1.4	1.3
食盐	0.3	0.3	0.3
抗氧化剂	0	0	0
1%预混料添加剂	1	1	1
蛋氨酸	0.2	0.15	0.1
油	1	1.2	1.3
小麦专用酶制剂	0.1	0.1	0.1

原料名称	小鸡(配方498)	中鸡(配方499)	大鸡(配方500)
营养水平			
代谢能/(兆卡/千克)	2.99	3.1	3.16
粗蛋白/%	21.03	19.91	17.91
钙/%	1.1	0.91	0.82
磷/%	0.69	0.65	0.62
蛋氨酸/%	0.49	0.42	0.34

配方 501～503

原料名称	小鸡(配方501)	中鸡(配方502)	大鸡(配方503)
小麦/%	42	45	45
小麦麸/%	2.9	4	11.9
次粉/%	25	27.35	30
豆粕/%	25	18	8
磷酸氢钙/%	1.4	1.2	1.1
石粉/%	1.5	1.9	1.2
食盐/%	0.3	0.3	0.25
1%预混料添加剂/%	1	1	1
蛋氨酸/%	0.2	0.15	0.15
油/%	0.6	1	1.3
小麦专用酶制剂/%	0.1	0.1	0.1
营养水平			
代谢能/(兆卡/千克)	2.87	3.02	3.1
粗蛋白/%	21.14	19.01	16.26
钙/%	0.99	1.07	0.79
磷/%	0.69	0.65	0.66
蛋氨酸/%	0.49	0.41	0.36

配方 504～507

原料名称	小鸡1～28天 (配方504)	中鸡29～42天 (配方505)	大鸡43～49天 (配方506)	大鸡 出售前7天 (配方507)
小麦/%	42	45	48	49
小麦麸/%	5	6.9	6.9	6.9

续表

原料名称	小鸡 1~28 天 （配方 504）	中鸡 29~42 天 （配方 505）	大鸡 43~49 天 （配方 506）	大鸡 出售前 7 天 （配方 507）
次粉/%	27.22	28	31.8	31.92
豆粕/%	21	15	8	7
磷酸氢钙/%	1	1	1	1
石粉/%	1.5	1.5	1.5	1.5
食盐/%	0.3	0.3	0.3	0.3
1%预混料添加剂/%	1	1	1	1
蛋氨酸/%	0.18	0.2	0.2	0.18
油/%	0.7		1.2	1.1
小麦专用酶制剂/%	0.1	0.1	0.1	0.1
营养水平				
代谢能/(兆卡/千克)	2.91	3.02	3.13	3.11
粗蛋白/%	20.05	18.25	16.17	15.89
钙/%	0.9	0.89	0.88	0.87
磷/%	0.64	0.63	0.62	0.62
蛋氨酸/%	0.45	0.44	0.41	0.39

配方 508~511

原料名称	小鸡 1~28 天 （配方 508）	中鸡 29~56 天 （配方 509）	大鸡 57~ 出售前 7 天 （配方 510）	大鸡 出售前 7 天 （配方 511）
小麦/%	50	53	53	53
小麦麸/%	4	5	6	6
次粉/%	22.32	23.02	27.12	27.2
豆粕/%	18	13	8	8
磷酸氢钙/%	1.7	1.7	1.4	1.4
石粉/%	1.7	1.7	1.7	1.7
食盐/%	0.3	0.3	0.3	0.3
1%预混料添加剂/%	1	1	1	1
蛋氨酸/%	0.18	0.18	0.18	0.1
油/%	0.7	1	1.2	1.2
小麦专用酶制剂/%	0.1	0.1	0.1	0.1

续表

原料名称	小鸡1～28天 (配方508)	中鸡29～56天 (配方509)	大鸡57～ 出售前7天 (配方510)	大鸡 出售前7天 (配方511)
营养水平				
代谢能/(兆卡/千克)	2.91	3.03	3.13	3.13
粗蛋白/%	18.94	17.42	16.01	16.02
钙/%	1.12	1.11	1.03	1.03
磷/%	0.73	0.73	0.68	0.68
蛋氨酸/%	0.43	0.41	0.39	0.31

配方512～515

原料名称	小鸡1～28天 (配方512)	中鸡29～70天 (配方513)	大鸡71～ 出售前7天 (配方514)	大鸡 出售前7天 (配方515)
小麦/%	50	55	58	58
小麦麸/%	2	3	5.7	6.7
次粉/%	24.65	22	23	29
豆粕/%	18	15	8	1
磷酸氢钙/%	1.5	1	1	1
石粉/%	1.8	1.8	1.8	1.8
食盐/%	0.2	0.2	0.2	0.2
1%添加剂/%	1	1	1	1
蛋氨酸/%	0.15	0.1	0.1	0.1
油/%	0.6	0.8	1.1	1.1
小麦专用酶制剂/%	0.1	0.1	0.1	0.1
营养水平				
代谢能/(兆卡/千克)	2.92	3.01	3.12	3.15
粗蛋白/%	18.98	18.1	16.02	14.02
钙/%	1.11	1	0.99	0.97
磷/%	0.69	0.61	0.61	0.6
蛋氨酸/%	0.41	0.34	0.31	0.28

配方 516～519

原料名称	小鸡 1～28 天（配方 516）	中鸡 29～70 天（配方 517）	大鸡 71～出售前 7 天（配方 518）	大鸡出售前 7 天（配方 519）
小麦/%	47	47	50	50
小麦麸/%	2	5	6.15	6
次粉/%	27.62	28.34	30	33.1
豆粕/%	18	14	8	5
磷酸氢钙/%	1.5	1.5	1.4	1.4
石粉/%	1.8	1.8	1.8	1.8
食盐/%	0.2	0.2	0.2	0.2
1%添加剂/%	1	1	1	1
蛋氨酸/%	0.18	0.16	0.15	0.1
油/%	0.6	0.9	1.2	1.3
小麦专用酶制剂/%	0.1	0.1	0.1	0.1
营养水平				
代谢能/(兆卡/千克)	2.92	3	3.13	3.18
粗蛋白/%	19.02	17.84	16.06	15.19
钙/%	1.11	1.1	1.07	1.06
磷/%	0.69	0.7	0.68	0.67
蛋氨酸/%	0.44	0.4	0.36	0.3

三、玉米-杂粮型

配方 520～522

原料名称	小鸡(配方 520)	中鸡(配方 521)	大鸡(配方 522)
玉米/%	55	59	63
次粉/%	2	2	2.72
棉粕/%	5	7	9
花生粕/%	15	17.4	16
豆粕/%	17	9	4
磷酸氢钙/%	2.2	2.1	1.8
石粉/%	1.4	1	1
食盐/%	0.3	0.3	0.3

续表

原料名称	小鸡(配方520)	中鸡(配方521)	大鸡(配方522)
1%添加剂/%	1	1	1
98%L-赖氨酸/%	0.2	0.2	0.2
蛋氨酸/%	0.2	0.1	0.08
油/%	0.7	0.9	0.9
营养水平			
代谢能/(兆卡/千克)	2.99	3.11	3.15
粗蛋白/%	20.89	19.57	17.93
钙/%	1.07	0.89	0.82
磷/%	0.75	0.73	0.68
蛋氨酸/%	0.5	0.37	0.34

配方 523~525

原料名称	小鸡(配方523)	中鸡(配方524)	大鸡(配方525)
玉米/%	53	56	60
小麦麸/%	0	0	3.2
次粉/%	4.93	7.94	10
棉粕/%	5	7	7
花生粕/%	15	17	12
菜籽粕/%	2	3	3
豆粕/%	15	4	0
磷酸氢钙/%	1.6	1.5	1.2
石粉/%	1.5	1.4	1.4
食盐/%	0.3	0.3	0.3
1%添加剂/%	1	1	1
蛋氨酸/%	0.17	0.14	0.1
油/%	0.5	0.8	0.8
营养水平			
代谢能/(兆卡/千克)	2.94	3.09	3.11
粗蛋白/%	21.07	19.01	16.09
钙/%	0.99	0.91	0.83
磷/%	0.67	0.65	0.6
蛋氨酸/%	0.47	0.41	0.34

配方 526～529

原料名称	小鸡 1～28 天（配方 526）	中鸡 29～42 天（配方 527）	大鸡 43～49 天（配方 528）	大鸡出售前 7 天（配方 529）
玉米/%	52	56	60	60
小麦麸/%	1	1	2.91	2.79
次粉/%	9.55	10.32	10.32	10.46
棉粕/%	5	7	7	8
花生粕/%	15	16	12	11
菜籽粕/%	3	3	3	3
豆粕/%	10	2	0	0
磷酸氢钙/%	1.2	1	1	1
石粉/%	1.5	1.5	1.5	1.5
食盐/%	0.3	0.3	0.3	0.3
1%添加剂/%	1	1	1	1
蛋氨酸/%	0.15	0.18	0.17	0.15
油/%	0.3	0.7	0.8	0.8
营养水平				
代谢能/(兆卡/千克)	2.9	3.07	3.11	3.1
粗蛋白/%	20.04	18.19	16.09	16.03
钙/%	0.9	0.84	0.83	0.83
磷/%	0.61	0.57	0.6	0.57
蛋氨酸/%	0.43	0.44	0.34	0.39

配方 530～533

原料名称	小鸡 1～28 天（配方 530）	中鸡 29～56 天（配方 531）	大鸡 59～出售前 7 天（配方 532）	大鸡出售前 7 天（配方 533）
玉米/%	54.6	55	60	60
小麦麸/%	1	1	3	3
次粉/%	5	9.55	10.3	10.34
棉粕/%	5	5	7	7
花生粕/%	12	12	12	12
菜籽粕/%	3	3	3	3

续表

原料名称	小鸡 1～28 天（配方 530）	中鸡 29～56 天（配方 531）	大鸡 59～出售前 7 天（配方 532）	大鸡出售前 7 天（配方 533）
豆粕/%	14.55	10	0	0
磷酸氢钙/%	1.6	1.2	1	1
石粉/%	1.5	1.5	1.5	1.5
食盐/%	0.3	0.3	0.3	0.3
1%添加剂/%	1	1	1	1
蛋氨酸/%	0.15	0.15	0.11	0.06
油/%	0.3	0.3	0.8	0.8
营养水平				
代谢能/(兆卡/千克)	2.91	2.91	3.11	3.11
粗蛋白/%	20.2	18.9	16.1	16.11
钙/%	0.98	0.89	0.83	0.83
磷/%	0.67	0.61	0.57	0.57
蛋氨酸/%	0.43	0.43	0.35	0.3

配方 534～537

原料名称	小鸡 1～28 天（配方 534）	中鸡 29～70 天（配方 535）	大鸡 71～出售前 7 天（配方 536）	大鸡出售前 7 天（配方 537）
玉米/%	55	60	64	67
小麦麸/%	0	0	0	3
次粉/%	10.7	8.7	8.43	8.43
棉粕/%	6	6	7	7
花生粕/%	15	18	13	7
菜籽粕/%	3	3	3	3
豆粕/%	6	0	0	0
磷酸氢钙/%	1.2	1	1	1
石粉/%	1.5	1.5	1.5	1.5
食盐/%	0.3	0.3	0.3	0.3
1%添加剂/%	1	1	1	1

原料名称	小鸡 1～28 天（配方 534）	中鸡 29～70 天（配方 535）	大鸡 71～出售前 7 天（配方 536）	大鸡出售前 7 天（配方 537）
蛋氨酸/%	0.1	0.1	0.07	0.05
油/%	0.2	0.4	0.7	0.9
营养水平				
代谢能/(兆卡/千克)	2.91	3.02	3.13	3.11
粗蛋白/%	18.93	17.74	16.11	13.92
钙/%	0.89	0.83	0.82	0.81
磷/%	0.6	0.56	0.55	0.55
蛋氨酸/%	0.37	0.35	0.31	0.28

配方 538～541

原料名称	小鸡 1～28 天（配方 538）	中鸡 29～56 天（配方 539）	大鸡 57～出售前 7 天（配方 540）	大鸡出售前 7 天（配方 541）
玉米/%	55	58	63	63
小麦麸/%	0	0	0	0
次粉/%	8.94	9.24	9.1	13.13
棉粕/%	5	7	7	7
花生粕/%	15	18	13	9
菜籽粕/%	3	3	3	3
豆粕/%	8			
磷酸氢钙/%	1.5	1	1	1
石粉/%	1.8	1.8	1.8	1.8
食盐/%	0.3	0.3	0.3	0.3
1%添加剂/%	1	1	1	1
蛋氨酸/%	0.16	0.16	0.1	0.07
油/%	0.3	0.5	0.7	0.7
营养水平				
代谢能/(兆卡/千克)	2.91	3.02	3.11	3.13
粗蛋白/%	19.15	18.06	16.14	14.93
钙/%	1.06	0.94	0.93	0.92
磷/%	0.65	0.56	0.55	0.55
蛋氨酸/%	0.43	0.41	0.34	0.31

四、小麦-杂粮型

配方 542～544（国家标准）

原料名称	小鸡(配方 542)	中鸡(配方 543)	大鸡(配方 544)
小麦/%	45	48	50
次粉/%	20	21.35	23
棉粕/%	5	6	6
花生粕/%	19	13	8
菜籽粕/%	2	2	2
玉米胚芽粕/%	3	4	6
磷酸氢钙/%	1.7	1.5	1
石粉/%	1.4	1.2	1
食盐/%	0.3	0.3	0.3
1%添加剂/%	1	1	1
98%L-赖氨酸/%	0.35	0.3	0.2
蛋氨酸/%	0.25	0.15	0.1
油/%	0.9	1.1	1.3
酶制剂/%	0.1	0.1	0.1
营养水平			
代谢能/(兆卡/千克)	3.01	3.09	3.17
粗蛋白/%	21.52	19.89	18.43
钙/%	1.01	0.89	0.71
磷/%	0.75	0.72	0.64
蛋氨酸/%	0.5	0.4	0.35

配方 545～547（黄羽肉仔鸡饲养标准配方）

原料名称	小鸡(配方 545)	中鸡(配方 546)	大鸡(配方 547)
小麦/%	45	48	52
小麦麸/%	3	6.05	9.27
次粉/%	19.3	19	19
棉粕/%	5	5	4
花生粕/%	16	10	2
菜籽粕/%	3	3	3

原料名称	小鸡（配方 545）	中鸡（配方 546）	大鸡（配方 547）
玉米胚芽粕/%	3	3	5
磷酸氢钙/%	1.6	1.6	1.2
石粉/%	1.5	1.5	1.2
食盐/%	0.3	0.3	0.3
酶制剂/%	0.1	0.1	0.1
1%添加剂/%	1	1	1
赖氨酸/%	0.3	0.3	0.3
蛋氨酸/%	0.2	0.15	0.13
油/%	0.7	1	1.5
营养水平			
代谢能/(兆卡/千克)	2.91	2.97	3.11
粗蛋白/%	20.85	18.88	16.15
钙/%	1.03	1.02	0.82
磷/%	0.75	0.76	0.7
蛋氨酸/%	0.45	0.38	0.35

配方 548～551　正大标准（快速生长黄羽肉鸡）饲料配方

原料名称	小鸡 1～28 天 （配方 548）	中鸡 29～42 天 （配方 549）	大鸡 43～49 天 （配方 550）	大鸡 出售前 7 天 （配方 551）
小麦/%	48	50	53	53
小麦麸/%	3	3	4.7	5.75
次粉/%	20.4	24	24	24
棉粕/%	4	5	3	3
花生粕/%	14	7	3	2
菜籽粕/%	3	3	3	3
玉米胚芽粕/%	3	3	4	4
磷酸氢钙/%	1	1	1	1
石粉/%	1.5	1.5	1.5	1.5
食盐/%	0.3	0.3	0.3	0.3
酶制剂/%	0.1	0.1	0.1	0.1
1%添加剂/%	1	1	1	1

续表

原料名称	小鸡1~28天 （配方548）	中鸡29~42天 （配方549）	大鸡43~49天 （配方550）	大鸡 出售前7天 （配方551）
蛋氨酸/%	0.2	0.2	0.2	0.15
油/%	0.5	0.9	1.2	1.2
营养水平				
代谢能/(兆卡/千克)	2.89	3.02	3.11	3.1
粗蛋白/%	20.1	18.04	16.24	15.94
钙/%	0.9	0.89	0.89	0.88
磷/%	0.65	0.64	0.64	0.65
蛋氨酸/%	0.44	0.43	0.42	0.37

配方552~555　中速生长的肉鸡

原料名称	小鸡1~28天 （配方552）	中鸡29~56天 （配方553）	大鸡57~ 出售前7天 （配方554）	大鸡 出售前7天 （配方555）
小麦/%	45	48	50	50
小麦麸/%	2	2	4	4
次粉/%	27.2	27	28	28.62
棉粕/%	4	4	3	3
花生粕/%	11	8	2.57	2
菜籽粕/%	3	3	3	3
玉米胚芽粕/%	3	3	4	4
磷酸氢钙/%	1.2	1.2	1.2	1.2
石粉/%	1.5	1.5	1.5	1.5
食盐/%	0.3	0.3	0.3	0.3
酶制剂/%	0.1	0.1	0.1	0.1
1%预混料/%	1	1	1	1
蛋氨酸/%	0.2	0.17	0.13	0.08
油/%	0.5	0.8	1.2	1.2
营养水平				
代谢能/(兆卡/千克)	2.9	3.01	3.12	3.12
粗蛋白/%	19.17	18.14	16.13	15.96
钙/%	0.94	0.93	0.92	0.92
磷/%	0.68	0.67	0.67	0.67
蛋氨酸/%	0.44	0.4	0.35	0.3

配方 556～559（慢速生长的肉鸡）

原料名称	小鸡 1～28 天 （配方 556）	中鸡 29～70 天 （配方 557）	大鸡 71～ 出售前 7 天 （配方 558）	大鸡 出售前 7 天 （配方 559）
小麦/%	45	45	51	55
小麦麸/%	2	5	5	7
次粉/%	27.25	28.2	28.7	29
棉粕/%	4	4	3	0
花生粕/%	11	7	2	0
菜籽粕/%	3	3	3	0
玉米胚芽粕/%	3	3	3	4
磷酸氢钙/%	1.2	1.2	1.2	1.2
石粉/%	1.5	1.2	1.2	1.2
食盐/%	0.3	0.3	0.3	0.3
抗氧化剂/%	0.1	0.1	0.1	0.1
1%添加剂/%	1	1	1	1
蛋氨酸/%	0.15	0.1	0.1	0.1
油/%	0.5	0.9	1.2	1.1
营养水平				
代谢能/（兆卡/千克）	2.9	3.01	3.12	3.12
粗蛋白/%	19.17	18.14	16.13	15.96
钙/%	0.94	0.93	0.92	0.92
磷/%	0.68	0.67	0.67	0.67
蛋氨酸/%	0.44	0.4	0.35	0.3

配方 560～563（中速生长的土鸡）

原料名称	小鸡 1～28 天 （配方 560）	中鸡 29～70 天 （配方 561）	大鸡 71～ 出售前 7 天 （配方 562）	大鸡 出售前 7 天 （配方 563）
小麦/%	55	55	55	57
小麦麸/%	2.4	2	8	8
次粉/%	15	18	18	20
棉粕/%	5	5	3	3.2
花生粕/%	11	7	3	1

续表

原料名称	小鸡 1~28 天 （配方 560）	中鸡 29~70 天 （配方 561）	大鸡 71~ 出售前 7 天 （配方 562）	大鸡 出售前 7 天 （配方 563）
菜籽粕/%	3	3	3	2
玉米胚芽粕/%	3	4.02	4.05	3
磷酸氢钙/%	1.5	1.5	1.2	1.2
石粉/%	1.8	1.8	1.8	1.8
食盐/%	0.3	0.3	0.3	0.3
酶制剂/%	0.1	0.1	0.1	0.1
1%添加剂/%	1	1	1	1
蛋氨酸/%	0.2	0.18	0.15	0.1
油/%	0.7	1.1	1.4	1.3
营养水平				
代谢能/(兆卡/千克)	2.93	3.06	3.11	3.11
粗蛋白/%	19.13	17.83	16.12	15.28
钙/%	1.11	1.11	1.03	1.03
磷/%	0.72	0.72	0.68	0.68
蛋氨酸/%	0.44	0.41	0.36	0.3

五、玉米-玉米副产品型

随着玉米深加工工艺的不断提高，玉米深加工副产品也大量产生。玉米加工副产品主要有玉米蛋白粉、玉米蛋白饲料、玉米胚芽粕、DDGS（喷浆干酒糟）、DDG（未喷浆干酒糟）、玉米皮等。这些产品在生产中大量应用，在中国饲料营养成分价值表中已经把玉米蛋白粉、玉米蛋白饲料、玉米胚芽粕、DDGS（喷浆干酒糟）、DDG（未喷浆干酒糟）作为常规饲料成分列出，但由于各生产厂家工艺的差异，造成其副产品营养成分含量差异较大，比如玉米蛋白粉在国标营养价值表中共列出三种粗蛋白含量分别是 61.5%、51.3%、44.3%，生产中所用 DDGS——喷浆干酒糟因生产时回浆程度不同其蛋白含量也从 25% 到 32% 变异不等。因此此类原料在应用前要确定其可利用营养成分含量，尤其在作为主要蛋白原料应用时要明确其主要营养成分含量。此外，由于玉米淀粉在生产时工艺流程中要用硫黄水浸泡玉米，因此要防止副产品中硫元素含量过高。

配方 564～566（中速生长的土鸡）

原料名称	小鸡（配方 564）	中鸡（配方 565）	大鸡（配方 566）
玉米/%	55	60	65
次粉/%	8.2	5.7	4
玉米蛋白粉/%	24	22	18
玉米胚芽粕/%	2	2	2
DDGS——喷浆干酒糟/%	6	6	6.7
磷酸氢钙/%	1.5	1.5	1.5
石粉/%	2	1.5	1.5
食盐/%	0.3	0.3	0.3
1%预混料/%	1	1	1
营养水平			
代谢能/(兆卡/千克)	2.86	2.95	3
粗蛋白/%	20.71	19.9	18.01
钙/%	1.04	0.87	0.86
磷/%	0.68	0.51	0.53

在用玉米-玉米副产品调配饲料配方时，玉米及其副产品赖氨酸含量偏低，因此在生产中也可以通过添加单体氨基酸使日粮中必需氨基酸平衡，从而可降低蛋白质饲料的用量，配方采用低蛋白日粮。

配方 567～569

原料名称	小鸡（配方 567）	中鸡（配方 568）	大鸡（配方 569）
玉米/%	52.64	56.7	60
小麦麸/%	3.4	4	5
次粉/%	8	5.7	3.6
玉米蛋白粉/%	21	19	13

续表

原料名称	小鸡（配方567）	中鸡（配方568）	大鸡（配方569）
玉米胚芽粕/%	3	3	4
DDGS——喷浆干酒糟/%	7	7	10
磷酸氢钙/%	1.5	1.5	1.5
石粉/%	1.8	1.5	1.3
食盐/%	0.3	0.3	0.3
预混料/%	1	1	1
98%赖氨酸/%	0.25	0.2	0.2
蛋氨酸/%	0.11	0.1	0.1
营养水平			
代谢能/(兆卡/千克)	2.89	2.98	3.03
粗蛋白/%	20.23	19.54	17.52
钙/%	0.98	0.87	0.8
磷/%	0.68	0.57	0.56
赖氨酸/%	1.1	0.98	0.8
蛋氨酸/%	0.5	0.38	0.31

配方570～572

原料名称	小鸡（配方570）	中鸡（配方571）	大鸡（配方572）
玉米/%	50	55	60
小麦麸/%	2.84	3	1.64
次粉/%	10	6.55	5
豆粕/%	0	0	0
玉米蛋白粉/%	21	18	16
玉米胚芽粕/%	4	4	4
DDGS——喷浆干酒糟/%	7	8	8
磷酸氢钙/%	1.8	1.8	1.8
石粉/%	1.5	1.4	1.1
食盐/%	0.3	0.3	0.3
油/%	0	0.5	0.7
1%预混料/%	1	1	1

原料名称	小鸡(配方 570)	中鸡(配方 571)	大鸡(配方 572)
98%赖氨酸/%	0.45	0.35	0.35
蛋氨酸/%	0.11	0.11	0.11
营养水平			
代谢能/(兆卡/千克)	2.8	3.06	3.14
粗蛋白/%	20.02	18.94	17.59
钙/%	0.93	0.9	0.79
磷/%	0.65	0.6	0.58
赖氨酸/%	0.79	0.71	0.68
蛋氨酸/%	0.36	0.36	0.35

表 4-3 所列为正大（中国）饲养标准，可作为配方 573～575 参考标准。

表 4-3　正大（中国）饲养标准　　　　单位：%

饲料名称	粗蛋白	粗纤维	粗灰分	钙	总磷	食盐	蛋氨酸	使用阶段
肉小鸡料	≥21.0	≤5.0	7.0	0.80～1.30	≥0.60	0.30～0.80	≥0.45	1～20 日龄
肉中鸡料	≥19.0	≤5.0	7.0	0.70～1.20	≥0.55	0.30～0.80	≥0.38	21～35 日龄
肉大鸡料	≥17.0	≤5.0	7.0	0.70～1.20	≥0.55	0.30～0.80	≥0.34	36 日～出售

配方 573～575

原料名称	小鸡(配方 573)	中鸡(配方 574)	大鸡(配方 575)
玉米/%	52	55	59.35
小麦麸/%	2	2	2
次粉/%	8.21	8.5	8
豆粕/%	0	0	0
玉米蛋白粉/%	21.34	17	13
玉米胚芽粕/%	4	4	4
DDGS——喷浆干酒糟/%	7	8	8
磷酸氢钙/%	1.8	1.5	1.5
石粉/%	1.5	1.5	1.5
食盐/%	0.3	0.3	0.3

续表

原料名称	小鸡(配方 573)	中鸡(配方 574)	大鸡(配方 575)
油/%	0.5	0.85	1
1%预混料/%	1	1	1
98%赖氨酸/%	0.2	0.2	0.2
蛋氨酸/%	0.15	0.15	0.15
营养水平			
代谢能/(兆卡/千克)	3.01	3.1	3.15
粗蛋白/%	20.12	18.03	15.97
钙/%	0.93	0.87	0.87
磷/%	0.59	0.53	0.53
蛋氨酸/%	0.4	0.39	0.38

表 4-4 所列为适用于快速生长的黄羽肉鸡的饲养标准，表 4-5 所列为中国黄羽肉仔鸡营养需要（2004 版）。

表 4-4　适用于快速生长的黄羽肉鸡的饲养标准　　单位：%

饲料名称	粗蛋白	粗纤维	粗灰分	钙	总磷	食盐	蛋氨酸	使用阶段
黄羽肉小鸡料	20.0	5.0	7.5	0.80~1.30	0.60	0.30~0.80	0.45	1~28 日龄
黄羽肉中鸡料	18.0	5.0	7.5	0.70~1.20	0.55	0.30~0.80	0.43	29~42 日龄
黄羽肉大鸡料	16.0	5.0	7.5	0.70~1.20	0.55	0.30~0.80	0.40	43~49 日龄

表 4-5　中国黄羽肉仔鸡营养需要（2004 版）

营养指标	公 0~4 周龄 母 0~3 周龄	公 5~8 周龄 母 4~5 周龄	公＞8 周龄 母＞5 周龄
代谢能/(兆卡/千克)	2.90	3.00	3.10
粗蛋白/%	21	19	16
(粗蛋白/代谢能)/(克/兆卡)	72.41	63.3	51.61
赖氨酸/%	1.05	0.98	0.85

续表

营养指标	公 0～4 周龄 母 0～3 周龄	公 5～8 周龄 母 4～5 周龄	公>8 周龄 母>5 周龄
蛋氨酸/%	0.46	0.40	0.34
钙/%	1.0	0.9	0.8
磷/%	0.68	0.65	0.60

配方 576～578

原料名称	公 0～4 周龄 母 0～3 周龄 （配方 576）	公 5～8 周龄 母 4～5 周龄 （配方 577）	公>8 周龄 母>5 周龄 （配方 578）
玉米/%	46	50	55
小麦麸/%	3	2	2
次粉/%	10	8.65	7
玉米蛋白粉/%	23.12	18	10.2
玉米胚芽粕/%	5	5	5
DDGS——喷浆干酒糟/%	7	10.5	15
磷酸氢钙/%	2.3	2	2
石粉/%	1.4	1.4	1.2
食盐/%	0.3	0.3	0.3
油/%	0.4	0.7	0.9
预混料/%	1	1	1
98%赖氨酸/%	0.3	0.3	0.3
蛋氨酸/%	0.18	0.15	0.1
营养水平			
代谢能/(兆卡/千克)	2.91	3.02	3.1
粗蛋白/%	21.2	19.11	16.08
(粗蛋白/代谢能)/(克/兆卡)	72.5	63.3	51.87
赖氨酸/%	0.69	0.68	0.66
蛋氨酸/%	0.44	0.4	0.35
钙/%	1	0.94	0.86
磷/%	0.68	0.62	0.6

六、部分生产用配方

（一）配方 579～580［豆粕-油脂配方（2 阶段）］

原料配比	0～4 周（配方 579）	5～8 周（配方 580）	营养素	0～4 周（配方 579）	5～8 周（配方 580）
玉米/%	59.0	66.2	代谢能/(兆卡/千克)	2.92	3.01
去皮豆粕/%	34.6	28.7	粗蛋白/%	20.8	18.4
植酸酶/%	0.01	0.01	钙/%	0.88	0.7
石粉/%	1.0	0.7	有效磷/%	0.45	0.40
磷酸氢钙/%	1.3	1.0	赖氨酸/%	0.989	0.86
食盐/%	0.3	0.3	蛋氨酸/%	0.456	0.401
植物油/%	0.9	1.8	蛋氨酸+胱氨酸/%	0.84	0.708
蛋氨酸/%	0.15	0.12			
1%预混料/%	1.0	1.0			
合计/%	100	100			

（二）配方 581～582（豆粕-鱼粉配方）

原料配比	0～4 周（配方 581）	5～8 周（配方 582）	营养素	0～4 周（配方 581）	5～8 周（配方 582）
玉米/%	62.0	66.6	代谢能/(兆卡/千克)	2.96	3.00
豆粕/%	31.0	27.4	粗蛋白/%	21.0	19.0
国产鱼粉/%	3.60	2.8	钙/%	1.02	0.90
石粉/%	0.5	0.5	有效磷/%	0.45	0.40
骨粉/%	1.6	1.6	赖氨酸/%	1.10	0.98
食盐/%	0.3	0.3	蛋氨酸/%	0.486	0.396
1%预混料/%	1.0	1.0	蛋氨酸+胱氨酸/%	0.84	0.73
合计/%	100	100			

（三）配方 583～592（10 套杂原料配方）

原　料	配方583	配方584	配方585	配方586	配方587	配方588	配方589	配方590	配方591	配方592
玉米/%	32.00	36.00	43.66	51.50	41.00	48.05	51.50	41.00	63.10	37.00
大麦/%	15.00								9.33	15.00
高粱/%	5.00		8.00	10.00	15.00	15.00	14.58	15.50		
碎米/%	3.00	25.90	2.00					18.50		
小麦麸/%	7.00		0.85		2.5					4.00
苜蓿粉/%			2.00	2.85						
米糠/%	7.00					2.00	2.00			12.55
豆粕/%	11.00	25.00	23.00	19.00	31.45	20.50	19.50	15.00	13.20	12.00
棉粕/%									3.80	
玉米蛋白粉/%	6.10		3.00	3.00	2.50					7.10
鱼粉/%	13.00	10.00	9.00	8.00		8.00	7.00		7.60	10.00
鱼油/%		1.80	5.00	4.00	4.00	4.5	3.8	9.00		
石粉/%	0.70	0.50	0.62	0.60	0.75	0.40	0.50	1.00	1.50	1.00
骨粉/%			1.50							
磷酸氢钙/%			0.80	0.82	2.00	0.70	0.30	0.70	1.20	
蛋氨酸/%			0.18	0.18	0.80	0.01	0.07	0.04	0.05	
赖氨酸/%	0.10	0.05								
食盐/%	0.20	0.25	0.25	0.25	0.25	0.25	0.25	0.30	0.30	0.35
多维素/%		0.20	0.20	0.20	0.20	0.20	0.20	0.20	0.20	0.50
复合微量元素/%		0.30	0.30	0.30	0.30	0.30	0.30	0.30	0.30	0.50
合计/%	100	100	100	100	100	100	100	100	100	100
营养素										
代谢能/(兆卡/千克)	12.65	12.89	12.96	12.85	12.95	12.70	12.81	12.30	12.21	12.32
粗蛋白/%	21.50	21.45	23.88	22.83	23.22	20.43	19.4	18.55	18.45	19.20
钙/%	1.01	1.19	1.06	1.00	1.01	0.98	0.93	0.96	0.93	0.91
有效磷/%	0.46	0.44	0.45	0.45	0.45	0.40	0.41	0.39	0.39	0.40
赖氨酸/%	1.20	1.06	1.22	1.10	1.22	1.00	0.96	0.95	0.90	1.02
蛋氨酸/%	0.43	0.42	0.53	0.55	0.53	0.4	0.36	0.34	0.30	0.36
蛋氨酸＋胱氨酸/%	0.76	0.74	0.88	0.86	0.87	0.71	0.67	0.62	0.60	0.67

（四）配方 593～595（含杂粮和羽毛粉、血粉的无鱼粉配方）

原　料	0～3周（配方593）	4～6周（配方594）	7～8周（配方595）	营养素	0～3周（配方593）	4～6周（配方594）	7～8周（配方595）
玉米/%	62.00	69.10	70.47	代谢能/（兆卡/千克）	2.92	3.00	3.01
豆粕/%	31.50	23.95	23.00	粗蛋白/%	21.0	19.0	18.2
菜粕/%	0.97	0.18	1.00	钙/%	1.01	0.90	0.82
石粉/%	0.40	0.35	0.40	有效磷/%	0.45	0.40	0.36
骨粉/%	2.30	2.09	1.80	赖氨酸/%	1.05	0.946	0.871
食盐/%	0.33	0.33	0.33	蛋氨酸/%	0.453	0.389	0.362
1%预混料/%	1.00	1.00	1.00	蛋氨酸+胱氨酸/%	0.840	0.738	0.704
血粉/%	1.00	2.00	1.00				
羽毛粉/%	1.00	1.00	1.00				
合计/%	100	100	100				

（五）配方 596～598（豆粕-鱼粉配方）

原　料	0～3周（配方596）	4～6周（配方597）	7～8周（配方598）	营养素	0～3周（配方596）	4～6周（配方597）	7～8周（配方598）
玉米/%	59.00	66.00	72.00	代谢能/（兆卡/千克）	2.93	2.97	3.03
豆粕/%	35.70	29.30	24.00	粗蛋白/%	21.50	19.10	17.5
鱼粉/%	1.80	1.00	1.00	钙/%	1.00	0.97	0.80
石粉/%	0.40	0.60	0.40	有效磷/%	0.45	0.40	0.35
骨粉/%	1.90	1.80	1.50	赖氨酸/%	1.10	0.961	0.850
食盐/%	0.30	0.30	0.30	蛋氨酸/%	0.486	0.412	0.369
1%预混料/%	1.00	1.00	1.00	蛋氨酸+胱氨酸/%	0.860	0.745	0.683
合计/%	100	100	100				

（六）配方 599～601（豆粕-鱼粉-油脂配方）

配方 599～601

原　料	0～3 周 （配方 599）	4～6 周 （配方 600）	7～8 周 （配方 601）	营养素	0～3 周 （配方 599）	4～6 周 （配方 600）	7～8 周 （配方 601）
玉米/%	56.00	64.00	68.40	代谢能/(兆卡/千克)	3.00	3.05	3.11
豆粕/%	35.80	28.70	24.00	粗蛋白/%	21.60	19.50	18.00
鱼粉/%	4.00	2.60	3.00	钙/%	1.00	0.96	0.87
石粉/%	0.50	0.50	0.50	有效磷/%	0.45	0.42	0.38
骨粉/%	1.40	1.60	1.30	赖氨酸/%	1.15	1.00	0.920
食盐/%	0.30	0.30	0.30	蛋氨酸/%	0.50	0.43	0.34
1%预混料/%	1.00	1.00	1.00	蛋氨酸＋胱氨酸/%	0.860	0.745	0.683
植物油/%	1.00	1.30	1.50				
合计/%	100	100	100				

配方 602～604

原　料	0～3 周 （配方 602）	4～6 周 （配方 603）	7～8 周 （配方 604）	营养素	0～3 周 （配方 602）	4～6 周 （配方 603）	7～8 周 （配方 604）
玉米/%	59.82	62.50	67.00	代谢能/(兆卡/千克)	3.00	3.10	3.11
豆粕/%	24.90	24.00	23.50	粗蛋白/%	22.20	20.00	18.40
鱼粉/%	4.00	2.50	2.00	钙/%	1.00	0.98	0.92
石粉/%	0.53	0.60	0.50	有效磷/%	0.45	0.42	0.39
骨粉/%	1.40	1.60	1.60	赖氨酸/%	1.20	1.08	0.976
食盐/%	0.30	0.30	0.30	蛋氨酸/%	0.48	0.393	0.34
1%预混料/%	1.00	1.00	1.00	蛋氨酸＋胱氨酸/%	0.850	0.734	0.662
棉粕/%	1.00	2.00	0.60				
菜粕/%	2.80	1.00	2.00				
血粉/%	3.00	2.00	2.00				
植物油/%	1.25	2.50	2.00				
合计/%	100	100	100				

（七）配方605～607（玉米-豆粕、杂粮-鱼粉）

原　料	0～3周（配方605）	4～6周（配方606）	7～8周（配方607）	营养素	0～3周（配方605）	4～6周（配方606）	7～8周（配方607）
玉米/%	55.13	60.60	67.00	代谢能/(兆卡/千克)	3.00	3.10	3.15
豆粕/%	31.60	28.00	23.00	粗蛋白/%	22.20	20.00	18.00
鱼粉/%	4.00	3.50	3.00	钙/%	1.00	0.98	0.92
石粉/%	0.60	0.75	0.60	有效磷/%	0.45	0.41	0.39
骨粉/%	1.37	1.28	1.40	赖氨酸/%	1.203	1.05	1.00
食盐/%	0.30	0.30	0.30	蛋氨酸/%	0.48	0.457	0.34
1%预混料/%	1.00	1.00	1.00	蛋氨酸＋胱氨酸/%	0.850	0.80	0.66
棉粕/%	1.00	0.50	0.50				
菜粕/%	2.00	0.55	0.50				
禽用多维/%	0.50	0.50	0.50				
禽用微量元素/%	0.50	0.50	0.50				
蛋氨酸/%	0.13	0.14	0.06				
赖氨酸/%	0.07	0.03	0.12				
植物油/%	1.80	2.35	2.20				
合计/%	100	100	100				

（八）配方608～610（三黄鸡配方）

原料	小鸡（配方608）	中鸡（配方609）	大鸡（配方610）	营养素	小鸡（配方608）	中鸡（配方609）	大鸡（配方610）
玉米/%	63	74	73	代谢能/(兆卡/千克)	2.85	3.00	3.15
次粉/%	2.5		3.0	粗蛋白/%	21.5	18.6	16.5
豆粕/%	23	12	9.5	钙/%	0.95	0.88	0.78
花生粕/%	2.5	5	5	有效磷/%	0.43	0.38	0.35
菜粕/%	2	2	2	赖氨酸/%	1.02	0.95	0.80
棉粕/%	4	4	4	蛋氨酸/%	0.42	0.39	0.35
豌豆蛋白粉/%	2.5	2.5	2.5	蛋氨酸＋胱氨酸/%	0.86	0.74	0.66
鸡油/%	0.8	1.2	1.7				
合计/%	100	100	100				

参考文献

[1] 王成章，王恬．饲料学．北京：中国农业出版社，2003.

[2] 刁有祥，杨全明．肉鸡饲养手册．北京：中国农业大学出版社，2007.

[3] 熊易强．饲料配方基础和关键点，兼议目标规划在饲料配方中的应用[J]．饲料工业，2007，28（7）：1-6.

[4] 林东康．常用饲料配方与设计技巧．郑州：河南科学技术出版社，1995.

[5] 马永喜，李振田．饲料配制7日通．北京：中国农业出版社，2004.

[6] 王康宁．畜禽配合饲料手册．成都：四川科学技术出版社，1997.

[7] 王和民．配合饲料配制技术．北京：中国农业出版社，1990.

[8] 张日俊．动物饲料配方．北京：中国农业大学出版社，1999.

[9] 王成章，王恬．饲料学．北京：中国农业出版社，2003.

[10] 呙于明．家禽营养与饲料．北京：中国农业大学出版社，1997.

[11] 姚军虎．动物营养与饲料．北京：中国农业出版社，2001.

[12] 王忠艳．动物营养与饲料学．哈尔滨：东北林业大学出版社，2004.

[13] 郝正里，王小阳．鸡饲料科学配制与应用．北京：金盾出版社，2005.

[14] 龚炎长．鸡饲料配制和使用技术．北京：中国农业出版社，2003.

[15] 冯定远．配合饲料学．北京：中国农业出版社，2003.